青森文化

醫林廣記系列之

杏壇解惑

第二冊

黃永浩中醫師 編著

忙碌？半腦忽略？大力水手徵？耳水不平衡？耳石眩暈？

神經痛——魔鬼的詛咒……

一以醫案討論、老師學生對談方式呈現！

自序

韓愈《師說》是中國教育史上第一篇論述從師求學的文章，作者提出「師者，所以傳道、受業、解惑也」。

為人師者是一份終身學習的職業，有責任將自己長期累積的經驗及體會傳授給後人，而當學生在學習過程中遇有疑惑時，應調動他們的主動性，培養他們敢於質疑的精神，進而建立獨立處理問題的能力。這也是我鼓勵同學間多作醫案討論的初衷。

但一路走來，我發覺解惑從來不是一件容易的事，本想替學生解惑，有時自己卻愈解愈惑！孔子曰：「三人行，則必有我師。」故韓愈亦認為「弟子不必不如師，師不必賢於弟子。聞道有先後，術業有專攻，如是而已」。我深表認同，因為在與同學們的研討過程中，我常常獲得不同的刺激和啟發，亦可鞭策自己日求進步。而在執教數十年間，累積了不同的討論資料，自忖與其束之高閣，不如拋磚引玉，因此萌生了整理出版之念，以期與大家分享互勉。

與 2021 年出版的《杏壇解惑》一樣，是次的《杏壇解惑第二冊》也是師生在醫學上互動過程的記錄，內容都是同學提出的真實病案，只是為了資料的連貫性及完整性，以及理順發言次序及文意，我加插了一些延伸意見及作了一點輕微改動。雖然我在解答每個問題時，已極度謹慎，力求正確，但礙於個人才力、某些問題的複雜性、臨床資料的完整性……等等，故此有部分病案實難以具體又詳細解釋在醫學中的細微和分歧爭議，希望大家不吝指正及賜教，並助我解惑，感激不已！

鳴謝

《杏壇解惑第二冊》能夠順利出版，實非我一人之力，我要向每一位曾經參與及協助的人士致謝！

首先要感謝的是踴躍提問及熱烈討論的同學們，如果沒有他們的積極參與，促使我不斷思考，就不會有那麼多醫學資料，可將答問結集成書；其次是曾經參與拍攝示範、前期製作及提供意見的同學。同時亦非常感謝「紅出版」的林達昌總經理及其團隊，在製作本書過程中給予了多方面的建議及協助。

再者，更要在此深深感激蘇玉玲醫師，她在整個製作過程，由資料搜集、稿件覆核及整理、以至洽談出版事宜，都作出無償的協助，更為全書繪畫所有插圖。

最後，在此再衷心地向大家表達我感激之情，沒有大家的努力投入，這本書實在難以完成！

目錄

醫事討論一

從安宮牛黃丸談起中風機理

小平：老師，請教你，我表妹的媽媽早幾天跌倒，令腰椎第一節裂開及移位，現住內地醫院，請問她食安宮牛黃丸是否有幫助？她說已經食咗三個，有些好轉。

老師：請各同學發表意見。

兵哥：腰椎壓縮性骨折，好發於老年人。原因骨質疏鬆，再加上跌仆損傷，若受傷椎體前緣高度為後緣高度的 2/3 以上，則骨折可能較穩定。但病者腰椎骨折及移位，屬於不穩定骨折，容易造成脊髓神經損傷。骨折分型有伸直型及屈曲型，五叔公（即《中醫傷科學》第五版，上海科學技術出版社）話要反向固定。及請留意伯母傷後大便情況有否出現如《傷寒論》中之陽明實熱證。最後病人已經在醫院，由主治醫生決定。好人有好報，上天有決定。不用擔心，出院後再搵老師醫治。多事的學弟上。

補充大便的問題，老師曾在課堂中提過中藥治療新傷的三個原則：一、攻下逐瘀；二、活血逐瘀；三、導氣逐瘀。大家想一想用哪個治法較好。

君君：新傷，應行氣破瘀、散結通下。是活血逐瘀嗎？諗到好眼瞓。

老師：兵哥，我曾說過損傷初期，臨床多見血瘀、出血、氣滯等症。治療時宜氣血雙顧，故此治療原則應該是攻下逐瘀、行氣消瘀、清熱涼血三法。敬請留意及更正。

（一）攻下逐瘀法——受傷後有瘀血停聚、惡血留滯者，當予攻下逐瘀。

（二）行氣消瘀法——一般損傷，或宿傷，或有某種禁忌不宜急攻猛下者，均可用本法漸消緩散。

（三）清熱涼血法——用於跌仆打傷而引起之血脈受損、錯經妄行、創傷感染、火毒內攻，壅聚成熱毒或出血不止者，常用清熱解毒涼血止血的治則。

回頭再看看兵哥所提及之陽明實熱證所出現的便秘症狀。陽明病多是外感熱性病的極期階段，會出現身大熱、大汗出、大煩渴、脈洪大等「四大」的症狀。邪熱入腑，耗津灼液。如辨證明確則應及時攻下。運用攻下法時，要根據痞、滿、躁、實等不同，分別選用三承氣湯（大承氣湯、小承氣湯或調胃承氣湯）。若下後見效，則不宜再服，以防傷正。

陽明證屬裏實熱症，其病變在腸胃，但腹滿便秘，絕非陽明裏實一證獨有，也有氣虛不運，或有瘀血蓄結。尤以脊柱骨折損傷，形成腹膜後血腫，干擾腹膜及腹膜後神經叢，導致腸麻痺，腸蠕動減慢、積氣，致使腹滿腹脹，腹中堅實，疼痛拒按，按之痛甚。此乃由於瘀血蓄積腹中，血瘀氣滯，腸道傳導功能失常而致便秘（實與邪熱入腑之陽明經證大有不同），治宜攻下逐瘀之法，可用雞鳴散。但中病即止，避免過多傷正。

兵哥：平師姐，伯母為何跌倒？是否中風所致，所以要食安宮牛黃丸？安宮牛黃丸是中醫涼開三寶之一，治中風之中臟腑之藥，表症神昏譫語，治則為醒腦開竅，但「安宮」是稀血的，不宜久服。

小慧：近幾年確有不少人認為服用安宮牛黃丸可以：一、治療腰痛或腿痛、或腰腿皆痛；二、可服食以保健。安宮牛黃丸出自清代名醫吳鞠通的《溫病條辨》，成份有牛黃、犀角（現因犀牛為受保護動物而以水牛角代替）、麝香、珍珠、硃砂、雄黃、黃連、黃芩、梔子、鬱金、冰片等，所起功效主要是清熱開竅、豁痰解毒，適用於熱毒內盛所引起的高熱驚厥、神昏竅閉（也就是適用於高燒不退、神志昏迷、「稀里糊塗」的患者），一般見於西醫診斷為腦炎、腦膜炎、中毒性腦病、中風梗塞、敗血症等病患。現常用於中風腦梗塞昏迷之病人。

安宮牛黃丸是閉證的急救方劑，簡單來說其適應症是「神昏、高熱、煩躁、舌紅」，四症同時出現，才可用安宮牛黃丸。清醒的中風患者不需要用安宮牛黃丸，至於出現虛性症狀如失禁、四肢冰冷、大汗出等情況，是絕不宜用安宮牛黃丸的。

北京同仁堂 1993 年前所製的安宮牛黃丸，因採用了現已禁用的犀角以及天然牛黃、麝香等珍貴藥材，價值不菲，其價格甚至炒至上萬元一顆，人們很自然地認為貴藥必是好藥。近來更有些藥商在電視大賣廣告，宣稱安宮牛黃丸可以扶正安神、活血通絡，有病治病、無病防身，這樣可能引起安宮牛黃丸可以治療腰腿痛和保健的誤會。

傳統安宮牛黃丸配方中，除了麝香辛竄通絡對肢體疼痛有作用外，其他藥物均無治療腰腿痛的作用，保健更是無從說起。須知藥是三分毒，更何況該藥丸中的硃砂、雄黃分別含有水銀及砒霜的化學成份，均是有毒之品，有病則病受之，無病則人受之。實際上藥有偏性，使用之前都要先行辨證，才能判斷是否適宜服用，就算合適也不可以長期服用，因為該藥寒涼，久服多服是會敗脾胃的。

老師：傳統配方的安宮牛黃丸藥性寒涼猛烈，實不應作為日常保健用途，久服必有損正氣，反招其他病症。（藥廠亦提示不宜連續服用超過三天，因含硃砂、雄黃，肝腎功能不全者慎用。）綜觀該藥丸內的藥物組成，對治療骨折實在無幫助，如果她自覺服用後，骨折疼痛減輕，事實上，只是時間推移病情好轉，與此藥無關。但因此藥對痰熱陽閉型的中風確有療效，或許她本身確曾出現腦血管意外，以致跌倒骨折入院（因缺乏臨床資訊，未能確定），故服後整體病情有些好轉而已。

威威：老師，請問什麼是痰熱陽閉型的中風呢？

老師：當風陽暴升，與痰火相夾，迫使血氣并走於上，痰熱蒙蔽心竅，病位較深，病情較重，呈現肢體癱瘓、神昏、失語等臟腑證候，故稱「中臟腑」。中臟腑又可根據病因病機的不同而分為閉證和脫證。

閉證多因氣火衝逆，痰濁壅盛，證見神志不清，牙關緊閉，兩手握固，肢體強痙，躁動不安，面赤身熱、氣粗，喉中痰鳴，聲如拉鋸，二便秘塞，舌紅、脈快，是為陽閉。陰閉者，則見面白唇黯、靜臥不煩、四肢不溫、痰聲漉漉等。

脫證則是由於真氣衰微，元陽暴脫所致，證見昏沉不醒、目合、口張、肢體癱軟、肢冷汗多、手撒、遺尿、鼻鼾息微、舌縮面青。此乃元氣敗脫、神明散亂之危象。此種情況絕不適宜服用安宮牛黃丸，否則不僅不能起作用，還會耽誤救治時機。

總體而言，「安宮」只適用於陽閉，不適用於陰閉及脫證。吃對了就是仙丹，吃錯了就是毒藥。

威威：老師，那麼該藥何時是仙丹、何時是毒藥呢？

老師：如患者處於中風急性期，並有神志不清、躁擾不寧、發熱、面紅等症狀時，可服用安宮牛黃丸，透過其清熱豁痰功效，確能起到治療效果。民間有所謂閑時買來急時用，所以有人會在家中備有安宮牛黃丸，見家人中風昏倒時，立即塞一顆至其口中，但中風患者可能出現吞嚥問題，藥物可能誤入氣管，造成鯁塞風險。正確做法應將藥丸溶於水再餵飼病人，並要將水調校至攝氏40度至60度，以免水溫過高而釋出有毒物質。

但請極度注意，如病人已陷入昏迷，呼之不應，不省人事，則絕不能餵食任何東西，包括藥丸及水，因為昏迷者已失去意識，毫無吞嚥、咳嗽能力，餵入任何東西都有可能發生誤吸，造成窒息的危險。強將藥丸混和水液變成黏糊糊的藥漿，混合唾液、痰液，使喉間發出明顯的響聲，令病人缺氧紫紺。所以敬請留意以下情況：一、清醒者毋須服用；二、陰閉者不宜服用；三、昏迷者不能服用，所以應將中風昏迷者速速送院，以免耽誤病情，失去搶救時機。

然而，在等候救傷車的十分八分鐘期間，是否無事可做呢？非也。所謂救人如救火，分秒必爭，可用針灸針或縫衫針在十個手指頭（即十宣穴）上直刺，在所有指頭上都擠出一小點血液，或在十二井穴放血（即少商、商陽、中衝、關衝、少衝、少澤、隱白、大敦、厲兌、足竅陰、至陰、湧泉），都能醒神開竅、宣瀉鬱熱、疏通經絡，是中風急救方法，操作簡單，行之有效，不妨指導及提示朋友上述處理方法，猶如雪中送炭，總好過病人不能吞服藥物時，弄到滿口泥糊地送院，影響醫院急救。如中風昏迷的病人，還是留待醫院搶救完畢後，才考慮服用安宮牛黃丸吧！

威威：多謝老師！

小傑：有一友人近日右手臂突然瘀紅腫脹，從上臂一直腫脹至掌指，急入院檢查。醫院診為深層靜脈栓塞，現留院治理，但他極為擔心會不會因為此病而中風呢？請同學給予意見……

君君：我認為一般不會引起中風，反而如果全部或部分血液凝塊從血管壁上脫落，並進入肺部的肺動脈時，便有機會引起肺栓塞。

老師：同意觀點，但解釋可否詳細些？

威威：同意君君睇法，是不會因這種情況而中風的，因為收集腦部、顏面及頸部的靜脈血是通過內、外頸靜脈，再經鎖骨下靜脈，匯入上腔靜脈而回到右心房；而上臂的回流是通過腋靜脈，再經鎖骨下靜脈，匯入上腔靜脈，所以應無什麼關連。

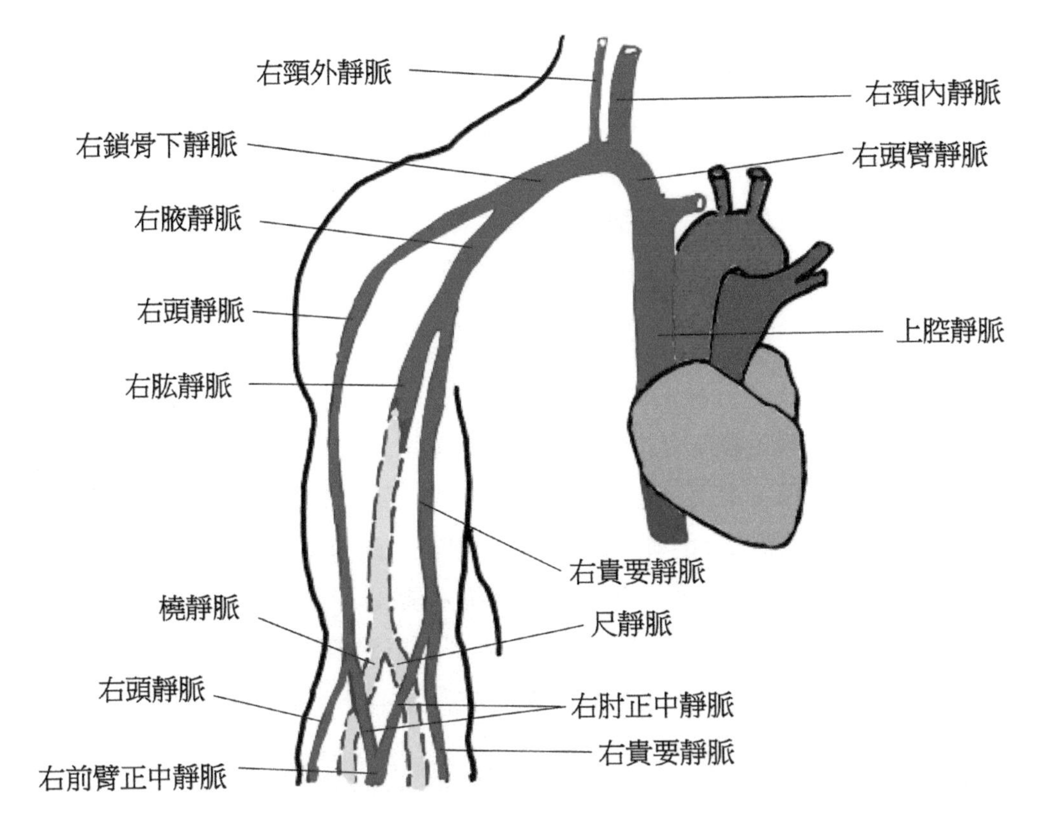

右上肢靜脈

老師：威威，雖然你所指的靜脈回流資料正確，但未觸及中風機理。不過亦非常高興你能積極參與，促使同學熱烈討論，使到大家都能共同進步。

所謂中風是急性腦血管病的俗稱，中風是指腦部動脈或支配腦的頸部動脈發生病變，從而引起顱內血液循環障礙、腦細胞受損。請留意中風大多是動脈出問題（無論是栓塞缺血、或破裂出血）。

當然靜脈竇栓塞也是缺血性中風四個原因之一（一、腦部形成血栓；二、血栓從其他地方形成，如頸動脈、心臟動脈；三、系統性供血不足，如休克；四、大腦靜脈竇栓塞）。靜脈竇是腦內許多大小靜脈回流之處，不僅接受靜脈血回流，同時也是腦脊液循環必經之路，一旦阻塞，必然影響兩者的通暢，而使腦內靜脈膨脹和腦壓升高。大腦靜脈竇血栓中風是由於靜脈壓力超過動脈壓力致失血性轉變，漏出血液流到腦組織，使其受損，所以比其他類型的缺血性中風更有梗死可能，但因與今次的提問有所歧異，暫且按下不談。

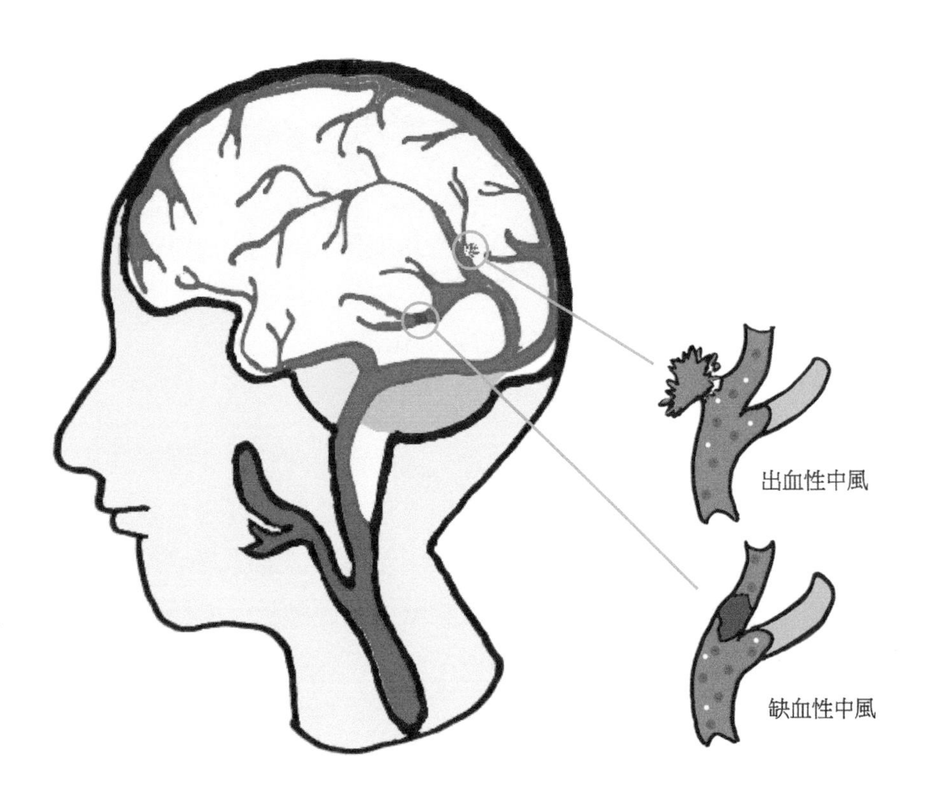

讓我們再看看血液循環如何運作……血液由左心室流至身體各部分，然後返回右心房的過程，稱為體循環。體循環的目的是攜帶氧與營養物質至身體組織，並且從組織中移走二氧化碳及其他廢物。所有體循環的血液會經腔靜脈（上腔靜脈及下腔靜脈），流回右心房進入右心室。

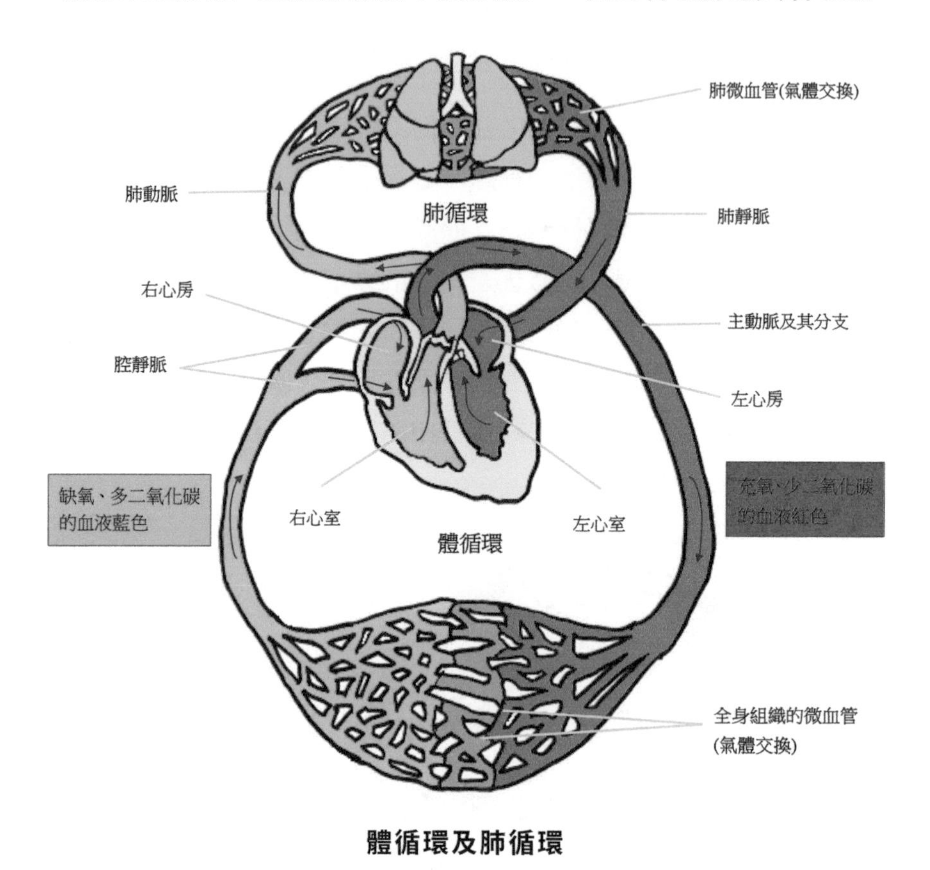

體循環及肺循環

而含氧少的血液經右心室的搏動，從肺動脈到肺部交換氧氣，交換完畢後，富含氧氣的血液會經肺靜脈回流到左心房，再到左心室，形成肺循環。由此可見深層靜脈形成的栓子，首先會到達肺部，在肺部已形成肺栓塞，而不會跑回左心室，所以也就不會經動脈流去腦部，而形成中風的情況。

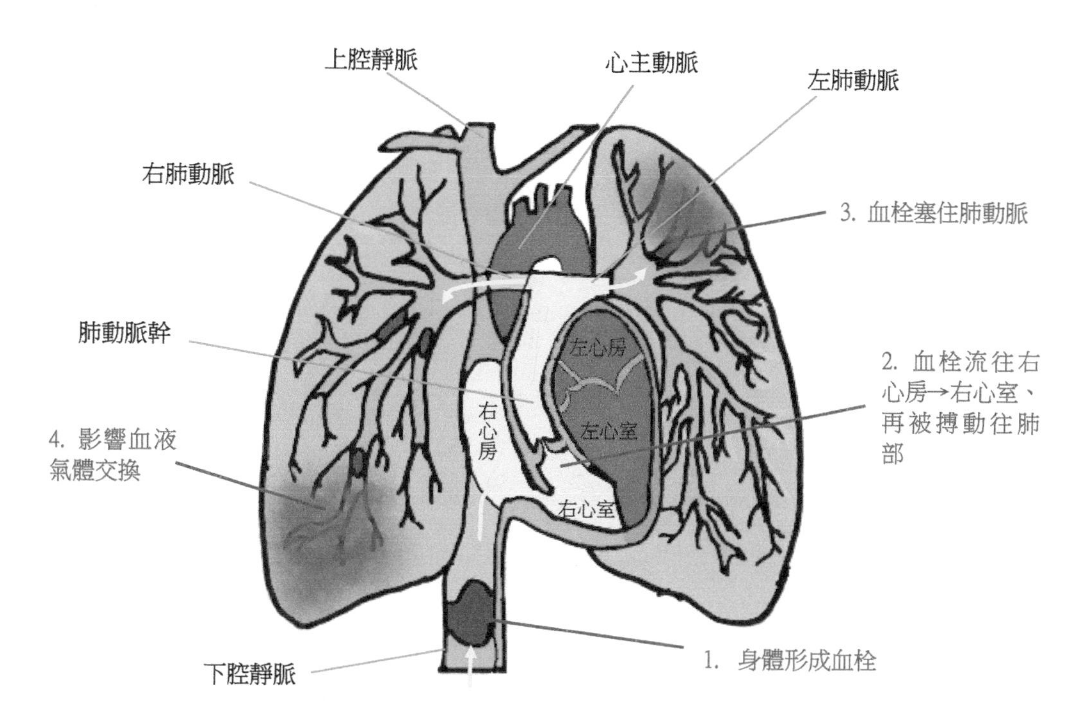

肺栓塞

因為人體有這兩個獨立的循環系統，肺循環把靜脈的少氧血經由右心泵到肺部，體循環把肺部的帶氧血經左心及大動脈輸送到腦部等器官，兩個系統互不相通，血栓就無可能從靜脈走到動脈。

這是一般的情況，但凡事總有例外，雖然情況較為罕見。原來在胎兒期間，血液的供應是從母體經臍帶靜脈輸送，胎兒的血液循環毋須經肺部交換氧氣，所以右心的血液是經心房之間的缺口（卵圓孔）流入左心。卵圓孔會在出生時關閉，肺循環和體循環就從此分開。有些人會經一年左右，卵圓孔才會關閉；不過也有部分人的卵圓孔永不關閉，並無密封，就像一道活門，令兩個系統有機會短暫交流，如因運動過劇、極度狂歡、飛機急降等情況，使到胸腔壓力突然增加，衝開卵圓孔，肺循環中的血栓便趁這瞬間，由右心流入左心的體循環中，引致中風，稱為異常性栓塞症，僅供大家參考，今晚早點下課。

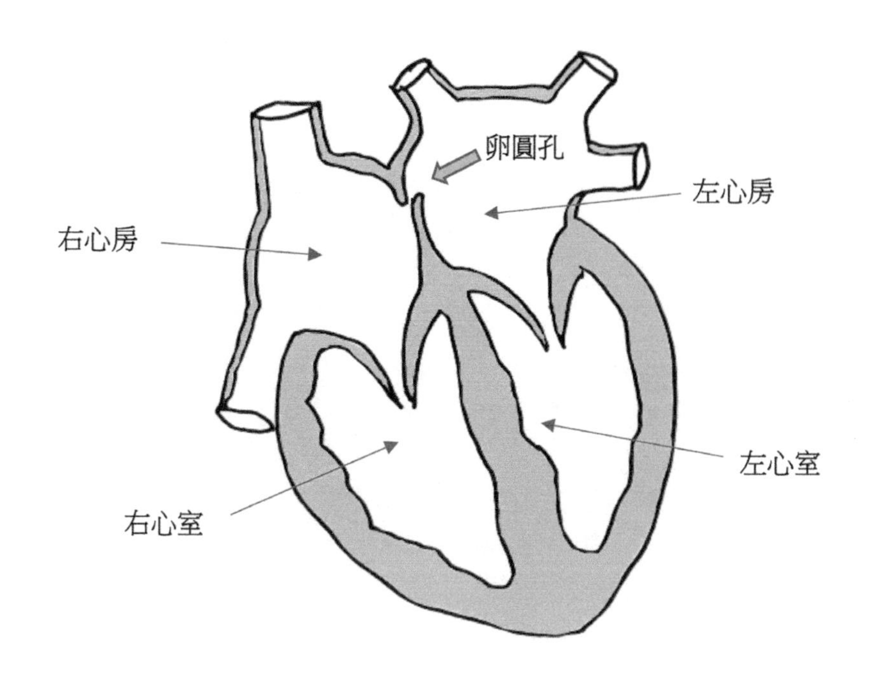

威強：老師詳盡解釋，感激萬分！

小玲：感謝黃永浩老師。

萬容：謝老師對學生盡心盡力的指導。

醫事討論二

Paget's disease of bone（佩吉特氏骨病）——骨頭忙碌症

系羅：我有個病人患了 Paget's disease（見以下 X 光片），年紀是 85 歲。請問中醫方面有沒有治療之方法，及可否解釋一下這種病？謝謝！

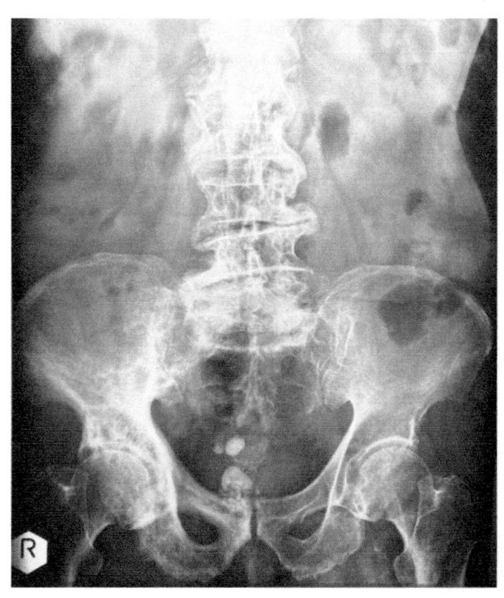

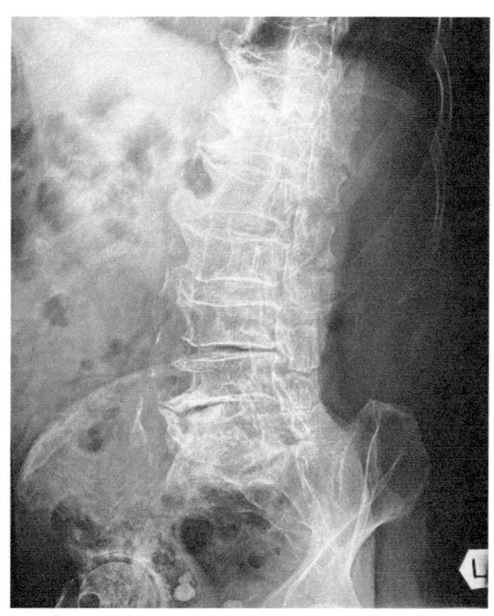

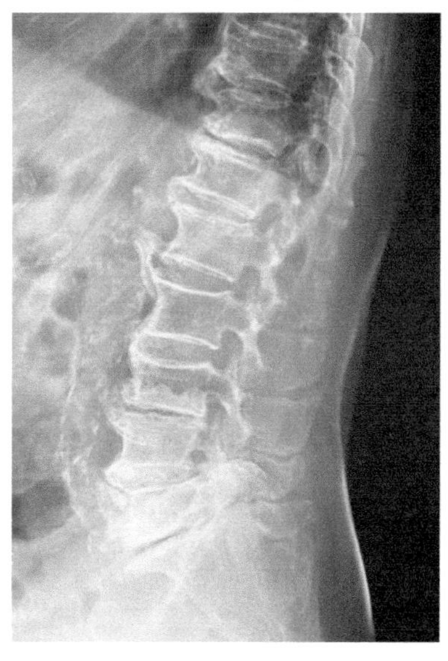

威威：Paget's disease 是乳癌的一種。中醫主要的治則是扶正袪邪，即是提高病人自身機體的免疫系統，以使增加抗病能力，及袪除病人體內的病邪，有需要時，會以毒攻毒。

老師：且慢，其實 Paget's disease 有兩種，一種如威威所言的乳癌，另一種是有關骨頭的畸形性骨炎。為了容易分別開來，一般稱畸形性骨炎為 Paget's disease of bone。很明顯，這次提問的是有關骨頭的 X 光片，大家應該集中討論 Paget's disease of bone。

文健：Paget's disease of bone（PDB）又稱為畸形性骨炎，是一種出現於骨骼老化過程中的局灶性骨代謝紊亂，病因至今尚不明確，病理變化為骨重建速度加快，導致一處骨（單骨性 Paget 骨病）或多處骨（多骨性 Paget 骨病）生長過度，並破壞了受累骨的完整性。常見受累區域包括顱骨、脊柱、骨盆以及下肢長骨。

大部分 Paget 骨病患者無症狀。此病通常是偶然發現，例如：常規生化篩查時，發現骨源性鹼性磷酸酶血清濃度升高；或者出於其他原因進行影像學檢查，結果顯示 Paget 病變骨。

Paget 骨病有兩種主要臨床表現：

（一）Paget 病灶骨本身所致疼痛；

（二）受累區域骨過度生長和畸形的繼發性結果引致疼痛，例如骨關節炎或神經卡壓。PDB 也可出現骨折、骨腫瘤、神經系統疾病以及鈣磷平衡異常。此外，由於 Paget 病變骨的血供豐富，骨科手術期間可能失血過多。

系蘿：因在 X 光片中明顯看到盆骨有血管增生，所以個案較特別，是貼近這病的例子。請問各位醫師或同學仔有沒有以上診治經驗？希望各位能夠提供！

蘇醫師：我對此病沒有認識，藉此機會翻查不同資訊了解一下。此連結 http://yibian.hopto.org/diag/ill/?illno=1057 內的解說比較簡潔，僅提供予師姐參考。但師姐所說的血管增生，是否右上圖標示處？

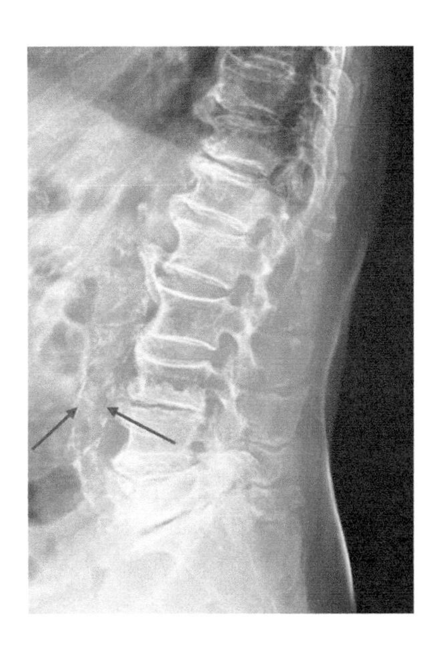

如果是指這血管，這是腹主動脈鈣化。病人已 85 歲，這鈣化情況並不罕見，與 Paget's disease 無關。補充：我指的是 Paget's disease of bones。

系蘿：蘇醫師，你指的部位是前列腺鈣化。

蘇醫師：這肯定不是前列腺位置，是腹主動脈。

老師：我同意蘇醫師所言，箭頭所指不是前列腺鈣化。請大家看看以下左邊解剖圖：

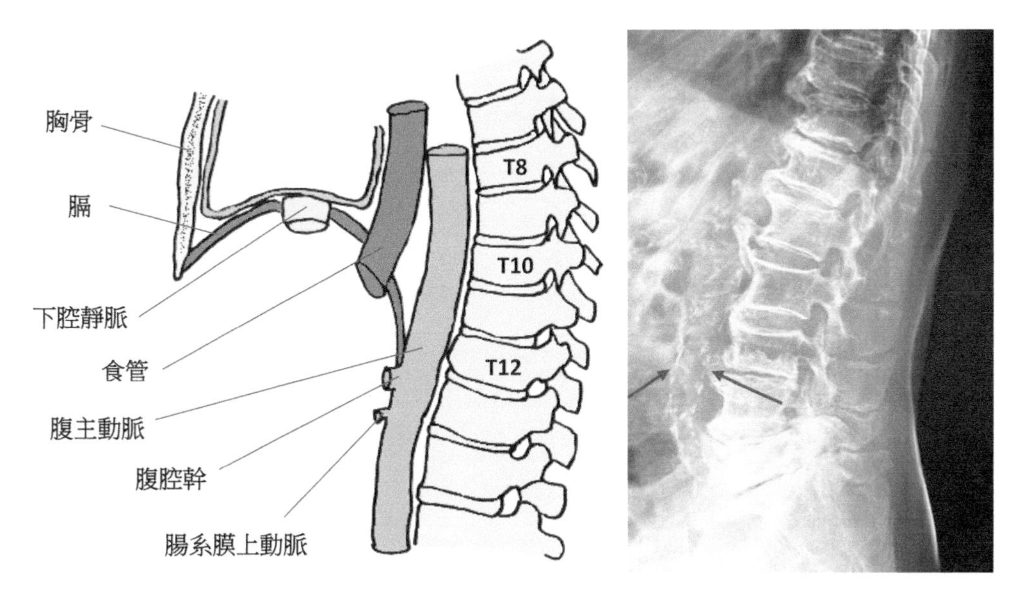

很明顯，在右圖 X 光片中，箭頭所指真的是腹主動脈的位置。

那麼前列腺在哪裏呢？請看下圖：

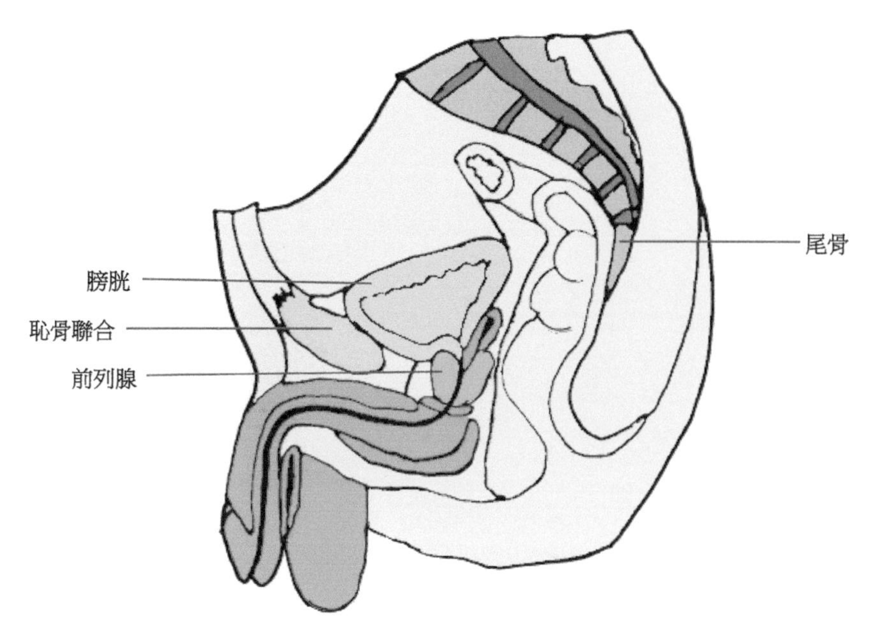

男性盆腔（正中矢狀切面）

它在膀胱之下、恥骨聯合之後、尾骨之前，不是在腰椎前面。即 X 光正位片中所見尾骨前面的鈣化點之處。

蘇醫師：請教師姐，我看不明白，請問何處是血管增生？又，此病人是否同時有前列腺鈣化？ X 光片中是否可看到血管增生？請指出，使我增長知識。

系蘿：在右手邊盤骨血管增生。

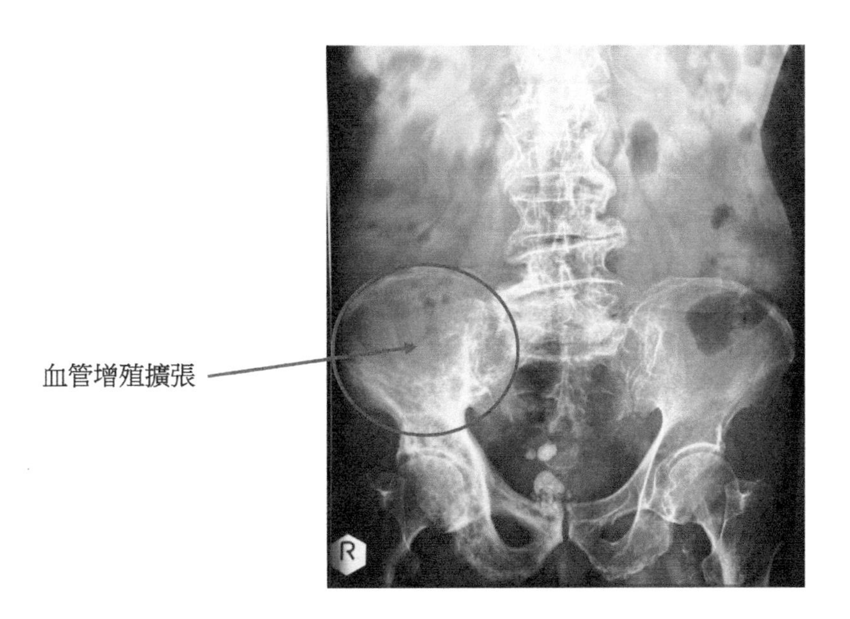

老師：以下是我個人對這個病例有關 Paget 骨病的回應：

有關這個病的病因病理變化，很多同學都提出了他們的觀點，我不再複述，只作一些補充而已。

佩吉特氏骨病（PDB）屬於骨頭忙碌病變，病變分三期：

（一）早期：為溶骨期，活動性骨吸收明顯，表現為楔型或長型 X 線透亮區，邊緣銳利，如燭焰或葉片狀；

（二）中期：表現為骨破壞伴有新骨形成，新骨形成佔主要地位，骨皮質增厚，質鬆骨內骨小樑粗大，在椎體形成畫框樣外觀；在顱骨病變中，除有高密度灶，還伴有棉球樣外觀；

（三）後期：為硬化期，骨密度彌漫性增高，骨皮質明顯增厚，與骨鬆質分界模糊，長骨的彎曲成為明顯特徵。

但請記住，由於長骨病變開始於關節一端，並逐漸進展到關節另外一端，疾病的三期改變，可能在同一時期同時存在，請看後頁 X 光片：

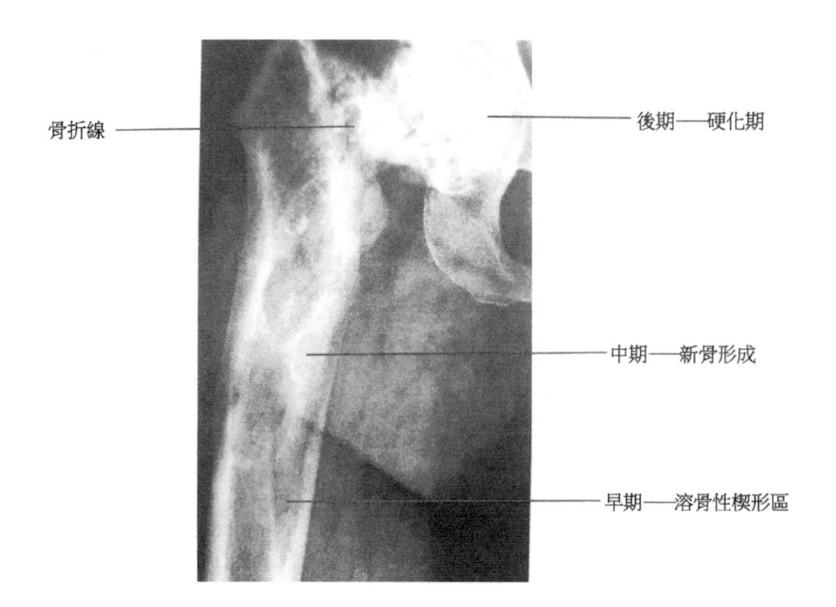

病例之 X 光片中，病變盤骨組織的血管確有增殖擴張，會使到血流顯著增加，可能導致高輸出性心力衰竭。如顱骨受累，頭顱外徑會增大，前額突起，患者感到帽子變小。很多顱骨神經孔也可能因骨質增生變細，而壓迫神經並出現相應症狀，有些病人甚至耳聾。

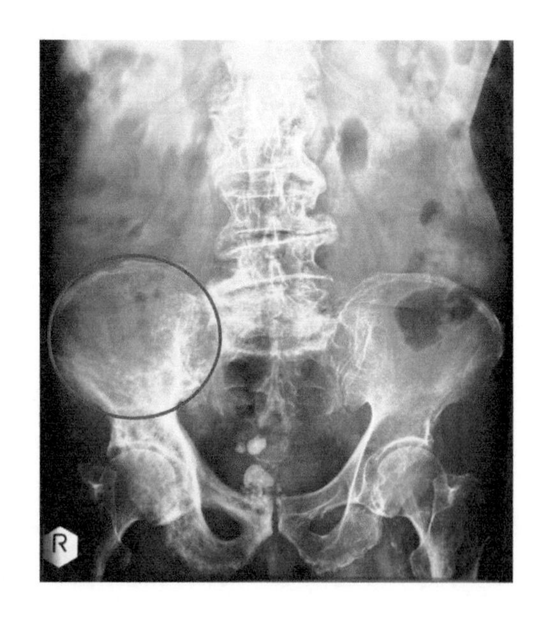

這病症對中西醫而言都是難治之症，不過中醫是辨證論治，不是辨病而治。中醫認為此病屬於骨痺，辨證有腎陽虛、腎陰虛、脾腎兩虛、肝腎陰虛等。藥無梗方，隨症加減，辨證施治。

所謂腎主骨、肝主筋，故臨床多用補腎的方法予以治療。腎陰虛用四物湯加左歸丸，腎陽虛用四物湯加右歸丸，筋骨疲軟者可用健步虎潛丸。若出現陰虛火旺，可用知柏地黃丸或大補陰丸，滋陰降火；若出現陽虛火旺，則須在補腎陽的同時配伍滋陰瀉火藥。

「形不足者溫之以氣，精不足者補之以味」。形不足者一般指氣虛陽虛，多用參、桂、芪、附等甘溫、辛溫之藥；精不足者主要指腎精虛，腎精虛不但要用熟地、山萸肉、杞子等厚味滋陰之藥，還要配伍血肉有情之品如紫河車、龜板、阿膠等。

使用補法要注意兩點：一是使用補法首先要照顧脾胃。脾主運化，如果脾胃運化無力，則任何補劑都不能發揮補益作用。補益劑大都性質滋膩，在應用的同時可加入理氣健脾藥，如白朮、陳皮、砂仁等。二是不要濫用補法，如在邪勢正盛、而正氣未虛時，都應以驅邪為主，否則反致誤補而閉門留邪。

針灸以腎俞近部與循經取穴為主，輔以阿是穴。病在皮膚肌肉宜淺刺，病在筋骨宜深刺，病在血脈可放血。

針刺時可用五刺法，即半刺治皮痺、豹文刺治脈痺、關刺治筋痺、合谷刺治肌痺、輸刺治骨痺。治療時，五刺法隨症加減，不必五法同時使用，有實際臨床意義，僅供大家參考。五刺法我曾經在針灸班介紹過，現不再重述了。現已夜深，拜拜！

錦松：老師且慢，可否講多些少五刺法，讓我重溫一下呢？

老師：五刺法出自《靈樞・官針》：「凡刺有五，以應五藏。」這五種刺法，可以應合於五臟，故又名「五臟刺」。

（一）半刺：「半刺者，淺內而疾發針，無針傷肉，如拔毛狀，以取皮氣，此肺之應也。」這種刺法是一種淺刺而疾出針的方法，好像拔毫毛的樣子，主要作用是宣洩在皮膚表分的邪氣。因為肺主皮毛，所以能和肺臟相應，但不要刺得太深，以免傷肌肉。本法在臨床上適宜於治療傷風發熱、咳嗽喘息等和肺臟有關的疾病。

（二）豹文（紋）刺：「豹文刺者，左右前後針之，中脈為故，以取經絡之血者，此心之應也。」此法刺的部位較多，在腧穴部位左右前後均刺，像豹的斑紋一樣，所以名為豹文刺，目的在刺中血脈，使之出血。因為心主血脈，故本法和心氣相應，能治紅腫熱痛等證。

（三）關刺：「關刺者，直刺左右，盡筋上，以取筋痺，慎無出血，此肝之應也。」這種刺法多刺在四肢關節部，因為筋之匯聚於關節，四肢筋肉的盡端都在關節，故名為關刺，可治筋痺證。操作時常左右並刺，但是必須注意不可傷脈出血，免使營氣耗損。由於肝主筋，故能與肝臟相應。

（四）合谷刺：「合谷刺者，左右雞足，針於分肉之間，以取肌痺，此脾之應也。」這是一種三四針攢合，左右各針、形狀像雞爪的刺法，並非指刺合谷穴。所謂合谷者，乃指肉之大會處而言。操作時必須刺得較深，直達分肉，然後提至皮下，再左右各斜刺一針，使成「个」字形。本法刺於分肉之間，為脾臟所主，故能應合脾氣，臨床上用於治療肌痺證。

（五）輸刺：「輸刺者，直入直出，深內之至骨，以取骨痺，以腎之應也。」刺法是直入直出，深刺至骨，用來治療骨痺。由於腎主骨，故本法能和腎氣相應。

榮基：請問發病的人通常是以 60 歲以上的成年人為主嗎？

老師：男女均可發病，發病年齡常於 40 歲以上，15% 有家族史。

錦松：多謝老師午夜教學 🙏

醫事討論三

半側忽略症與頭皮針

大雄：老師早晨。我的爺爺上月中風，左側偏癱，現除肌力稍弱外，已算基本痊癒。但近日有點怪事出現，就是他剃鬚時只刮右側，我們告訴他實況時，他卻堅持已全剃掉了，不知是不是患了老人癡呆症，還是妄想症？

老師：妄想症會有三個特徵：

（一）經常擔心不好的事情（如受威脅或被迫害）會發生
（二）認為其他人應該在事件上負上責任
（三）有誇張及／或毫無根據的想法

而老人癡呆症，現稱腦退化症，實為認知障礙症。患者記憶力及認知能力漸趨退化，漸漸失去自理能力，回到嬰兒期階段，須要別人照顧。

你可以嘗試將我以上所講的特徵，套在你爺爺的行為上，看看有沒有吻合之處。初步看來，你爺爺患上的可能是半側忽略症，尤其他剛中過風，患上此症的機會頗大。

小萍：老師，什麼是半側忽略症？我聽都未聽過⋯⋯

老師：「半側忽略」是中風病人很常出現的併發症，大多發生在左側偏癱、即右腦出問題的病人身上，症狀非常類似半側視野偏盲症。半側偏盲症是看不到半邊，而半側忽略患者是「視而不見」，兩者區別在於：半側忽略症病人在視線隨意活動時，會忽略腦損對側的刺激，但如加以提示，就有可能看見；而半側偏盲的病人，如在頭部固定時，則無論如何轉動眼球，也不可能看到盲側視野的物體。

出現半側忽略的病人，即使有人從左側向他打招呼，他也只能從右側尋找打招呼的人；刮鬍子只刮右側；吃東西吃剩左側；請他標出一條線的中點，他會標示靠右邊3/4的位置（後圖a）；叫他對着一個時鐘畫出來，他只會畫出右半邊的鐘（後圖b）；給他一張印有許多圓圈的紙，要求

他將圓圈全部劃掉，但他只劃掉右半邊的圓圈（圖 c）。他似乎將世界切成一半，左邊的部分完全「看」不到。但真正來說，他不是看不見左側，而是大腦認為左邊根本「不存在」。

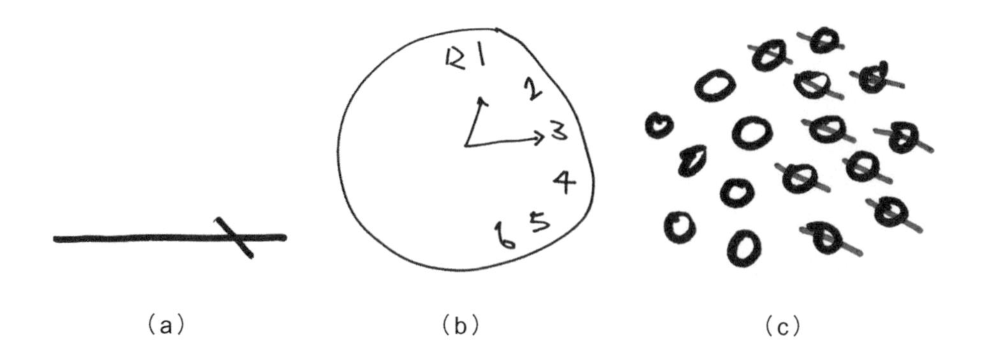

（a）（b）（c）

但在適當條件下，他們是能夠看見位於他們左側的人或物的。

例如畫兩個圓圈在紙上，病人似乎一次只能注意一個物體，而不能同時注意兩個物體，完全無視於左邊那個圓圈的存在。但只要畫一條線將兩個圓圈連結起來，病人就會意識到左邊還有一個圓圈。因為當有兩個物體（圓圈）時，忽略症病人一般只能注意右邊的物體，而遺漏了左邊未被注意的物體，當兩個物體被連結起來，病人會視之為一個單一物體，就能看到兩個圓圈了。

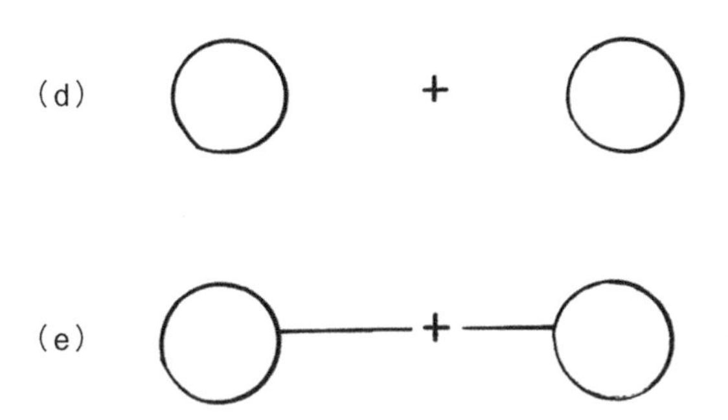

在測試時，病人的眼睛必須凝視十字點。

圖（d）：病人通常只會看到右視野的圓圈，而忽略了左視野的圓圈；
圖（e）：用一條線將兩個圓圈連結後，病人就看到兩個圓圈了。

小娟：想問老師這是什麼機理呢？

老師：人的大腦大體上是分為左右對稱的半球，但並非所有機能都是左右對稱的。語言區大多是位於人的左腦，我們稱之為優勢半球。如同左半球有語言管理能力一樣，右半球也發展出它高度的注意能力，故此右頂葉對來自左右的視覺刺激均有所反應，而左頂葉只對右視野的刺激反應明顯。當右腦中風，破壞了右腦的頂葉時，就不能處理自己四周的空間，及存在於這裏的物體之位置和形狀的資訊；而左腦只能辨識出自己負責的右半部空間，無法定焦在左側的情況，及無法解讀左側的資訊。右半球之所以在警覺、激活、注意及情感方面佔優勢，可能與它的位置沒有言語功能有關。

總括來說，因為右大腦掌控了左右兩側空間資訊的解讀和整合，而左大腦僅負責右側空間的資訊，所以當右側大腦中風受損時，左側的資訊便無法被解讀，而產生半側忽略現象。

威威：老師，病人看不到左面，有沒有可能只是因為他的視野有問題，並不是什麼半側忽略症呢？

老師：為了鑑別這兩個病症，我們可以做一些測試。測試方法是：病人與醫者互相間隔三呎對坐，命病人注視醫者的鼻子。醫者左、右手的手指放在病人的視線左右或上下相對處擺動，要求病人指出哪一側手指擺動。正常視野——向鼻側約 60°，向顳側約 100°，上下垂直方向約 130°，當病人某側視野有部分缺損時，他就不能看出在該側的手指擺動，此叫雙邊同時刺激法。

如果當醫者只在病人左側視野正常範圍內擺動手指時，病人能看得到；但當在兩邊視野範圍內同時擺動手指，病人無法看到左側視野的手指，而只看到右邊的手指擺動，就顯示出這並非病人的視覺有問題，而是與病人的注意力有關。由於右頂葉的損傷，使由大腦負責的注意力被右視野的刺激吸引，以致忽略了左視野的景物。

大雄：非常感謝老師的解惑！但想請問這個病症可以治療嗎？

老師：中風後遺症用針灸方法治療比較好，而半側忽略症又以用頭皮針處理較為理想。當然治療效果也會因人而異，但總體來說，還是有進步空間的。可取穴：

（一）頂中線——百會穴至前頂穴

（二）雙側頂顳前斜線——前神聰至懸厘引一斜線，分為五等分段，取下 2/5 段。

（三）雙側運用區——從頂結節向乳突作一直線，再由頂結節向前下、向後下各引一斜線，使之與第一直線各成 40° 夾角。此三線各長 1 寸。

刺法：行快速捻針手法

系蘿：老師好！想請教你頭皮針操作問題：

（一）因頭皮已沒有什麼厚度，而書上寫要入針 1 寸，再用快速手法，但入針的角度也只有 10°-20°，基本上入完針也已貼住頭皮，請問怎樣快速手法？

（二）入針 1 寸，如做手法，針要矗直一些，會插住頭皮，會否做完一針，未留針已血流披面？請原諒學生蠢蠢的問題，謝謝！

蘇醫師：或者我嘗試回答師姐的提問。

（一）沿皮刺＋快速捻轉，理論上是可以做到的，跟在其他部位入針及運針方法無異，但技巧須經練習。老師在堂上曾說，頭針＋快速捻轉是十分強刺激的做法，未必每位病人都受得了，而只在頭針部位扎針，已有一定療效。建議可從只扎針開始嘗試，熟習了再加普通捻轉，掌握純熟而病人又受得了，才逐漸加快捻轉速度。

（二）針身粗幼小於 0.3 分（1 毫米），入針後留針時，入針位置已被針堵住，留針／運針期間不會出血。另一方面，由於頭部血運豐富，出針時有機會出血，故出針時須備消毒棉球，用作出針後微壓針口。然因針口極細，即使有出血，亦不至於血流披面。上述如有錯漏，請老師及各學長補充。

系蘿：謝謝指教，清楚明白。

威威：多謝蘇醫師指導！

蘇醫師：不用客氣。

林醫師：請問師姐，如果小兒顱骨未完全融合，頭皮針深度應是多少？謝！

蘇醫師：我見老師是用 4.5 分（15 毫米）毫針沿皮刺。其實不論顱骨是否已完全融合，在頭部扎針都不是向下刺的，是沿皮刺。而且也不是向囪門處下針的啊！

林醫師：Thx 師姐。

蘇醫師：有關頭皮針，以下資料僅供大家參考：

（一）器具方面
- 一般用 1.5-2 寸毫針，初學者可先試用 1 寸針。小兒用 0.5-l 寸。

（二）操作方法
- 定位是否正確十分影響治療效果。初學者可先用卷尺測定，並以龍膽紫藥水標記。

- 進針時要避開毛囊、瘢痕及局部感染處，以免引起感染及疼痛。初學者可用指切進針法，進針方向與頭皮成 15°-30° 角。進針後，沿皮將針體快速推至帽狀腱膜下層。當針到達該下層後，指下會感到阻力減少，此時可將針推進 0.5-1.5 寸，再進行運針。（注意：頭皮針進針要掌握好角度，角度過小，針易進入肌層；角度過大，則容易刺入骨膜，會引起疼痛。）

- 運針法：頭皮針運針只捻轉不提插。為使針的深度固定不變及捻轉方便，一般以拇指掌側面和食指橈側面夾持針柄，以食指的掌指關節快速連續屈伸，使針身左右旋轉，每分鐘二百次左右。每次持續捻轉 1-2 分鐘，留針 15-30 分鐘，在此期間還須每隔 5-10 分鐘運針一次。

- 出針時，由於頭皮血管比較豐富，應立即用消毒乾棉球按壓，以防出血。

頭皮針法每日或隔日一次，一般以十次為一療程。療程間隔 5-7 日。

頭皮針法主要用於治療腦血管疾病，對中風（腦出血或腦梗塞）引起的偏癱，療效可達 90% 以上。對腦外傷後遺症、小兒腦癱、小兒腦發育不全、震顫麻痺、舞蹈病、耳鳴及各類急慢性疼痛等，都有一定效果。近年亦用於治療老年性痴呆症和小兒智力障礙等。

威威：我總覺得在頭皮施針要比較小心，是否有特別須要注意的事項？

蘇醫師：要留意：

（一）頭皮針的刺激強度較大，應注意防止暈針。

（二）易發生滯針，即入針後行針困難，難以捻轉。在這情況下可適當延長留針時間，囑病人身心放鬆，並在入針位置周圍輕柔按摩，然後順進針方向緩緩退出。

（三）因腦出血引起中風的病人，在急性期有昏迷、發熱或血壓忽高忽低不穩定者，不可用頭皮針，須待症情穩定後才能進行。

（四）對急性發熱、高熱、心力衰竭者也要慎用。

（五）頭皮血管豐富，出針時易出血或引起皮下血腫，可用乾棉球輕揉，促使其消散。

威威：謝謝蘇醫師！

醫事討論四

股骨頭壞死一定要換人工關節嗎？

金燕：請問老師、各位師兄師姐，以下患者，男性，31 歲，髖關節痛，患病約一年，西醫早期當痛風症醫，後期話關節走了位。醫生話現時關節呈現骨枯，一對股骨頭都須要做手術，換人工關節，患者非常不想做手術。由於他尚年青，醫生話將來還要做第二次人工關節更換。

請問各位，現在他還可用中醫正骨復位醫治嗎？謝！

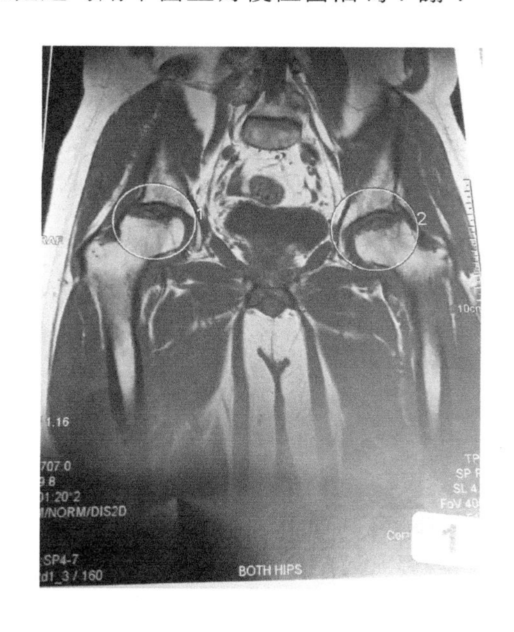

張平：那不是把下肢全換掉嗎？ 31 歲，還年輕，其實仍有很多治療方法，如艾灸、理筋……等等。先把其肌筋理開、放鬆，關節得到養分，不就可以了嗎？

萬容：講得好！

兵哥：前輩思想正確，治療的方法有很多，搵一個最理想的。股骨頭壞死，有很多原因。正常的股骨頭有多條動脈供血，有旋外／旋內動脈，四支穿動脈，供血量豐富。我意思是應想想患者，有否血液病因？例如鐮狀細胞性貧血或者微血管栓塞，而導致股骨頭壞死？

老師：敬請同學們注意，股骨頭的三大供血動脈是旋股外側動脈、旋股內側動脈及閉孔動脈的分支股骨頭圓韌帶動脈（供應股骨頭凹窩部的血液），並不是穿動脈。穿動脈只是提供營養予其所分佈區域的肌肉，不是滋養股骨頭的。請看下圖 A 及 B：

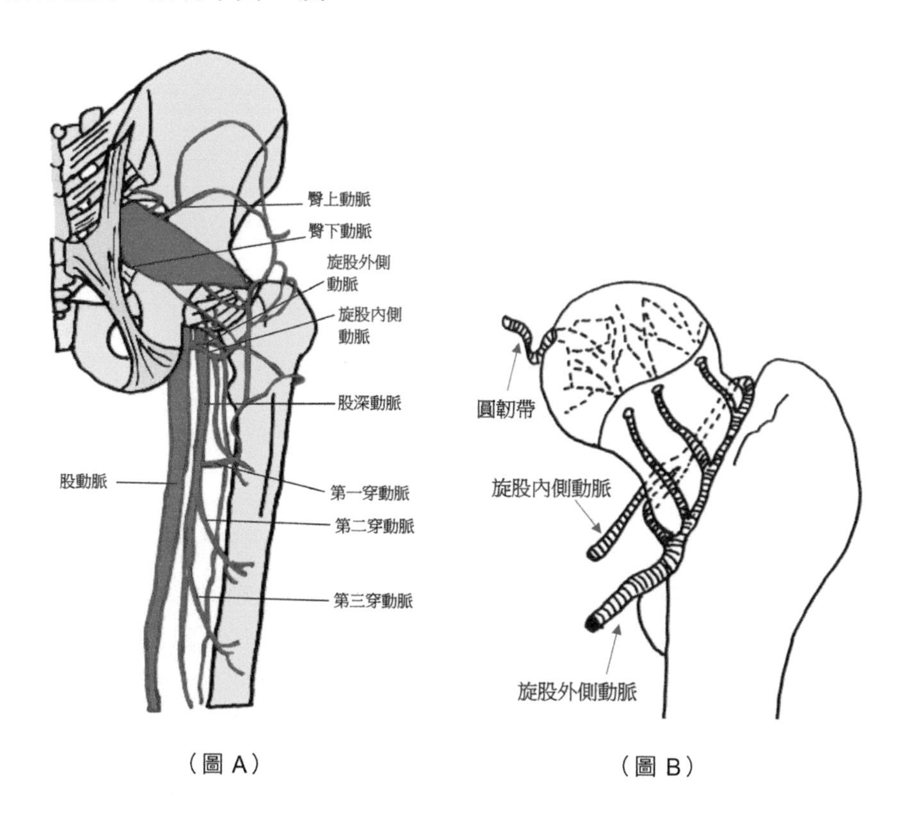

（圖 A）　（圖 B）

鴻偉：請問患者現在還可步行嗎？

金燕：還可行，但要就住來行。

兵哥：患者，應做多方診斷。在病理上可分五期。

小標：兵哥，分邊五期？

兵哥：0 期無疼痛，X 光片正常，骨掃描及磁力共振造影出現輕度異常。

I 期有疼痛，X 光片正常，骨掃描與磁力共振造影出現異常。

II 期有疼痛，X 光片見到囊性變或／及破壞，骨掃描及磁力共振造影出現異常，沒有出現軟骨下骨折。

III 期有疼痛，X 光片見到股骨頭塌陷，骨掃描及磁力共振造影出現異常，見到軟骨下之塌陷。

IV 期有疼痛，X 光片見到髖臼病變，出現關節間隙狹窄及骨關節炎，骨掃描及磁力共振造影出現異常。

有錯請大力指正。

卓茵：以下是愚生愚見及資料提供，請老師、兵哥、各位醫師大德賜教。

亞洲人的髖關節受損多由骨枯造成，但很不幸地，股骨頭壞死並沒有早期的警告症狀（warning symptoms），比較常見的情況是，病人找醫生時已經是晚期，股骨頭有很大的範圍均已死亡。

股骨頭開始壞死時，最初期的症狀是疼痛，尤其是在髖關節附近，走動越多就會產生輕度痛楚，休息一下就可緩解，患者可能以為是扭傷，並不在意；也有一些患者反而覺得膝部附近疼痛，以為膝蓋受傷，沒有聯想到與髖部有關；也有一部分病人的症狀是以腰痛來表現，會以為是退化性腰椎病變，尤其 40 歲以後 X 光片顯示有骨質增生是很常見的；更且膝部或腰部 X 光片往往顯示不正常，會把視線轉移，而將主病誤診。

股骨頭壞死的診斷：首先要詳細的詢問病史，尤其有否使用過類固醇、大量喝酒、潛水夫病史等；再加以仔細的理學檢查，看看髖關節的主動及被動活動範圍，雙腳是否等長，輕輕施加壓力於髖關節時是否會引起疼痛，並觀察病人走路的情況，大半就可診斷出疼痛所在。

股骨頭壞死的治療：死去的骨頭是可以再生的，但再生的速度很慢很慢，修補能力與許多因素有關，例如成年之後，再生能力就快速降低，而吸煙人士會影響血液微循環，也降低再生能力。

保守療法：如患者身型高大，是負重的重要考慮因素之一，平日避免要負重的運動（如跑步、舉重等），也可使用拐杖減輕髖關節的負擔。注意營養、戒煙酒，在中醫理論指導下以手法及中藥暫緩壞死速度，減輕患部痛楚，以及和營生新。

從患者 31 歲的年齡來看，在骨枯的年齡層屬十分年輕（患者年齡層多為 50-80 歲），如果現時走路跛行，行樓梯會疼痛，無法運動，藥物的幫助不大之下，建議更換關節改善生活質量。

然而，股骨頭壞死可分為五期，現在看來是第三期（邊緣不完整、缺損、間隙增寬），如能及時適當治療，保住股骨頭的希望是很大的。如果可以忍耐，以這 MRI 來看，等待股骨頭完全塌陷才做手術亦可。

如在一般的手術和保守治療都達不到療效的情況下，患者最終可選擇人工關節置換，但人工關節置換有年齡考慮的問題，所以期盼在股骨頭完全壞死之前，在能夠延長的情況下，儘量延長它的非置換時間，希望病人只做一次人工關節置換，就可以維持一生。

從中醫學的角度而言，中醫認為發病機理是體質虛弱、骨失所養、腎氣不足、骨不生髓、氣血兩虛、涉及臟腑有肝脾腎三方。腎為先天之本，主骨生髓；肝主筋藏血，氣血不通暢，經脈瘀阻是主要因素。治療原則以強筋健骨、活血化瘀、通絡止痛為主要治法思路。病變關係最為密切的為肝、脾、腎三臟，治療以「通」為要，即以活血通脈、蠲痺通絡為主，輔以健脾利濕，佐以和營生新、益氣養血、補益肝腎、強筋壯骨。治療時以「神燈」照射、手法推拿及拔罐，以改善髖關節及股骨頭供血，使血管擴張，增強股骨頭的密度和強度，使壞死的部分骨頭得以新生。常用穴位有大杼、肝俞、環跳、陽陵泉、腎俞、血海、三陰交、絕骨、承扶、居髎等。中藥方面，以當歸及北芪最常用，亦可用丹參、骨碎補、補骨脂、續斷、熟地、川芎、白芍、赤芍、杞子、杜仲、牛膝、紅花、雞血藤、三七、土鱉、茯苓、山萸肉、淫羊藿等。

從西醫學的角度而言，成因包括服過量類固醇、喝酒、血管炎及紅斑狼瘡等。

西醫治療原則：全髖關節置換術（Total Hip Replacement），每個手術當中，有 50% 為骨枯病人。

手術大可分為兩種：

（一）傳統全髖關節置換手術：取走整個股骨頭及切走股骨近端骨骼，再放入一支長約 7-8 吋的金屬柄作支撐。病人康復期最少六個月，而這個手術後，活動是有限制的，如無法跑步跳躍；

另因人工關節容易脫位及磨損，二十年後或須再置換，所以年輕好動患者會困擾多年都不願意做此手術。

（二）髖關節表面重修手術：將病人股骨表面損毀部分磨走，再安裝碳化鋼鑄造的球狀人造關節面，髖骨位置裝上窩形關節面，重建成髖關節，病人康復期可縮短至三個月。嚴重骨枯患者安裝人工關節前，要切除約 50% 的球狀股骨頭，但因為骨枯情況會持續，病人約十五年後或須接受傳統全髖關節置換手術。

小利：師姐，高見高見，非常厲害！小女子連影像片都未睇得清楚，獲益良多。

小玲：請問排期及手術費方面有資料嗎？

卓茵：據我所知，排期、手術費方面：（以一患側計算）

（一）香港公立醫院一般由首次交轉介信到做手術，由三至七年不等（年期會不定期更新），而骨科醫生會作出個別評估，手術取決於病者的痛楚及殘障程度，而並非年齡。

（二）香港私家醫院港幣 $120,000-$150,000

（三）國內醫院對這樣的手術已達到十分成熟的階段。佛山市中醫院本地材料連手工人民幣 ¥40,000，進口全包 ¥60,000；在廣東省中醫醫院做，要 ¥20,000（包括手術及進口人工關節）；在廣州西醫醫院做，要 ¥30,000-¥80,000，價錢的差距是因應物料是國產或進口而定。這些價錢還未包括前後門診、住院及雜費費用。

另外還要考慮的是，手術會為部分患者帶來極大的經濟負擔和精神痛苦，而且極易產生感染、神經損傷、脫位、假肢下沉、擺動致股骨幹斷裂等併發症。

如有不確之處，希望各位指正。

兵哥：師姐真是強中醫，「骨枯」都包括，前後呼應。

老師：卓茵論點及提供的資料不錯，現我作一些補充吧。

觀乎病人雙髖已塌陷，加上現代醫學置換人工關節的技術已很成熟，置換人工關節已不是什麼特別的事情。但考慮到病人的年紀，就進入到兩難境地，所以我認為，如果現階段能夠設立一個「保頭」（股骨頭）計劃，使置換人工關節時間儘量推遲，希望他一生人只做一次這種手術就好了。

要有好的「保頭」計劃，就要根據病人的實際情況，先列一表*，再作評估。（*參考：馬在山《馬氏中醫治療股骨頭壞死》）

評分指數	0分	1分	2分	3分	4分
疼痛情況	坐臥行走無疼痛	休息無疼痛，站立偶有疼痛，於行走較久後疼痛。	休息無疼痛，行走即時疼痛須休息，不能堅持行走。	休息時亦有疼痛，須扶拐步行。	任何情況都疼痛，須服止痛藥。
跛行情況	無	慢步不明顯，快步出現。	慢步出現，快步更明顯。	單拐亦見跛行	持雙拐而行，走路時明顯受限。
功能情況（髖關節活動範圍度數總和）	>260°	260°-190°（稍受限）	190°-160°（部分受限）	160°-130°（明顯受限）	少於130°（嚴重受限）

<u>髖關節活動範圍正常值</u>

前屈 130°-140°　後伸 10°-20°　外展 30°-40°　內收 20°-30°
內旋 30°-40°　外旋 40°-50°
總和 260°-320°

<u>病情輕重</u>

評分指數——所獲分數總和

輕	中	重	嚴重
0-3分	4-6分	7-9分	10-12分

療效進展（根據治療前後臨床症狀下降評分指數判定）

優	良	可	差
>4分	3分	1-2分	無下降

<u>三個月評估一次</u>

如療效有進步，病人又可接受當時病情，就繼續治療，以觀後效。

治療方案：

（一）避免負重，應持拐而行。

（二）中醫綜合治療——內服中藥，外敷藥物，外用薰洗、推拿及針灸療法，加上功能鍛鍊，可使血管通暢，微循環改善，死骨吸收迅速，成骨活躍，修復順利。

1）藥物：活血化瘀藥以打通瘀阻，增加血流量，加上補益肝腎之品。

2）針灸：可取穴居髎、環跳、秩邊、髀關、血海、梁丘、風市、伏兔、委中、陽陵泉、足三里、肝俞、脾俞、腎俞、阿是穴等。溫針灸，每次取數穴，交替運用。

3）功能鍛鍊：除了一雙手、一根針、一把草的治療方案之外，還須要加上病人的練功。只要骨盆的位置正確又穩定，髖關節的活動自然會比較順暢，所以首要之務就是鍛鍊支撐骨盆的臀部肌肉。

臀部肌肉群包括臀大肌及臀中小肌。鍛鍊臀大肌時，採俯臥姿勢，在骨盆下方放置枕頭，輪流抬起左右腳（不要抬得太高，只要確實運動到臀部肌肉就可以，腿抬得太高，鍛鍊部位就會從臀部肌肉變成大腿膕繩肌）。大約五秒內完成一組抬起放下的動作，雙腳輪流交換來做。鍛鍊臀中肌時，採仰臥姿勢，大腿處用彈性繃帶或彈力帶將雙腳綁在一起，雙腳維持伸直及用力向外張開之後放鬆，大約五秒完成一個動作。還有臥位蹬空屈伸法、抱膝法及屈髖分合法等。

卓茵：是的，還應有功能鍛鍊，謝謝老師的細閱及詳盡講解。

老師：不過話說回頭，如果這個年紀病人經保守治療後，仍疼痛難忍，生活質素極之低下，又失去其他治療時機，可考慮用表面雙杯置換成形術（又稱髖關節表面翻修手術），方法就是將病人股骨表面損毀部分磨走，安裝碳化鋼鑄造的球形人造關節面（見後圖 a），髖骨位置裝上窩形關節面，重建成髖關節。由於保留了大部分股骨頭及全部股骨頸，所以髖關節會有較好的功能。如術後再加上中醫中藥療法，可能會保留髖關節大部分功能，有助術後三個月能正常游泳及跑步，對年輕及好動患者，不失為一個較佳選擇，其治療效果也較人工關節為佳。

置換全髖人工關節，須取走整個股骨頭頸及部分股骨近端骨骼，再放入一支長 7-8 吋的金屬柄至餘下的股骨幹作支撐（見右圖 b），病人康復期最少要六個月。手術後諸多限制，難以跑步及跳躍，而且十五至二十年後可能需要再置換。

當然這個年輕病人骨枯情況也相當嚴重，看來手術時須要切除約一半的球狀股骨頭，而且骨枯情況可能會持續，病人約十多二十年後或許需要接受傳統全髖關節置換手術，不過這樣亦可將人工關節置換推遲，毋須一生置換兩次人工關節，也是一個考慮重點，對這個年輕的患者來說，不失為一種過渡良法。

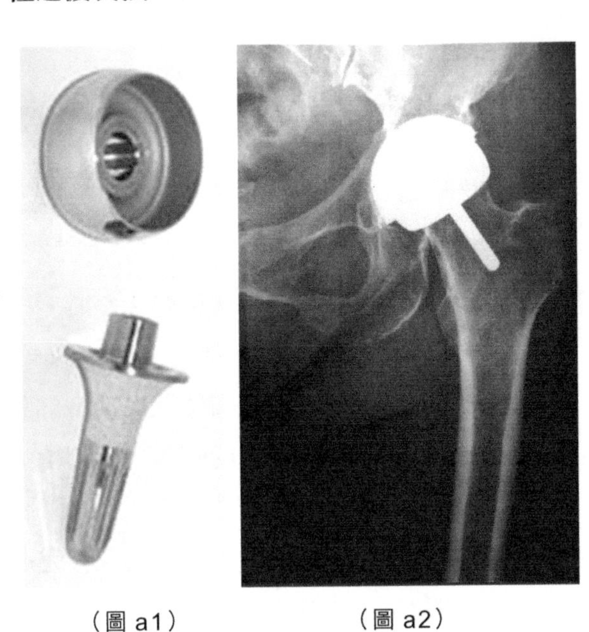

（圖 a1）（圖 a2）

髖關節表面翻修手術

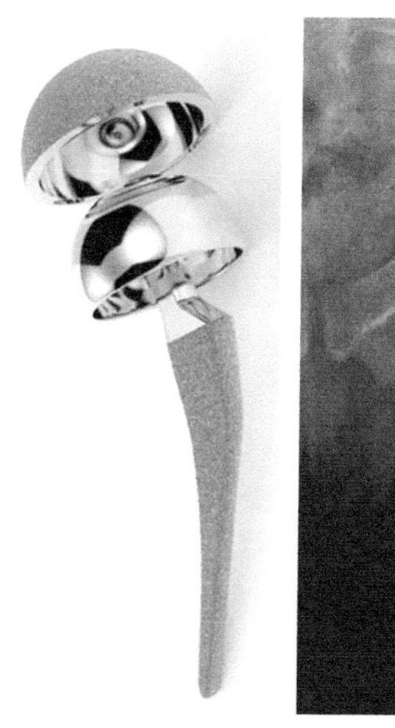

（圖 b1）

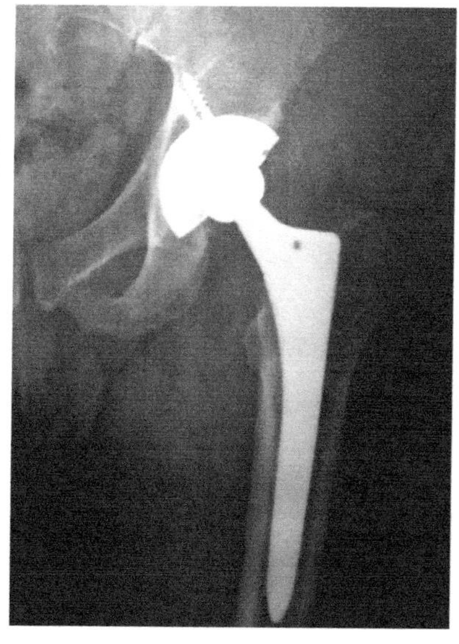

（圖 b2）

全髖人工髖關節置換

小云：對患者來說，也可重燃希望！

醫事討論五

針灸歌賦及穴位雜談

威威：老師，有事請教。《標幽賦》裏說的「循機捫而可塞以象土」一句，「塞」字應讀菜抑或室？「交經繆刺」，「繆字」應讀妙、茂，還是目呢？

老師：請各位同學代答。

陳醫師：繆刺，以前上課老師教讀「妙刺」；塞字，好像「菜」、「室」都通用。「茂刺」都通用，但近年見多人讀「茂刺」和「菜」字音較多聽，如有錯請各位指正。

老師：在肯定讀音之前，我們先要了解《標幽賦》所言「循經捫而可塞以象土」，意思就是說，進針前要用指循經切按，以消散不通之氣血；出針後用指按壓針孔，閉合其門，情況就像疏理江河的泥土，和用土填塞河堤缺口一樣，像土之功。所以按照文意應該讀「室」。

繆刺的繆字如讀「妙」，即姓氏也；如讀「目」（穆字之誤……繆通穆、有敬重之意），都與文意不符。古今文獻都顯示，繆字在字義上主要有——差異、錯誤、交錯、綢繆、紕繆等不同意思，但是在《黃帝內經》中，但凡出現繆字的地方，如「繆處」、「繆刺」、「奇繆」等，均作「異」解，讀同「謬」。雖然一向以來爭議不斷，但我覺得繆讀音應是從「紕繆」一詞，引申為與正常情況有異，而繆刺以左痛取右、右痛刺左，與一般刺經取穴法有所不同，所以讀音應為謬（茂），謬誤之謬。

吾愛吾師、吾尤愛真理，如有不同意者，請斧正。

碧兒：感謝老師詳盡解釋《標幽賦》內之文字讀法，深入淺出之教導！

唐博士：老師，看完了《百症賦》，只找到九十五個症，是否我找少了？

發哥：小弟愚見認為，不用太認真去追查到底是九十五症或是百症，古人為了方便記述，很多時候都會誇大或是取其大約數目而定名。例如：「神農嘗百草」，難道第一百零一、一百零二……以後便停止？又例如詩仙李白的《秋浦歌十七首》其十五便有詩句如下：「白髮三千丈，緣愁似個長。」大家都知道，頭髮無可能會生到有三千丈那麼長，若是太認真，便失去詩意了！😂

小明：傳說中神農氏嘗遍了各種草木，將毒草和藥草加以區別，發現了三百六十五種草藥，能醫治百病，並寫成《神農本草經》。

蘇醫師：據我所知，《神農本草經》是中醫四大經典之一，是現存最早的中藥學著作，傳說為公元前 25 至 27 世紀的傳奇人物神農氏（又稱炎帝）所作。查實其成書約秦漢時期，作者應非一人，而是代代口耳相傳，由眾多醫學家蒐集、總結整理而成。

唐博士：我認為求學問正是應不斷追求，就如我們從前只知道有分子，後來找到質子、中子、電子，現在又找到中微子、夸粒子、正電子、反中子……我們的學問就是這樣一點一滴的累積和增長。

老師：《百症賦》最早刊載於《針灸聚英》，但原作者不詳，內容以針灸治療、辨證論治和配穴規律為主，資料豐富，全文一千零四字，列舉了九十六個病症，雖不足一百之數，也相差無幾，因其論述病證頗多，故此以《百症賦》為名。

該賦是按頭面五官、外感病、四肢、胸脅、風證、厥證、神志疾病、臟腑疾病、外科、婦科、積聚的次序編寫，系統性較強，配方有規律；共取穴一百五十六個，精簡得當，確是一部對針灸臨床治療非常有價值的針灸文獻。

其賦雖言醫學，但畢竟也同時是文學作品。文學遣詞造句，如萬紫千紅、黎民百（家）姓等稱謂及數量，實無須一一具足準確，與純科學研究着實難以完全等同。同學認為科學研究應該一絲不苟，我甚為認同，同學對科學之執着與堅持態度，實令人敬佩，深信日後在醫學的研究及發揚方面，必有大成。

威威：老師對《百症賦》如此高度讚揚，想問你對《標幽賦》又如何評價呢？

老師：《標幽賦》是金元時期傑出的針灸家竇漢卿所著，只是短短七十多句、千餘字的賦文，卻對金元以後的針灸醫學，起了極大的作用。該賦把幽冥隱晦、深奧難懂的針灸理論，用歌賦的形式標而明之，加以闡釋，使後人能容易學習及運用，所以名之為《標幽賦》。其內容很豐富，包括陰陽五行、經絡臟腑、營衛氣血與針灸的關係，並對疾病診斷、針灸補瀉、腧穴特性、配穴規律、按時取穴、針刺禁忌等針灸理論，作了較廣泛的論述。

《標幽賦》字字珠璣，往往一兩句說話，對於後世的影響就極其深遠。如「輕滑慢而未來，沉澀緊而已至。既至也，量寒熱而留疾；未至也，據虛實而候氣。氣之至也，如魚吞鉤餌之沉浮；氣未至也，如閑處幽堂之深邃」。其後很多文獻多以本文為標準，有其一定的實用價值。又如「一日取六十六穴之法，方見幽微；一時取十二經之原，始知要妙」。對子午流注針法能夠廣泛傳播，起了極大的作用。其他論點，不一一詳述了。故歷來醫家都把《標幽賦》作為學習針灸醫學的重要參考文獻，我個人也認為《標幽賦》實可作為一個針灸研究者的首選寶典。

榮基：老師，請問石關穴與石門穴是否同為一穴呢？

老師：石關穴在臍上 3 寸、旁開半寸，屬足少陰腎經。而石門穴在臍下 2 寸，屬任脈。石關是腎經與衝脈之會穴。任、衝、腎經與婦女經帶胎產疾病有極其密切關係。衝、任皆起於胞中，衝為血海、任主胞胎。腎為先天之本，藏精之處，故有直接溫補下焦、益精培元、調理衝任的作用。《百症賦》：「脫肛趨百會尾翳之所，無子搜陰交石關之鄉。」可見石關穴對生育之重要。

然而，根據現存最早的一部針灸專著《針灸甲乙經》記載，石門穴「女子禁不可刺、灸中央，不幸使人絕子」，後世醫書多有引用。這個說法剛與石關穴功效相反。如《千金翼方》：「針石門則終身無嗣。」《針灸聚英》：「婦人禁針禁灸，犯之終身絕子。」但後世有些醫書又不乏記載，石門穴，閉經久不孕者，又可灸之宣通有孕，似乎有些矛盾的觀點。

我個人則認為，石門穴實可針可灸。臍下1寸半是氣海，2寸是石門穴，3寸是關元穴，氣海與關元也常用於很多婦科疾病中，難道我們取穴真的那麼精準，從沒有一次想針氣海或關元，而實際上扎到石門嗎？如果害怕扎到石門穴，而不敢取穴氣海、關元，則治療上又會大打折扣。而且如果針灸石門穴可以令人無子，那麼很多避孕用品公司恐怕也要倒閉了。

榮基：上文《百症賦》提及之陰交穴，是否即三陰交呢？

老師：陰交（並非三陰交）是任脈俞穴，在臍下1寸，是任脈、衝脈、足少陰腎經之會穴，功能利水、消腫、理經帶。三陰交是足太陰脾經俞穴，是足太陰脾經、足厥陰肝經及足少陰腎經三條陰經交會之處，故名三陰交。穴在足內踝尖上3寸、脛骨內側緣後方凹陷處，功能補脾土、調理血室精宮。

琴鳳：謝謝老師，天氣漸寒，請多加衣，早些休息！

小強：老師，你曾說過，商是五音之一，於五行中與肺同屬金，所以少商穴位於肺經。但為何商陽穴又不在肺經呢？

老師：古代音樂，只有五音，即角、徵、宮、商、羽，五行屬性即為木（角）、火（徵）、土（宮）、金（商）、水（羽）。其中：

肝屬木，在音為角，在志為怒。
心屬火，在音為徵，在志為喜。
脾屬土，在音為宮，在志為思。
肺屬金，在音為商，在志為憂。
腎屬水，在音為羽，在志為恐。

參看上文，對少商、商陽兩穴名稱的來源，應會有所了解。少商的少為末端之意，而商為五音之一，於五行中則與肺同屬金。商陽穴雖位於大腸經，但肺與大腸相表裏，故大腸也屬金，五音也為商；陽則是代表位於手背的陽經。

添丁師兄：早晨！老師治學精細，探索不倦。

玉梅：聽師一席話，勝讀十年書。

添丁師兄：聽師幾句話，自覺未讀書。

少美：老師治學精博，學生受益，感謝！

小嘉：老師，支溝穴或照海穴，都沒有治療便秘的主要功能，為何兩者共用卻有治療便秘的效果呢？

老師：支溝穴為三焦經經穴。以胸至腹屬上、中、下三焦，上焦有肺臟，中焦有脾胃，下焦有腸腑。三焦又為水道，若三焦受邪則氣機不暢，肺氣不通，津液不下，而成便秘。針刺支溝則能宣通三焦氣機，通調水道，使三焦腑氣得通，津液得下，便秘得除。

照海為腎經俞穴，腎司二陰（即大、小便），所以二穴合參能起通便作用。

當然三焦經與腎經還有很多穴位，為什麼不取其它，只取這兩穴呢？這就是經驗的累積，不需要用白老鼠來做數據測試，歷代的中國病人就是「白老鼠」。《玉龍歌》有云：「大便閉結不能通，照海分明在足中；更把支溝來瀉動，方知妙穴有神功。」補課完畢，拜拜！

添丁師兄：哇！醫理要具足中醫全科方可整合，劣生頭髮摣到光晒。謝謝老師丑時課程，補課同學要食夜粥哦！

鴻偉：老師的時差真是越來越嚴重！！！

醫事討論六

淺談薩滿罐與銀質針

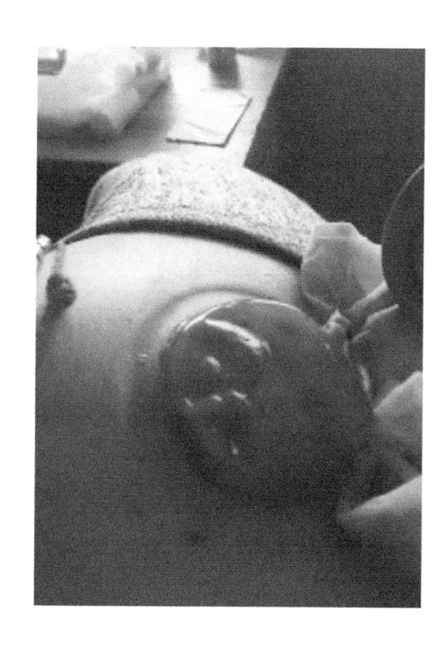

添丁師兄：請問老師和學長們，這是什麼療法？聽說所拔出來的是身體內的致病毒素……

美美師姐：這是拔濕療法，嚴重有重病時，會有蟲拔出 🐛

時芬：這是大陸現在流行的薩滿罐。

小強：據聞是滿清宮廷流傳出來的。

添丁師兄：說是滿清御醫的秘傳，看來有點攀龍附鳳，那時代哪有這樣工藝的真空拔罐產物？慎察之！

小平：老師，拔罐用薩滿為名，咁究竟薩滿是什麼意思？是某種藥物？某種材料？某種宗教？

老師：薩滿是一種信仰，不是一個教派。薩滿信仰分佈於北亞、中亞、西藏、北歐和北美。薩滿信仰中的薩滿（Shaman）被視為是有能力掌握神秘知識、可進入「人神」狀態的人，他們能夠暫時脫離肉體，到達「靈」

的世界，有着預言與治療的能力。滿族人的祖先女真人，就是以薩滿信仰為主，滿清的皇帝及王公大臣在舉行宗教儀式時，往往請來薩滿主持，可見薩滿地位之崇高。所以近人以薩滿罐及其療法來自清廷御醫為名，強調其超自然的治病能力。請大家多翻資料，增加了解。

系蘿：請問怎樣操作？看似拔罐。

張平：網上似乎沒有太多此罐的資料。

添丁師兄：美美師姐，請問可拔出蟲來是真的嗎？據說尿酸的嘌呤及類風濕物質可拔晒出來，就根治病患。

美美師姐：較早前有收過相關視頻，可能刪除了，試找下，放給你看。😅

添丁師兄：可知療效真那麼好嗎？老師，請問拔出哪些啫喱狀物體是什麼？

老師：請各位同學發表意見……

Apple：血水凝固了。

系蘿：感覺上似是拔罐失誤，令拔罐位置出水。

老師：此是凝固中的血液。血液凝固，指的是血液由液體狀態轉變為不流動的凝膠狀態的過程，實質就是血漿中的可溶性纖維蛋白原，變成不可溶纖維蛋白的過程，這是生理性止血的重要環節。但請注意，出血時間與凝血時間是兩回事。出血時間指的是，皮膚表淺小傷口達到自然止血所需的時間，例如用針穿刺耳垂，使到血液自動流出並開始計時，用濾紙吸至沒有血液流出為止（但不可觸及傷口及皮膚），正常血停時間約為一至三分鐘。而凝血時間是指血液離開血管，在體外發生凝固的時間。凝血時間測定方法：針刺耳垂待血液自動流出後，用玻璃片沾血並開始計時，每隔三十秒以刺針將流出的血液挑起，直至出現血絲，正常時間約為二至六分鐘。

系蘿：謝老師詳細的教導。可否講埋用這罐的目的，及與平時用的玻璃拔罐有什麼分別？謝謝！

老師：無論是薩滿罐或其他質料製成的拔罐（如竹罐、陶罐、銅罐、鐵罐、玻璃罐、抽氣膠罐等），都是借助排去罐內的空氣，令罐內產生負壓，使吸附着於皮膚，造成鬱血現象的一種療法。古代醫家是用來治療瘡瘍，吸血排膿；後來則更應用於風濕痺症。近數十年，拔罐療法又有了新發展，進一步擴大了治療範圍及提高了療效，使之成為針灸治療中的一種療法。

薩滿罐用的是抽氣法，利用旋蓋抽出罐內空氣，使產生負壓，即能吸住皮膚。而玻璃罐則借熱燃燒去罐內空氣，因質地透明，可以窺探罐內皮膚鬱血程度，便於掌握情況。

小明：老師，可否說多些拔罐的作用機理呢？

老師：有無同學代答？

蘇醫師：我試提供一些資料，供大家參考。拔罐療法可以：

（一）扶正祛邪、保護免疫系統

中醫認為：「正氣存內，邪不可干。」拔罐療法能激發經絡之氣，振奮衰弱的臟腑機能，提高機體的抗病能力；同時，通過吸拔作用，能排／吸出風、寒、濕邪及瘀血，發揮扶正祛邪的作用。

現代研究表明，拔罐療法可增強白細胞和網狀內皮系統的吞噬功能，增強機體的抗病能力。在背部膀胱經走罐，能明顯提高人的免疫功能。另外，由於拔罐療法有很強的負壓吸吮力量，使局部毛細血管破裂，產生局部瘀血，引起自身溶血現象，釋放組織胺、5—羥色胺等神經介質，通過神經體液機制，刺激整個機體的功能，能有效地調動免疫系統，對治療過敏性疾病、免疫功能低下所造成的低熱不退等，都有較好的療效。

此療法能促進肺部血液循環，改善支氣管分泌和纖毛運動等作用，從而加速呼吸道炎症的消除。在肺俞、風門穴拔罐，能改善呼吸道的通氣功能和換氣功能，常用於防治風寒咳嗽、慢性支氣管炎、哮喘等病。

（二）疏經通絡、調節神經興奮性

中醫認為：「經脈者所以決死生，處百病，調虛實，不可不通。」經絡是人體氣血運行的通路，使人體各部分的功能保持相對的平衡與協調。如果經絡氣血功能失調，會出現氣滯血瘀，經絡阻隔，不通則痛等病理改變。拔罐能激發和調整經氣，疏通經絡，並通過經絡系統而影響其所絡屬的臟腑、組織的功能，使百脈疏通，五臟安和，達到「通則不痛」的療效。因此，拔罐對於緩解疼痛症狀有一定的作用。

現代醫學研究認為：拔罐療法是一種負壓機械刺激作用，這種刺激可以通過皮膚和毛細血管的感受器，經過傳入神經纖維至大腦皮質，反射性地調節興奮和抑制過程，使整個神經系統趨於平衡。拔罐療法具有雙向調節功能，針對人體病理特徵來進行良性調節。當身體處於興奮狀態時，拔罐可使其轉為抑制；當身體處於抑制狀態時，拔罐可使其轉為興奮。

如果運動時過於緊張、疲勞或者熱身不充分，可能會出現肌肉痙攣，拔罐療法能通過肌肉牽張反射，直接抑制肌肉痙攣，又能通過消除疼痛病灶，而間接地解除肌肉痙攣。拔罐可刺激某一區域的神經，調節相應部位的血管和肌肉的功能活動，反射性地解除血管平滑肌的痙攣，獲得比較明顯的止痛效果。

（三）活血化瘀、消腫止痛

中醫認為氣血「內溉臟腑，外濡腠理」，是構成人體的基本物質，人體的一切組織，都需要氣血的供養和調，才能發揮功能。若氣血失和，則臟腑組織的功能活動發生異常，而產生一系列的病理變化。拔罐療法具有調和氣血、促進氣血運行的作用。

拔罐療法能夠促進炎症介質的分解、排泄，消除無菌性炎症，達到鎮痛作用，其中刺絡拔罐法的止痛效果尤為突出，因為此法能加快靜脈回流，有利於水腫、血腫的吸收，而收活血祛瘀、通絡止痛之效。

在施以拔罐療法時，對局部皮膚有溫熱刺激，能使局部的淺層組織發生被動充血，局部血管擴張，促進局部血液循環，加速新陳代謝。局部血液循環的改善，可迅速帶走局部堆積的炎性滲出物及致痛物質，從而消除腫脹和疼痛。

（四）調節腸胃

拔罐療法可調節臟器的運動和影響消化酶。當胃腸蠕動亢進時，吸拔腹部和背部的脾俞、胃俞穴，可出現胃腸蠕動的抑制狀態；吸拔腹部穴位能加強和調整胃液分泌功能，並能促進腹腔血液循環，從而增強消化和吸收功能，對於便秘、腹瀉等疾患都有較好的療效。

小明：多謝蘇醫師指點。

添丁師兄：老師早晨！病人拔出血凝固蛋白，據說裏面含有大量嘌呤物及類風濕毒素。他經治療後半年沒再痛過，而且面色光澤，腰部原有的啡褐色也清除！因此學生疑惑多多，請老師指教！

老師：請各同學多發表意見。

添丁師兄：多謝老師時時於懷 🙏🙏🙏

系蘿：老師，因我學識淺薄，唔識答你呀！等你 9 月開學再指教我。

老師：痛風症是因尿酸過高而引起，尿酸的來源是嘌呤。嘌呤是合成生命遺傳物質（DNA 去氧核糖核酸）和 RNA（核糖核酸）的重要原料。人體嘌呤來源有三：

（一）人體本身生成

（二）由核酸分解而成：這類型的嘌呤來源約佔三分二左右。人體內每分每秒都會有很多細胞生成、分解與合成，自然就會產生很多嘌呤。

（三）來自攝取的食物（動植物皆有）

當嘌呤經由肝臟代謝以後，所產生的最終物質就是尿酸。尿酸是人體的廢棄物，是需要排除的。當尿酸形成後，有 70% 至 80% 會經由腎臟，透過尿液排出體外；而另外 20% 則透過汗水、糞便排出體外。但尿酸並不能完全被排走，如維持在標準值內，是可接受的，亦不會產生痛風症。

一般來說，抽血化驗就可知尿酸及類風濕因子在體內的數值，並不會用拔出的血凝固蛋白來化驗的。況且拔出來的物質，只可以反映體內尿酸

及類風濕因子的數值，而不能減低體內嘌呤及類風濕因子的量。至於重疾時會拔出體內蟲子，此說更覺無稽。如果真的有蟲子被拔出來，應是皮下寄生蟲，與有無重病無關。

至於說薩滿罐能夠拔走體內的嘌呤及類風濕物質，可能只是病人認知或醫患溝通有誤會，或術者故意誤導病人而已……

刺絡放血拔罐療法，確能疏通經脈，促進氣血暢通，讓體內微循環重新構建，達到行氣活血、緩解疼痛之效，對改善病情是有一定幫助的，所以病人病情好轉，不足為奇。他可能又已加上其他療法，效果就更相得益彰。

以上所言，僅供參考，毋須絕對認同，存其精粹，去其糟粕，學問之道，不外如此。祝各位百尺竿頭、更進一步 🤗💪

添丁師兄：多謝老師諄諄分析，字字精華！因學生知識淺薄，尚未曉篩濾糟粕，惟有照單全收。未來再聽老師不倦教益 🙇🙇🙇

碧兒：老師，請問這是什麼針灸法？😳🙏

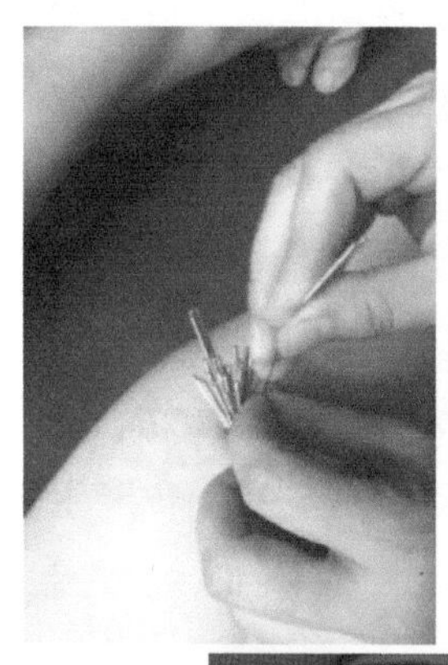

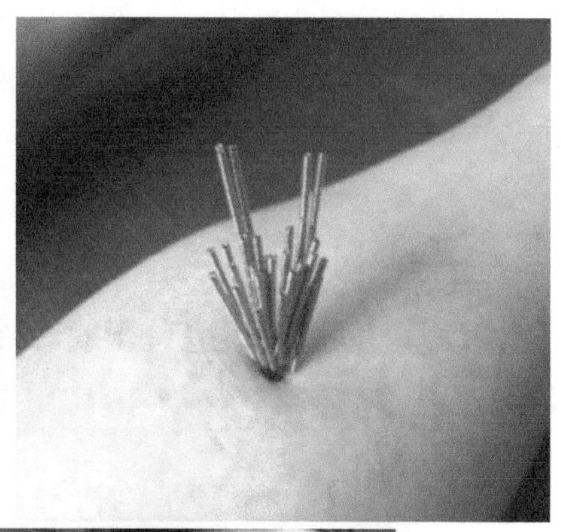

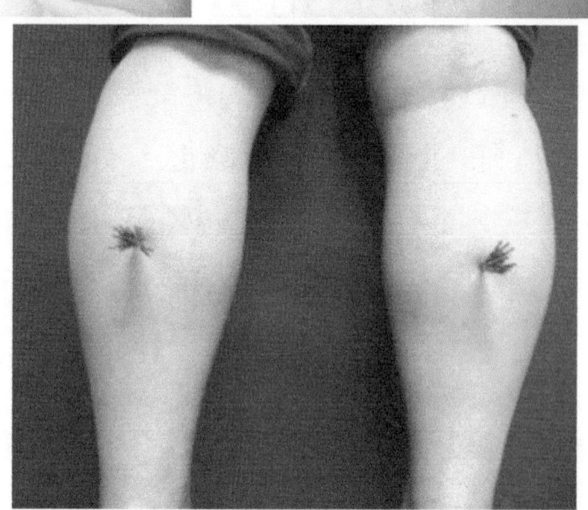

老師：這是銀質針療法。

張平：老師，想請教您對此治療有何看法？最近有個醫生，每天都在網上分享他的這種針法。

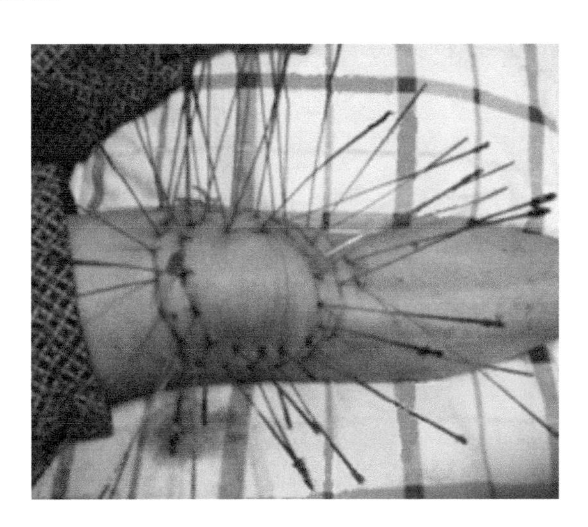

美美師姐：張平師姐，你不是有《宣蟄人軟組織外科學》一書嗎？書內有詳細介紹這種銀質針療法的。

張平：陳老師說我沒必要擁有此書，所以沒有買。我知道是銀質針療法，可一定要針那麼多嗎？

靖南醫師：我就不能接受這種針法。

發哥：可以上網有 PDF 電子版免費下載。

張平：謝謝 🙏

美美師姐：書內有詳細解釋銀質針療法，全書約二百萬字，國內很多大學都有教授此法。當你有病醫咗好耐都無方法奏效，連醫院都話你無得醫，你就會去搵其他方法啦。

時芬：每一種療法都有它的醫學原理，只是我們見識的太少！

老師：所謂各師各法、各馬各紮、各廟各菩薩……每種療法都有其優缺點及適應症。但銀質針在學習上並不簡單，對解剖學一定要非常熟悉，才能有效操作，如有失誤，可致更大傷害。操作上亦要先注射局部麻藥，才能

在同一位置插那麼多針。香港中醫不能使用麻藥及沒有急救設施作後援，如出現醫療事故，後果堪虞，故難以在港應用。

靖南醫師：老師考慮深詳，甚有道理。

添丁師兄：早晨老師！謝謝您的教言訓辭！您就是這麼認真徹底及中肯！教鞭之木鐸金聲應對六耳之外，殊不簡單！！！🙇🙇🙇

張平：謝謝老師🙏🙏🙏🙏

卓茵：感謝老師肺腑之言🙏各馬各紮🏋😆

醫事討論七

鎖骨骨折與肩鎖關節脫位鑑別

毛醫師：老師，我朋友跌倒已一星期，當時手臂着地，鎖骨隆起，但急症室醫生只說斷了筋，沒斷骨，只開了些止痛藥。現在才見骨科醫生，醫生說要手術駁筋。但我臨床所見，好像是鎖骨骨折，但肩部又沒紅腫瘀血，應該不是骨折，現在應該如何處理？中醫針灸是否效果好些？愚生學淺，請各師兄姐及老師賜教！

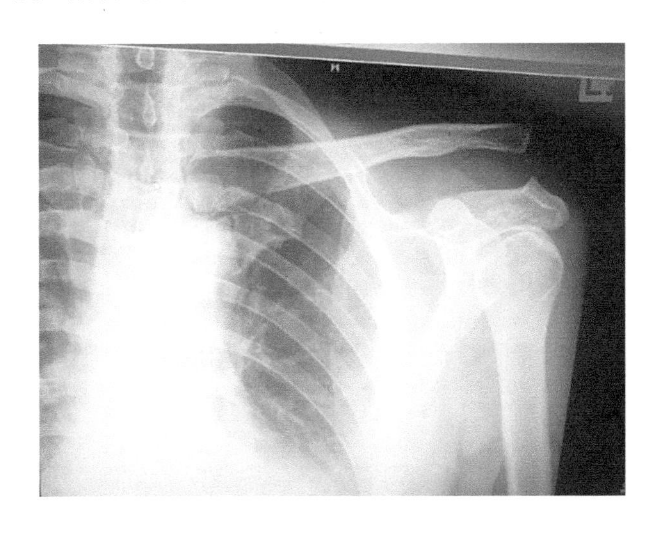

老師：紅腫瘀血與骨折並無必然關係，軟組織損傷也會出現嚴重的紅腫瘀血，反之髮絲樣或青枝骨折未必見瘀血斑，腫脹也可能不大，應根據臨床檢查評估……請各位大德盡快發表意見。

發哥：是不是喙肩關節脫位？

老師：只有喙肩韌帶，沒有喙肩關節。

周醫師：肩鎖關節兩骨距離明顯增闊，鎖骨隆起，有外傷史。因暴力作用致肩鎖關節脫位伴有韌帶斷裂，應該手術治療。

陳醫師：肩鎖關節全脫位，同意手術治療。

少美：同意肩鎖關節脫位。肩鎖關節由肩胛骨肩峰關節面與鎖骨肩峰端關節面構成，關節囊較鬆弛，附着於關節面的周緣。肩鎖關節脫位並非少見，可有局部疼痛、腫脹及壓痛，檢查時肩鎖關節處可摸到一個凹陷。手法復位後制動較困難，故此手術治療效果較佳。愚生學識淺薄，請各位師兄姐及老師賜教。

鳳珠：我在網上找了一些資料，供同學參考：肩關節脫位復位手法（https://www.youtube.com/watch?v=4MttcX5uAGg）。

老師：不知同學顯示這段片，目的是否治療大家正在討論的肩鎖關節脫位？果真如此，就是「藥石亂投」。這手法對治療肩鎖關節脫位毫無幫助，此乃拔伸足蹬法，只屬肩關節脫位常用的復位手法。

君君：我診斷此病案應為肩鎖關節脫位。根據傷力及韌帶斷裂程度，可將其分為三級或三型。

Ⅰ型：肩鎖關節處有少許韌帶、關節囊纖維的撕裂，關節穩定，疼痛輕微。X 光片顯示正常，但後期可能在鎖骨外側端有骨膜鈣化陰影。

Ⅱ型：肩鎖關節囊、肩鎖韌帶有撕裂，喙鎖韌帶無損傷；鎖骨外端翹起，呈半脫位狀態，按壓有浮動感，可有前後移動。X 光片顯示鎖骨外端高於肩峰。

Ⅲ型：肩鎖韌帶、喙鎖韌帶同時撕裂，引起肩鎖關節明顯脫位。

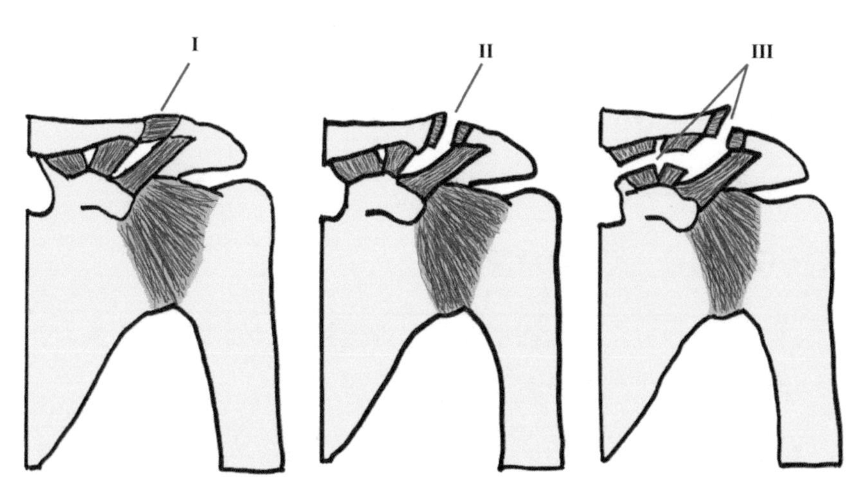

根據同學提供的 X 光片，此病人應是Ⅲ型脫位。

內服藥可用下列治則：

脫位初期：活血祛瘀，消腫止痛。
脫位中期：和營續損，舒筋活絡。
脫位後期：補益氣血，強壯筋骨。

老師：首先我們再看看同學傳來的 X 光片：

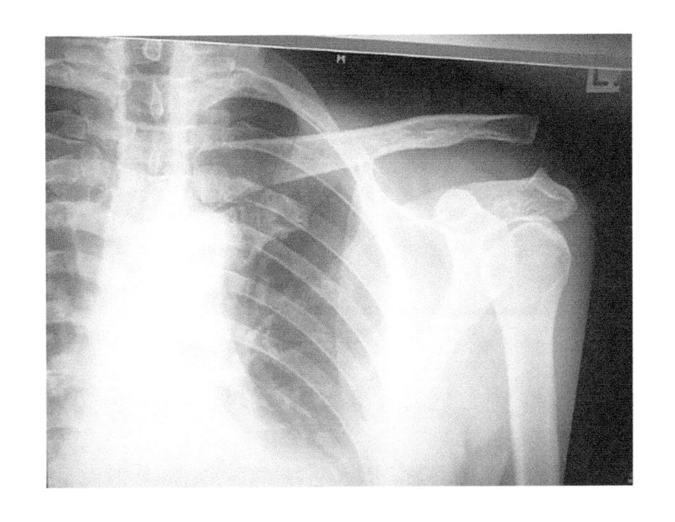

正常時肩峰端的下緣和鎖骨應在同一水平，看下圖：

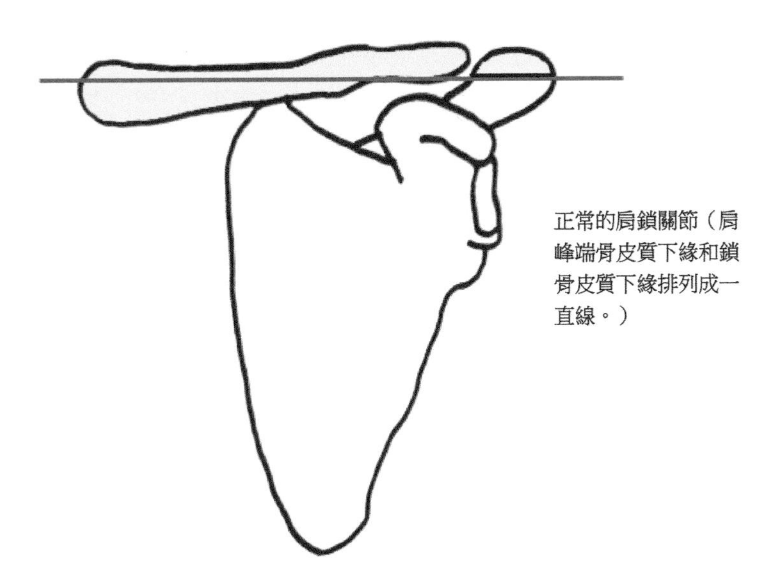

X 光片並無顯示骨折，只見鎖骨移位超過肩峰，表示肩鎖關節囊及喙鎖韌帶已斷裂。

正常解剖可見下圖：

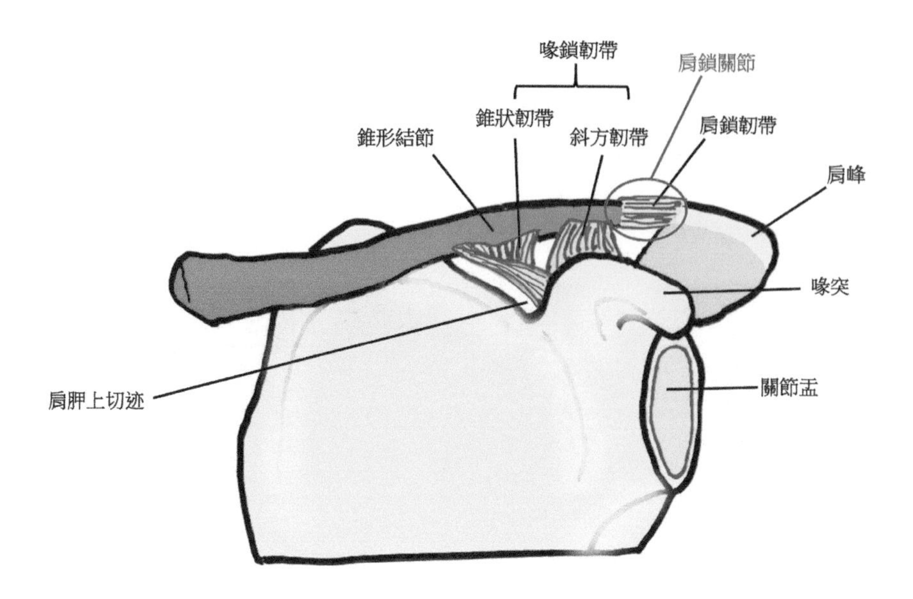

君君分析得不錯，現在這病人肩鎖關節受到的傷害，已達 III 型。

因為新傷時，病者通常會訴說肩部疼痛，舉動手臂時更會出現劇痛；而發生第 III 型的傷害時，病者肩部會出現明顯且不美觀的畸形，所以臨床表現有時會被誤診為鎖骨骨折，但照 X 光就一目了然。

現觀患者鎖骨移位已超出肩峰的橫徑，表示肩鎖韌帶及喙鎖韌帶（斜方及椎狀韌帶）已斷裂。但 X 光片有時會使人對創傷的嚴重性產生錯誤解讀，原因是照正位片時，病人可能橫臥，肩鎖關節就會產生自動性恢復或病情減輕。所以如果評估病人肩鎖關節有損害時，就要在安排 X 光檢查時，註明病人必須雙手持重物站立，做雙肩攝影以作對比。

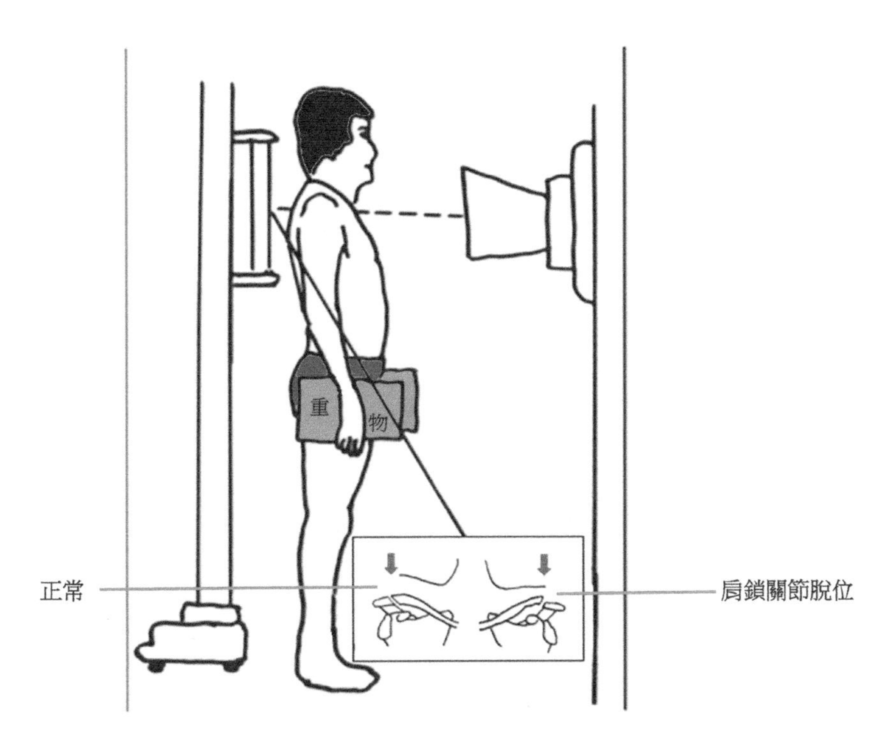

肩鎖關節脫位 X 光攝片法

毛醫師：如不做手術，有沒有其他治療方法呢？

老師：我個人認為，第 I 型和第 II 型損傷可用保守療法，即用三角巾承掛，外敷、內服及針刺治療，直至疼痛消退。當疼痛情況允許時，可令病者恢復日常活動，並作日常練功療法，避免產生肩鎖關節的關節炎及併發肩周炎。至於第 III 型損傷的治療頗有爭議，許多患者採用保守療法，功能性結果也頗為良好。所以如能接受外觀上的畸形，及並非從事粗重工作或需要長時間抬高手臂者，可考慮非手術療法，因為手術後的併發症，如肩部僵硬或／及持續性疼痛會經常出現。但從事手臂必須高舉過頭的粗重工作之年輕工人，可考慮施行手術。現僅提供數種手術方法：

(1) 喙突（如燈塔）鎖骨螺釘固定

(2) 螺紋鋼釘穿過肩鎖關節

(3) 克氏針穿過關節

(4) 鋼板固定

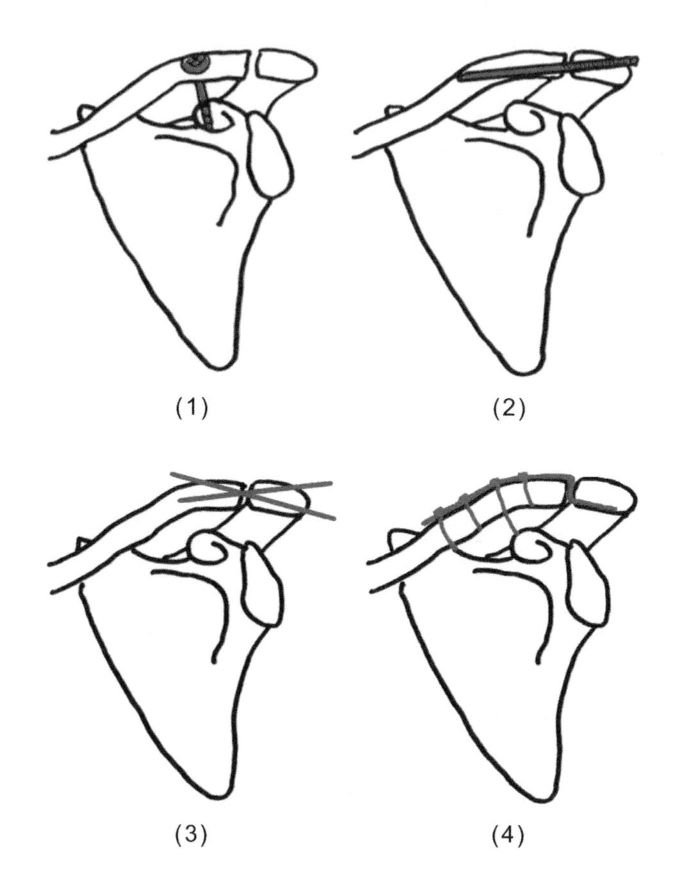

還有其他手術療法，不贅述了。

兵哥：另一位老師曾講述，這類病例可用肩肘包紮法，方法如下：醫者一手壓住傷處鎖骨外端，一面托住上臂向上，使肩鎖關節復位，用寬膠布沿上臂縱軸繞住鎖骨遠端與肘關節。繼用寬膠布綁住鎖骨外端，一面綁住胸部，再用頸腕吊帶固定四至六週。在固定期內如發現膠布滑動，應即重綁，這樣能使斷裂韌帶癒合。日後即使癒合不佳，對功能影響亦不大，一般不需手術治療。在固定期間可內服定痛和血湯或活血舒筋湯來減輕症狀。

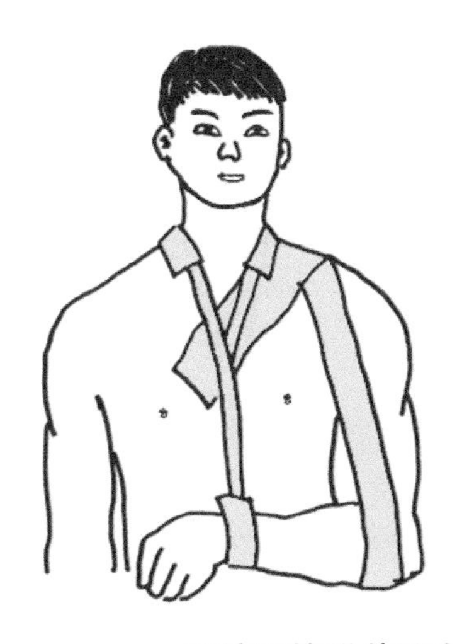

肩鎖關節脫位膠布固定法

老師：這個療法雖然可行，但一般包紮最少要六個星期，病人可能難以忍耐配合，所以往往失敗告終。但無論如何，治療期間加用針刺療法，也可以消腫止痛，加強療效。可取穴：肩髃透極泉、肩髎、肩前、曲池、臂臑、巨骨、天宗等穴，交替運用。

毛醫師：請教各位師兄師姐及老師，如手術後，如何協助患者康復？謝謝各位賜教！

老師：不論是保守或是手術療法後，都要配合功能鍛鍊，藉此回復及重建關節的活動能力及肌力，故應主動活動肩關節。先作肩部的屈伸活動，之後再作上臂的外旋、內旋、外展、內收及上舉等動作，幅度應逐漸加強加大，防止粗暴活動。功能鍛鍊方法，可參考下圖：

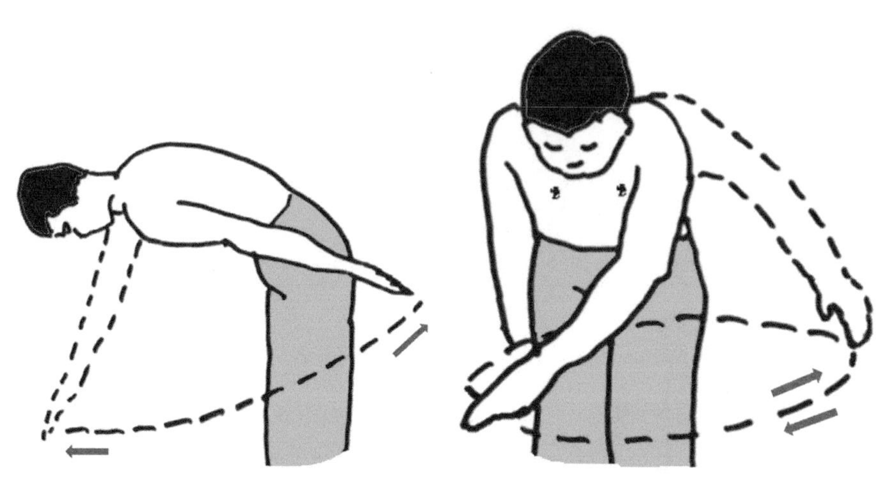

肩關節功能鍛鍊
（1）運動上臂

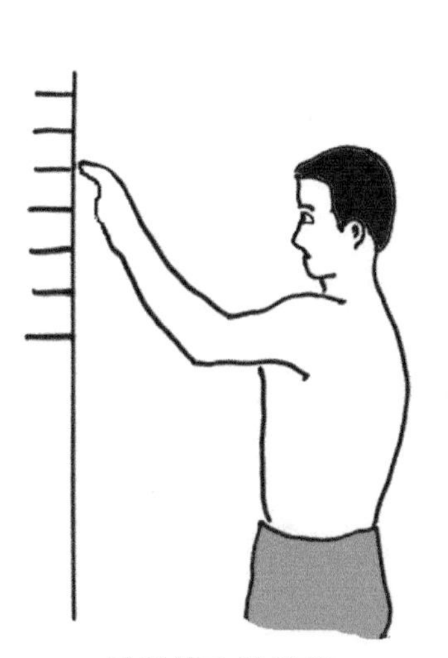

肩關節功能鍛鍊
（2）爬牆鍛鍊

肩關節功能鍛鍊
（3）拉滑輪

威威：老師，題外話，你說什麼喙突如燈塔，是什麼意思？

老師：醫學上稱喙突為燈塔來突顯其重要性，主要有四個原因：

（一）喙突是很多肌腱及韌帶的附着部位（如喙肩韌帶、喙鎖韌帶、喙肱韌帶、喙肱肌、胸小肌、肱二頭肌之短頭肌腱）；

（二）為盂肱關節提供了前上方的穩定性；

（三）能對肩胛骨及鎖骨起連接的重要作用；

（四）喙突外側是安全區，喙突內側是危險區（內側有臂叢神經和重要血管）。

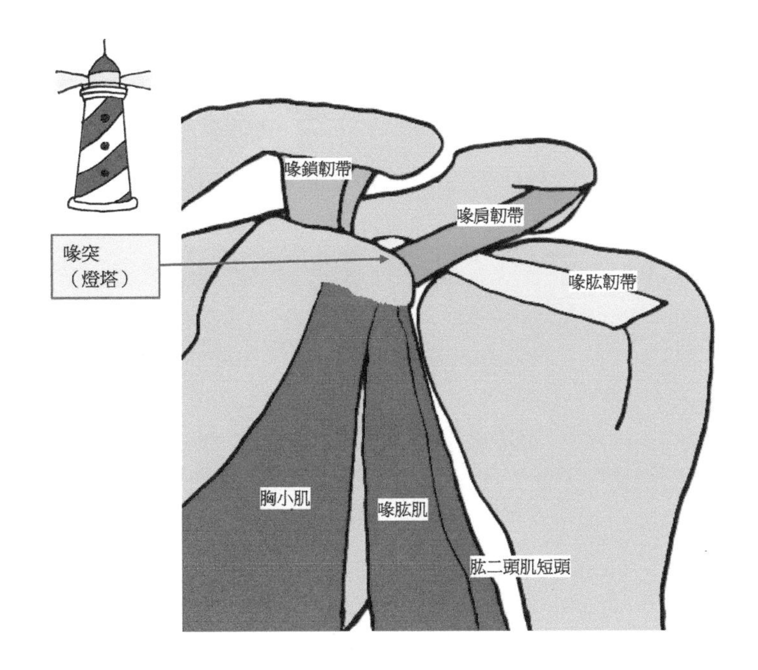

威威：多謝老師解惑！

毛醫師：感謝老師及各同學賜教！

醫事討論八

肋骨骨折與氣胸及血胸

彩英：請問師兄師姐，胸骨幾多條？肋骨幾多條？肋骨係咪十二條呢？

冠玲：是的。

周醫師：查實胸骨一條，肋骨二十四條才真。

冠玲：是的，肋骨一邊十二條，兩邊共二十四條。

Apple：應該說肋骨有十二對。

彩英：請問師兄師姐，X 光片所見，肋骨裂咗幾多條呢？

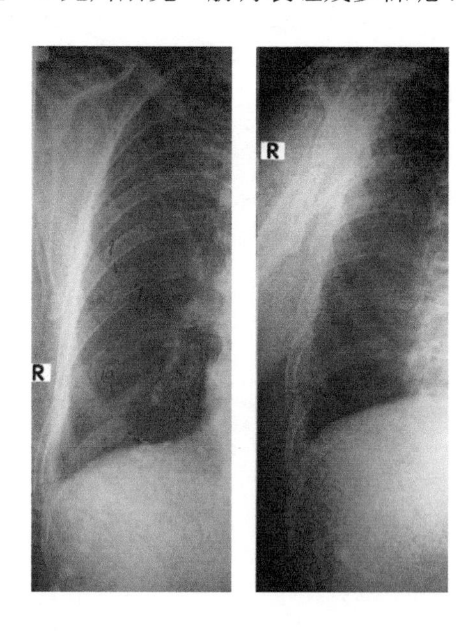

冠玲：右側 8、9、10 肋都裂了，如有錯漏請指出。

兵哥：多謝英師姐提供的肋骨骨折病例，肋骨骨折大多移位不大，因為有肋間肌固定，所以不活動時痛楚不甚，但轉動身軀時痛楚會劇增。

彩英：師兄師姐裂骨食乜嘢好呢？

系蘿：乜都唔好做，坐定定喺度。

彩英：但現在病人常感胸膈痞悶、腹脅脹滿、大便不利，有何良方呢？

兵哥：英師姐，提到用藥治法，有感病人受傷之後，濕困脾胃，理應行氣止痛、溫中和胃。氣機不暢又往往與肝不能疏泄有關，所以要疏肝行氣。提議用木香順氣丸，對濕濁中阻、脾胃不和而導致的氣機不暢效果特別好。

小英：請問老師，肋骨骨折，是否主要靠 X 光來確診呢？

老師：如果因為在 X 光片中看不到骨折，就向病人保證其肋骨完好無缺，這是很不智的。要照出肋骨骨折，是要靠 X 光投照的角度與肋骨骨折處吻合，才會顯示；更且因為肋骨前後疊影，骨折部位又可能重疊於心臟、血管、橫膈膜及其他骨頭，所以有時也是難以顯現的。實際上，根據臨床症狀來診斷，有時要比 X 光檢查還可靠。

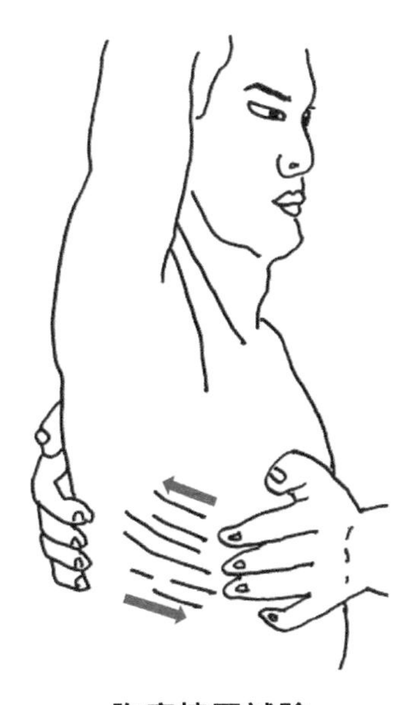

胸廓擠壓試驗

如有明確的外傷史及局部體徵，就讓病人指出最疼痛的部位，醫者用雙手在痛處前後或左右（不接觸患處）輕壓胸廓，骨折處可產生劇烈疼痛；然後在痛處周圍逐條肋骨觸摸，常可發現有骨擦音。

胸壁挫傷的病人，只會有局部壓痛，擠壓試驗往往為陰性，且壓痛範圍較廣。但如擠壓試驗陽性，而臨床症狀又懷疑骨折時，應按骨折處理，並可在受傷兩週之後，再重拍 X 光片，由於骨折處骨質吸收，骨折線會明顯出現。

不過在條件容許下，亦應及早做 X 光檢查，因為有時可以比較明確骨折部位、根數等，且能對有無胸內併發症提供依據。

少梅：老師，請問單一肋骨骨折，因有肋間肌固定，以及上、下完整的肋骨支撐，很少移位，是否只要服食止痛藥，不予其他處理亦能癒合呢？

老師：無可否認，治療骨折是大自然，不是醫師，需要的只是時間。骨折不予任何處理，亦能自行癒合。但如肋骨骨折對位不良，引致畸形癒合，可能會妨礙呼吸，而且有機會引起其他併發症，所以必須嚴密觀察，及時處理，否則會產生嚴重不良後果，甚至危及生命。

肋骨骨折的嚴重性，實依據骨折數目及其穩定度而定，多根多段骨折會干擾呼吸，而引致嚴重併發症如氣胸或／及血胸，因此應首先着重對併發症的急救處理，骨折處理則是次要的。

有時骨折雖然已癒合，然而因為外傷是會導致機體的氣血、臟腑、經絡功能紊亂的，處理不當亦會引致長期痛症。《素問．繆刺論》「人有所墮墜，惡血留內，腹中滿脹，不得前後，先飲利藥」；《正體類要》序說「肢體損於外，則氣血傷於內，營衛有所不貫，臟腑由之不和」，都指出損傷局部與整體的辯證關係，說明皮肉筋骨的損傷可傷及氣血，引起臟腑功能紊亂，出現各種損傷內證，實非服幾顆止痛片就可解決問題的。

冠傑：患處需要固定、還是不固定好呢？固定困難嗎？

老師：骨折處固定比較好，可用膠布固定，以減少傷側胸壁的活動，達致止痛及促進骨折癒合為目的。其法如下：先外敷藥物，然後用 8x12 厘米軟硬適中的卡紙，蓋於外敷藥之上；再以寬約 8 厘米的膠布數條，在病者深吐氣、即胸圍最小時，超越胸廓半周、由後向前、自下而上地疊瓦式黏貼，上下膠布互相重疊 2-3 厘米，固定三星期。此固定法不要長期使用，因會限制胸廓的活動，而只依靠横膈膜來呼吸，是會導致肺部不張的。

富強：我有一友，數日前在廁所滑倒，胸口撞向洗手盆，現肋骨接近胸骨柄處凸起壓痛，照 X 光未見異常，何解呢？應否在兩星期後覆照？

老師：這個部位屬於肋軟骨，X 光檢查是不可靠的，因為肋軟骨在 X 光上並不能顯影，所以兩星期後覆照也沒有什麼意思。

肋軟骨骨折多發生於肋硬骨和軟骨交界處，臨床症狀、診斷及治療，都與肋硬骨骨折相似。

如臨床檢查並未見骨折徵，只感胸前疼痛；摸之患處稍向外突，壓痛；呼吸及咳嗽時疼痛加重，但痛勢較骨折輕，這種情況多為肋軟骨在胸骨處半脫位，一般不須特別復位或／及固定，治療可用針刺、外敷、內服便可。但如畸形嚴重，可試行復位：囑患者仰臥，背後墊枕，使胸骨隆起。患者深吸氣後閉氣，助手將患者兩肩向後壓，然後囑患者慢慢呼氣，於吐氣將盡時，醫者沉穩地頓然用力按壓胸前凸起處，使其復位。但如復位失敗，就不必強求，輕度畸形對預後影響不大。

小梅：老師你剛才所講的氣胸／血胸，在 X 光片上可看到嗎？

老師：氣胸／血胸在 X 光片上是可以分析到的。氣胸在胸腔 X 光片上有三個徵象：

（一）可看到肋膜出現白線，此線平行胸壁；

（二）靠近肺尖的肋膜白線是彎曲的；

（三）在肺與胸壁之間失去肺紋（肋膜白線的外圍因為充滿氣體，因此在影像上無法看見由肺部血管構成的肺紋）。

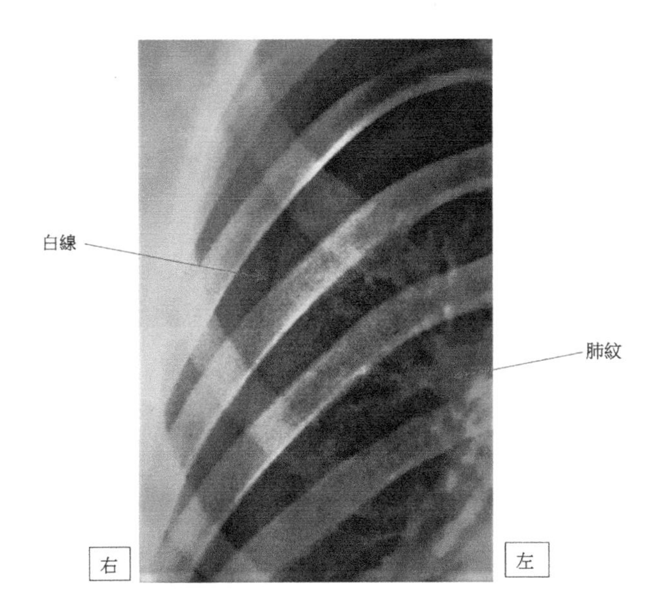

氣胸：清楚的看到肋膜的白線，但線的右側就看不到血管分佈。

血胸：如胸腔創傷後，X 光片顯示肋膈角較為模糊，代表肋膜腔內有液體堆積，可能是血液。如是血液，就為血胸。

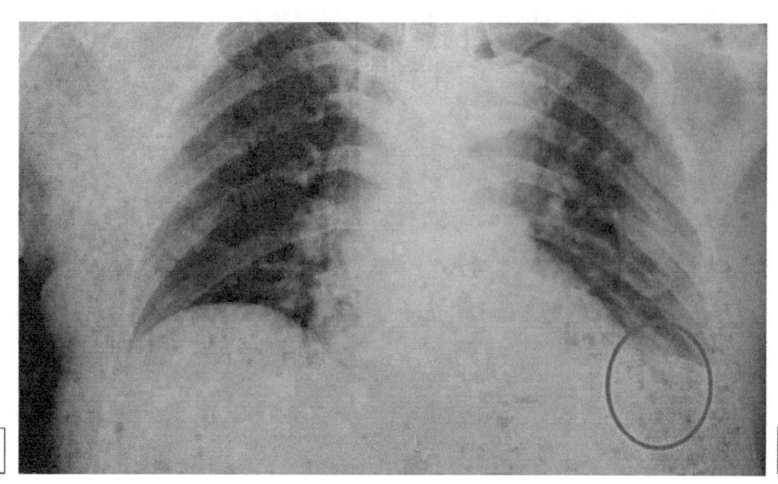

單側血胸

可以發現左側的肋膈角較為模糊（右側為清楚的鋭角），
代表左側的肋膜腔內可能有液體堆積。

富強：感謝老師提點。

醫事討論九

脊柱側彎與科布氏角

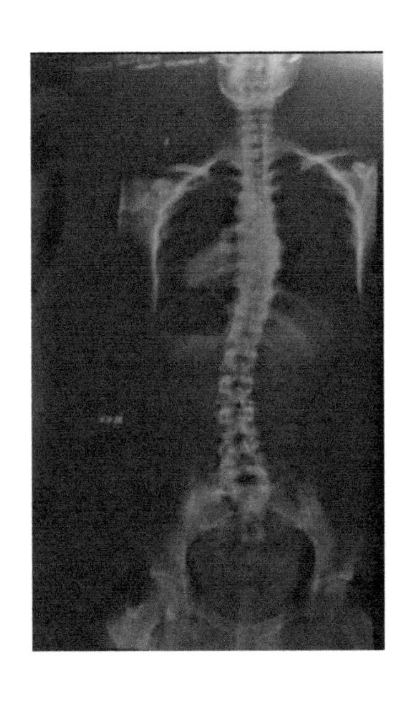

添丁師兄：請問老師及師兄姐們，這張片是 22 歲的女仔，手法可以改善嗎？她現在只覺得有高低膊，未有不舒服症狀。請提供寶貴知識。

張平：如若肌肉軟組織柔韌度好，是可以調整到的。

錦松：脊柱側彎成 S，若無病理問題，手法改善及修正應該是合適的，但病者須要配合，糾正不良坐姿。學弟愚見。

周醫師：針灸加手法可改善上述 S 型側彎，更要加強功能鍛鍊。

添丁師兄：她說有大陸醫生提議，安排做八次治療就可以治癒，十萬元治療費，包醫。那如果我們的手法要多少次才見效？

安哥：八次？是手術治療嗎？

Apple：荒謬！現今有哪位中醫或西醫，會肯定只做八次就可痊癒？不是用錢去衡量……而我們手法也可以改善，但她都要配合鍛鍊身體。

威威：記得香港有個例子，一個患脊柱側彎的年青人，曾就診於骨傷科醫師，家屬問過該名中醫師，佢個仔脊柱側彎會直返嗎？醫師答會。但經治療一段時間後，側彎度數不減反增，就俾人投訴，因而被中醫委除了牌。中醫治療脊柱側彎，症狀改善是可以的，但包醫好，就要定義何謂醫好。

添丁師兄：多謝師兄姐們的意見！

周醫師：香港是禁止包醫的。

兵哥：添丁師兄，在施羅特（Schroth）思想下，患者已過了治療的最佳時間。因為髂骨骨骺已生長完成。再細分下，可將髂脊分為四段——前 1/4 有骨骺出現，為 1 度，如此類推，4/4 者為 4 度。0 度為髂脊骨骺未開始骨化；整段髂脊融合骨化，就是 5 度了，即骨骼發育已經完成。

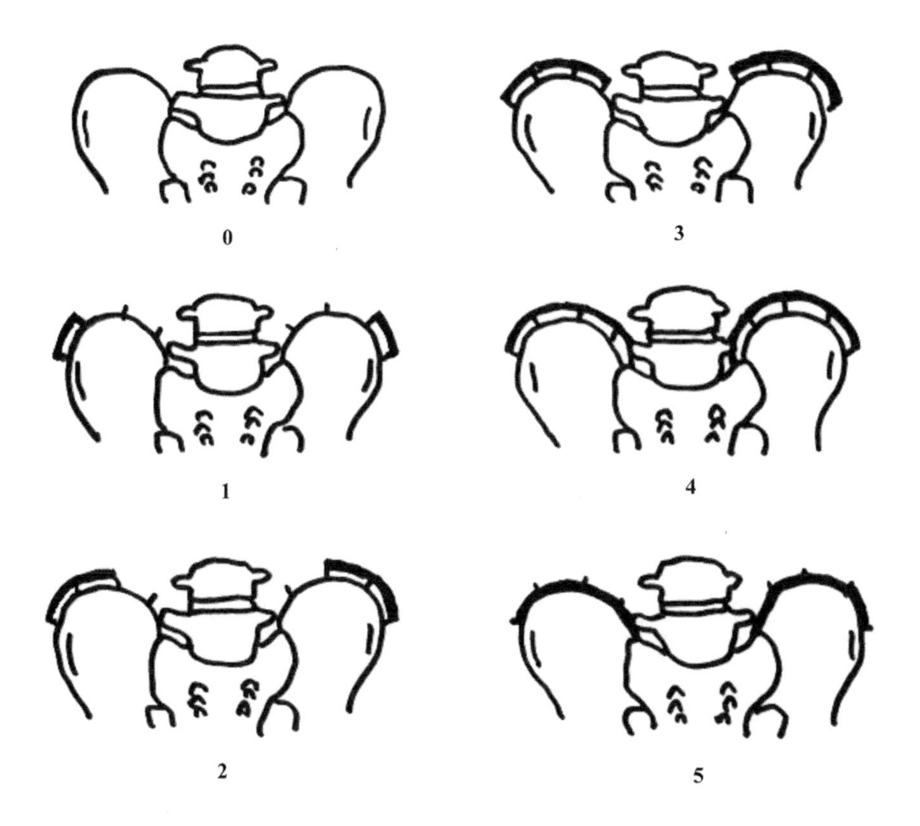

Apple：學妹所見……可用針刺及整脊推拿手法去改善，叫患者多游……自由式……作鍛鍊。

兵哥：肢體運動比較麻煩，因為要有針對性。施羅特主張呼吸運動。在疼痛班的同學買了一本書，這書有講過。施羅特本身是一個脊柱側彎患者，他留意到如患者左背凹陷時，右前胸必同時有凹陷，凹陷的位置往往處於對角。所以，從內充氣，即針對性吸氣，可將氣體充填於凹陷的位置，改善脊柱側彎。

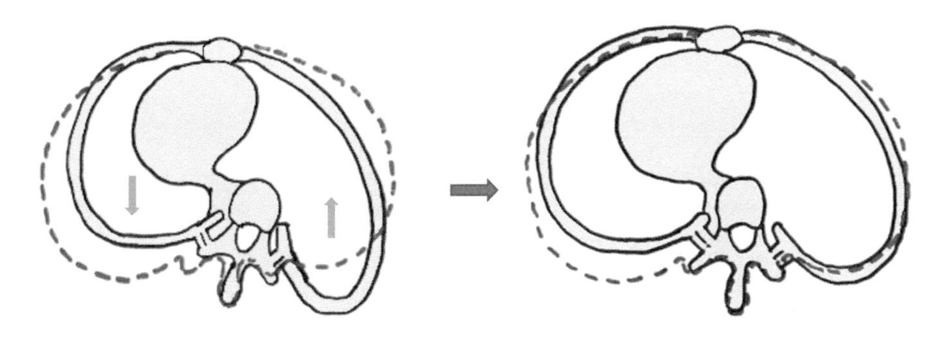

吸氣脹起凹陷的位置

有興趣可買來睇睇，書名《脊柱側彎的三維治療》。

Apple：學妹愚見……雖然患者已成年，但我們亦可用手法改善……控制惡化情況，因為肢體停止生長後的十年，脊柱仍可維持輕度生長。

兵哥：Apple 姐，真是一位仁醫。

Apple：兵師兄……真是……

周醫師：我在學院實習期間，見老師醫過一個類似青年人，治療後脊柱側彎度數確有改善。

威威：側彎位置多在腰段，可改善空間很多，以學弟愚見，手法離不開按鬆椎體周圍肌肉，再以手法將脊骨側彎角度改善。

老師：還請大家注意，青少年原發性脊柱側彎的彎弧通常都處於胸部，向右側凸。

兵哥：大家記唔記得，蘇醫師曾指導側彎的量度方法？

蘇醫師：現今最常用的脊柱側彎量度方法為科布氏角（Cobb's Angle）測量法，其法如下：首先確定曲線的終椎。在 X 光片上觀察椎間隙寬度，通常凹側較窄，凸側較寬。若椎間隙有一側寬，但同一椎體的對角側的椎間隙由窄變寬，該椎體就是曲線的終椎。每個曲線的上、下兩終椎均應包括在這曲線之內。確定終椎後，於上終椎的上緣和下終椎的下緣各畫一條關節面線，再在這兩線各畫一條垂直線，相交之角的度數即為側彎的度數。

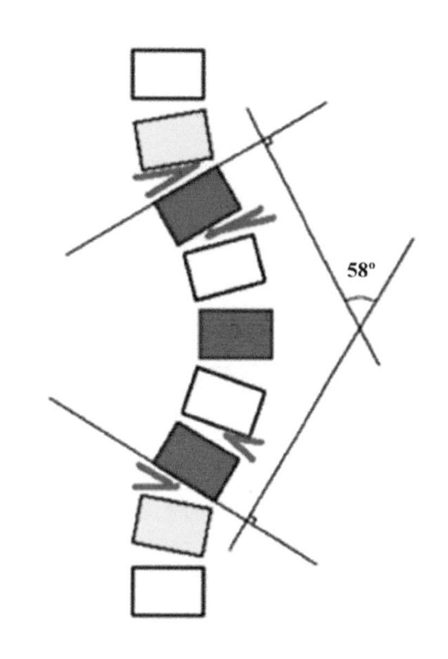

Apple：只是現今太多人有 S 脊……所以要多做、多學，才多經驗。早前老師有教過 S 脊怎樣去處理的。

兵哥：老師講過，治療方法有很多。對患者有幫助，都是好的。

Apple：患者還年輕……一定可以改善的……看來也不是很差……有待改善。

添丁師兄：各位後秀，我也是擔心治療後，她每以此 X 光片對比，因老師常說：功能改善不等於 X 光片看到的都改變，因此猶豫……

老師：非常高興很多同學都確有進步，發表意見有板有眼，甚為安慰。因為中醫治療疾病是多手段、多方法的，所以我現提供不同的治療方案，僅供大家參考。

（一）姿勢的矯正

1）側躺時，可採取凸側在上而凹側在下的姿勢，再藉由重力的因素，讓凸側往下掉；如因睡眠習慣，須要採取凸側在下而凹側在上的側躺姿勢，則可在凸側的側彎頂點之下墊枕頭。

2）患者在臥床時應採俯臥的姿勢，因在這種伸展的姿勢下，脊椎的活動性會比較小，而且比較不容易發生旋轉，側彎亦較不易進一步的惡化，但可能因此引致頸椎病。

3）走路時不可彎腰駝背，要儘量向上挺直身體；站立時亦應儘量使脊柱伸直、抬高或是靠牆站立。

（二）運動治療

1）脊柱伸展運動，如：俯臥背伸法——患者俯臥

① 兩腿交替向後做過伸動作；② 兩腿同時做過伸動作；③ 兩腿不動，上身軀體向後背伸；④ 上身與兩腿同時背伸。

2）肌力訓練：運動治療時，一般是以強化脊柱側彎之凸側肌肉，同時牽伸凹側的攣縮肌肉、韌帶等組織，以調整兩側肌力平衡。同側上、下肢同時提起，會產生一個胸椎拉向同側、腰椎凸向對側的複合側彎，可以矯治方向相反的複合側凸，避免在矯正一個側凸時，使另一側加重。這是經驗之談，效果着實不錯。

3）爬行運動：例如，若是C型曲線（凹面向右）的脊柱側彎病患，應朝向逆時針的方向爬行，藉以增加脊椎之間的活動度。

4）翻滾運動：患者上半身應朝向凸側的方向來帶動全身翻滾，其目的是將轉向凸側的椎體轉回來。

（三）理筋手法：主要鬆弛肌肉、韌帶、筋膜等軟組織，以緩解症狀。手法包括：按、摩、揉、擦、滾、撥絡、擊打、拿捏、點穴、屈伸及旋轉髖關節等法。

（四）整脊療法：可以改善脊柱側彎帶來之功能性失衡、小關節紊亂等問題。手法包括：1. 旋頸；2. 胸椎／胸肋衝壓；3. 扳腰；4. 矯正骶髂關節；5. 調整髖關節等等。

（五）針灸拔罐治療：有助改善病情。用補法強化凸側肌肉，用瀉法放鬆凹側肌肉。針刺及拔罐應取膀胱經穴為主。

綜合來說，整全治療可增加脊柱關節的柔軟度、肌力和協調性，雖不能完全矯正患者的脊柱側彎，也可以改善其症狀，讓病人活在當下，過一個釋懷的人生，也是一種功德。

威威：老師，可否講講脊柱側彎症的有關知識呢？

老師：同學們都提供了不少資料，說得也不錯，我在此僅作一些補充而已。所謂脊柱側彎，就是指脊柱和肋骨架有旋轉的變形，因而導致脊柱偏離中線，向左或向右凸出，而形成一個不正常的彎曲度，有時甚至會在主曲處一上一下的位置形成「S」型的彎曲，同時還會有骨盆的旋轉傾斜畸形。脊柱的表現有側彎、生理弧度改變及旋轉扭曲，即冠狀面、矢狀面

及軸向共三維改變。大約每一千人中，有二十至三十人的側彎角度小於20°，而約有 90% 的患者是青春期少年。

脊柱側彎是一種病狀，有很多原因會導致，如先天性半椎體，楔形改變（一邊椎體發育不良），神經系統、內分泌系統以及營養代謝異常等，但大多數為病因不明，稱為原發性脊柱側彎。

脊柱側彎的分類：

通常可分成結構性的脊柱側彎及功能性的脊柱側彎兩大類。

（一）結構性的脊柱側彎

為不可逆轉的側彎，其中以原發性的脊柱側彎最為常見，而在原發性的脊柱側彎的彎曲型態之中，又以右胸側凸最為常見。多發生在 10-16 歲的青少年，具有下列特點：

1）女性的發生率大於男性；
2）可能會影響心肺功能（肺動脈受阻，右心室泵血阻礙）；
3）在發育期，側彎角度增加快速，是一種進行性的脊柱畸形；
4）脊柱的變形除了側彎之外，椎體還會旋轉朝向凸側，棘突旋向凹側；
5）當側彎角度達到 25° 時，可開始用背架治療。

（二）功能性的脊柱側彎

為可逆轉的側彎，而造成側彎的原因主要有長短腳、肌肉不平衡、骨盆傾斜、不良姿勢習慣以及不對稱的肩抬高等。

為鑑別其為結構性或功能性脊柱側彎，臨床上常用的檢查方法有：

1）站着時身體往前彎：從病人水平位觀察背部兩側平均水平（如為長短腳者可墊高短肢再前彎）。向前彎腰時出現一側上背隆起，表示其側彎為胸椎凸側，為結構性改變。

2）站着時身體往側彎：觀察曲線變化，正常時兩側 C 形曲線相等。結構性改變時，如側向凹側，角度增加會大於側向凸側。

3）躺下來：側凸常可自然消失，若畸形不能消失，則為結構性的側彎。

脊柱側彎嚴重程度的分級（依據 Cobb 氏方法）

程度分級	側彎的角度	治療方式
正常	<10°	觀察
輕度	<20°	病患僅需要接受適當的運動治療及姿勢的矯正
中度	25°～ 40° -50°	病患須穿背架以及進行運動治療
重度	>45° -50°	須考慮接受手術矯正的治療

如果脊柱側彎大於 60°，則患者可能會出現心肺方面的問題，而且其惡化的機會甚大，下表可供參考：

Cobb's Angle（彎曲角度）	歲數 10-12	歲數 13-15	歲數超過 16
<20°	25%	10%	0%
20° -30°	60%	40%	10%
30° -60°	90%	70%	30%
>60°	100%	90%	70%

威威：多謝老師！

醫事討論十

牙痛？顳頜關節綜合徵？

劍達：請教老師及師兄們：病者男、67 歲，自述年中右上第二第三大臼齒牙周病，經數次洗牙後，右上第三大臼齒仍痛，所以在 9 月中經牙醫脫掉。在 11 月中右牙關痛，食西藥五天後不痛，但 12 月初左上牙關痛，有腫，左上大臼齒痛。西藥收效極微，再睇中醫（主要是瀉火，例如龍膽瀉肝湯、加味四逆散）。病者又再經牙醫檢查，牙醫意見是牙齒沒有壞，可能是精神壓力致晚上磨牙。病者找整脊治療，經三次推拿後情況稍有改善。現在左、右牙關及下顎仍有悶脹痛，有時耳後淋巴痛。病者是顳顎炎嗎？是不是醫不得其法？或是其他致病原因？叩謝指導！

威威：帶患者去睇老師，會否是三叉神經出問題？

君君：看來不像是三叉神經痛。我記得老師教過，三叉神經的痛感是：來得突然、留得短暫、去得默默無語。……來時狂風掃落葉、去時春夢了無痕 😬🤔

威威：對的，但牙醫意見，話無事，最奇就是左、右顎都痛和腫，西醫、牙醫，都睇過，所以推介俾老師睇下 🙏

老師：這不是三叉神經痛。我們應根據疼痛的突發性、短暫性、疼痛的部位和伴有一個無痛的緩解期、誘發疼痛的因素（如說話、進食、洗臉、刷牙、剃鬚、打呵欠、抽煙、吮吸飲品、冷風吹過等）或／及觸動扳機點（如上下唇、鼻翼、口角、門齒、犬齒、齒齦、頰部、舌等）就可引起疼痛發作等表現，才可作出三叉神經痛的診斷。

陳醫師：病者可能患上 Costen's 綜合徵。

麗萍：陳醫師可否講多一點點呢？

陳醫師：Costen's 綜合徵又稱顳頜關節綜合徵，病因有：

（一）臼齒缺如；

（二）不正咬合，導致咬肌過度收縮；

（三）下頜關節變性；

（四）下頜髁移位，使到下頜神經之耳顳支及鼓索支承受機械性刺激，引起疼痛。

其綜合徵可類似三叉神經痛，但該病僅當咀嚼時，出現顳下頜關節周圍和／或從該處放射至下頜或顳部的輕度或中度疼痛，無扳機點，下頜骨運動時顳下頜關節或有響聲等特徵，可與三叉神經痛鑑別。

老師：同意陳醫師所言，看來患者可能出現顳頜關節功能障礙症候群，症狀包括頜骨張開或移動時疼痛、顳頜關節活動時發出卡嗒聲和關節鎖住及僵硬等。該症候群並不需要以上所講症狀全部出現，雖然多為一則發病，但雙側發病也不罕見。這些障礙可能是顳頜關節本身出問題，但也不能忽略可能涉及肌肉問題。

咀嚼肌包括顳肌、咬肌、翼內肌及翼外肌，如肌肉過勞，可能出現耳痛，向上可以放射至前額，向下可以放射至頸部，咀嚼時疼痛會加重；有些患者的肌肉甚至會嚴重痙攣，使關節鎖住，要用力才能張開。患者肌肉疲勞可由假牙不合適、咬合不齊、或補牙填充物過高引起，但如已經牙醫檢查否定，就有可能是精神緊張（包括無意識的咬牙或夜間磨牙、壓抑怒氣時咬牙切齒、經常將下頜骨推到不正常的位置），導致咀嚼肌肌肉過度疲勞。

檢查時可將三根手指合併，手掌垂直並嘗試插入患者上、下門牙之間，檢驗患者是否能夠張開口部或感到顳下頜關節附近疼痛。另可將手指插入耳前的下關穴，囑病人慢慢張口，期間會感到下頜頭向前移動，可檢查關節滑動、響聲、僵硬感及錯位等情況。

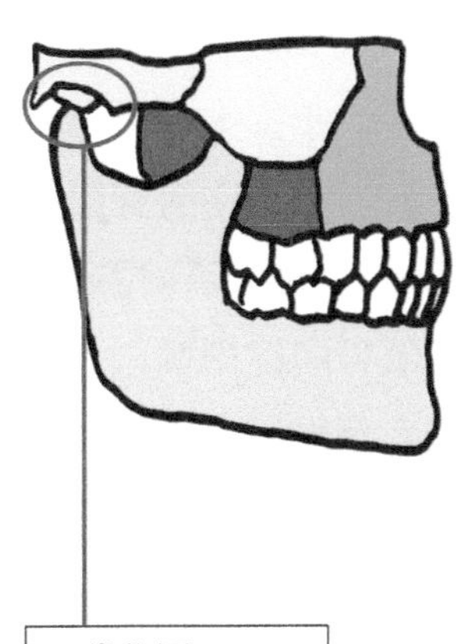

正常位置
關節盤在下頷頭
與關節窩之間

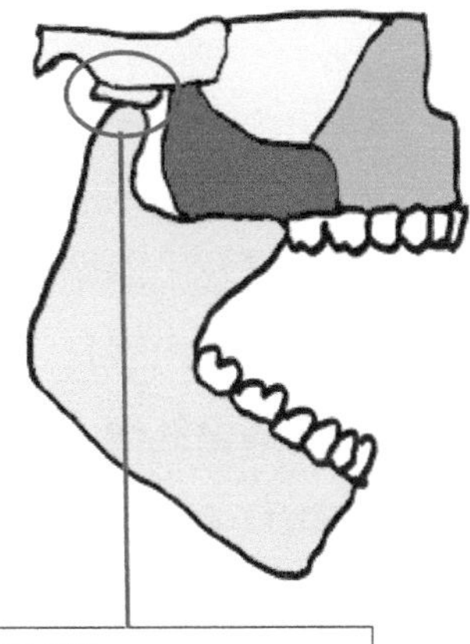

開口正常
肌肉群運作順暢
下頷頭與關節盤同步活動

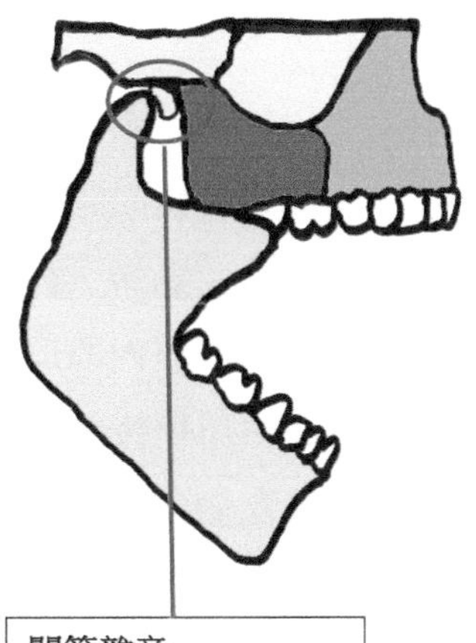

關節雜音
肌肉運作不協調
關節盤移位
下頷頭與關節盤摩擦

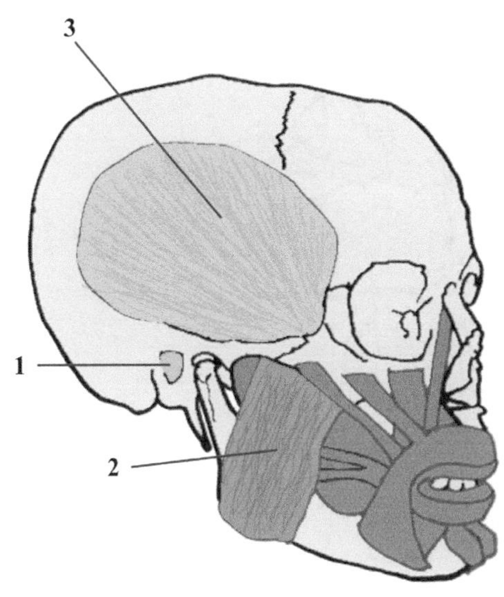

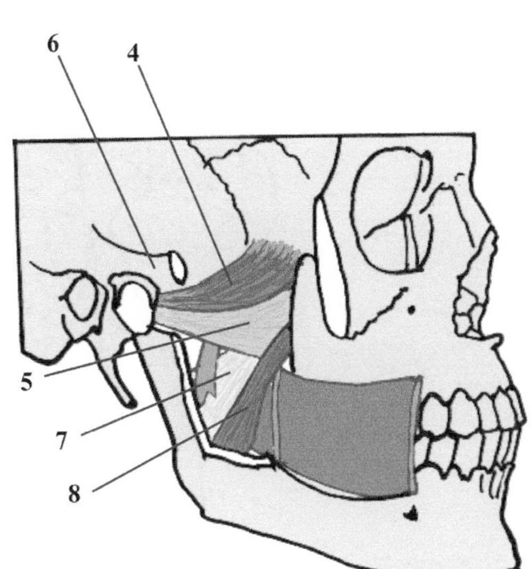

1. 外耳門
2. 咬肌
3. 顳肌
4. 翼外肌（上頭）
5. 翼外肌（下頭）
6. 顳下頷關節
7. 翼內肌（深頭）
8. 翼內肌（淺頭）

潘鳳：這種病是否要牙醫處理呢？中醫可處理得來嗎？

老師：如出現以上症狀，可用中醫指壓穴位、按摩推拿等治療手法來處理。手法以放鬆咀嚼肌肌肉為主，可沿着相關肌肉纖維走向滑動，在遇到阻礙或敏感點時，停下來按壓直至緩解，開始時手法稍輕，漸向深處按壓。而按摩翼內肌就要把手指放入口腔內進行。如見下頜骨向健側偏歪者，我常用擠按法。以下頜向右側偏歪為例，可站在患者身後，左手按在患者左側顳頜關節處，右手按在右下頜部。先令患者張口，在令患者閉口之同時，醫者兩手相對擠按。每診用上法連續進行五次，通常五診後，都有相當療效。

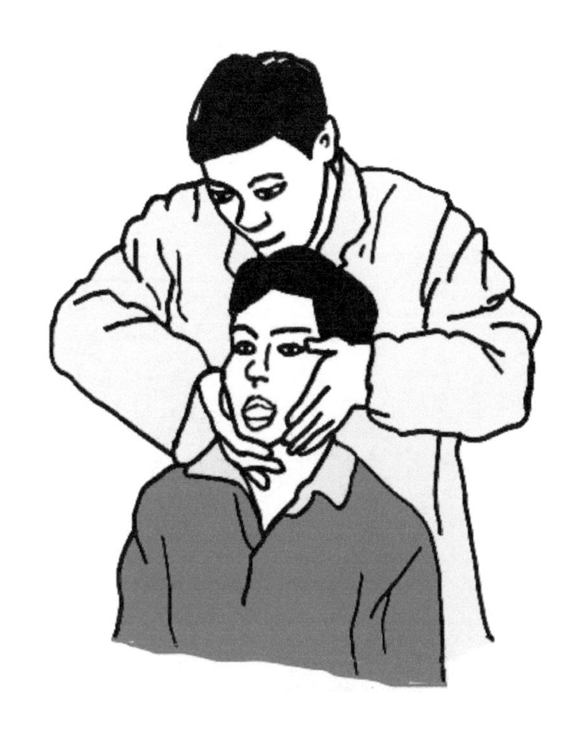

擠按法

施行手法後，囑患者每日應進行輕鬆愉快的張口與閉口運動，使下頜關節放鬆，並可在下關穴及頰車穴處自行作揉按手法，每日二至三分鐘。在治療期間，患者應避免咀嚼硬性食物，以免引致顳頜關節的勞損或／及錯位。

針刺可取合谷、耳門、聽宮、聽會、下關、上關、頰車、太陽、率谷等穴。

但也不能忽略另一個可能性，就是頸部 1、2、3 椎錯位。頸椎錯位後，通過頸—頭神經反射結構，使三叉神經支配的顳肌、咬肌、翼內肌、翼外肌功能亢進，引致痙攣，而導致顳頜關節的早期功能混亂、中期的結構紊亂，甚至發展到後期的關節器質破壞。矯正頸椎錯位也是其中一個治療方案，僅供大家參考。

劍達：感謝老師指導 🙏🙏🙏🙏 病者年中開始確診精神抑鬱，及有肝氣犯胃之證。又因疫情影響，今年做體力搬運工作多了，引致肩頸痛。

添丁師兄：多謝老師恩賜學術知識 🙏🙏🙏

數星期後……

小超：十日前，有一好友因右側牙患致面部痠痛不適，就診牙醫。牙醫認為因有蛀牙，須要補牙。術後回家疼痛較前更為劇烈，痛至右邊耳尖上側及鄰近太陽穴處。服止痛藥稍為緩解，藥力過後又痛，劇痛時甚至不願睜眼。向牙醫查詢是否補牙手術失敗，他再作較詳細檢查後，自述手術非常成功，休息數天便可，指示我友只須一年後再作常規牙科保健檢查。我友無奈之下，向我求救。

經檢查後，未見顳頜關節錯位，不知應作出何種診斷。正在苦思之際，猛然醒起此痛症可能是咀嚼肌出了問題，因為在補牙手術時張口過大，時間過長，致使肌肉過度勞損，而出現上述臨床症狀。我嘗試用指壓推拿及筋膜放鬆手法，其症狀立時緩解七成，之後再跟進兩次，症狀已完全消失。真的要多謝老師曾經提點！

醫事討論十一
三叉神經痛——魔鬼的詛咒

小玲：老師，我的婆婆已經 73 歲，近日經常說右下頷牙痛，痛時眼閉眉皺，極度痛苦，但不及一分鐘，又如常人。我見她全部牙也老掉了，哪裏會有牙痛呢？這兩天連洗面及說話，也會引起痛楚，見她發病時有痛不欲生的感覺。叫她看醫生，她又堅持不去。請問這是什麼問題呢？

老師：根據這種臨床表現，極大可能是三叉神經痛。

三叉神經痛是指面部三叉神經分佈區內短暫及反覆發作的陣發性劇痛，是神經痛症中最難以應付的一種。這種痛楚，非常要命，有時疼痛如刀割，有時又出現電擊樣的劇痛，痛得錐心刺骨。癌症的疼痛雖然可怕，但我們還知道那是甚麼一回事。三叉神經痛則更為凶殘邪惡，它「來似狂風掃落葉，去如春夢了無痕」，飄忽鬼祟，教人難以捉摸，又是最難纏、最不易應付的疾病，令到患者不敢洗臉、漱口、進食，甚至親吻愛兒。儘管患者經年累月被折磨得死去活來，但疾病靜止時，看起來卻健康人一個，所以有人就稱它為「魔鬼的詛咒」，令人如墮萬劫不復之境。

小玲：老師，三叉神經是否會令人面癱那條神經呢？

老師：如因神經受損，以致面部肌肉不受支配而出現面癱，那是第七對腦神經，即面神經，不是三叉神經。人腦內共有十二對腦神經，各司不同的功能及作用，其中第五對腦神經即三叉神經，主要掌管頭部及顏面部的感覺，同時控制咀嚼肌的活動。三叉神經為混合神經，是腦神經中最大者，直徑約為 6 毫米。

該神經出於橋腦的側腹面，由粗大的感覺根和較細的運動根構成。感覺根在後外方，形成半月神經節，位於顳骨岩部內表面上的一個小窩，分成三支：眼支（感覺神經）經由眶上裂進入眼眶，上頷支（感覺神經）由圓孔出顱，而下頷支（混合神經）則經由卵圓孔出顱。

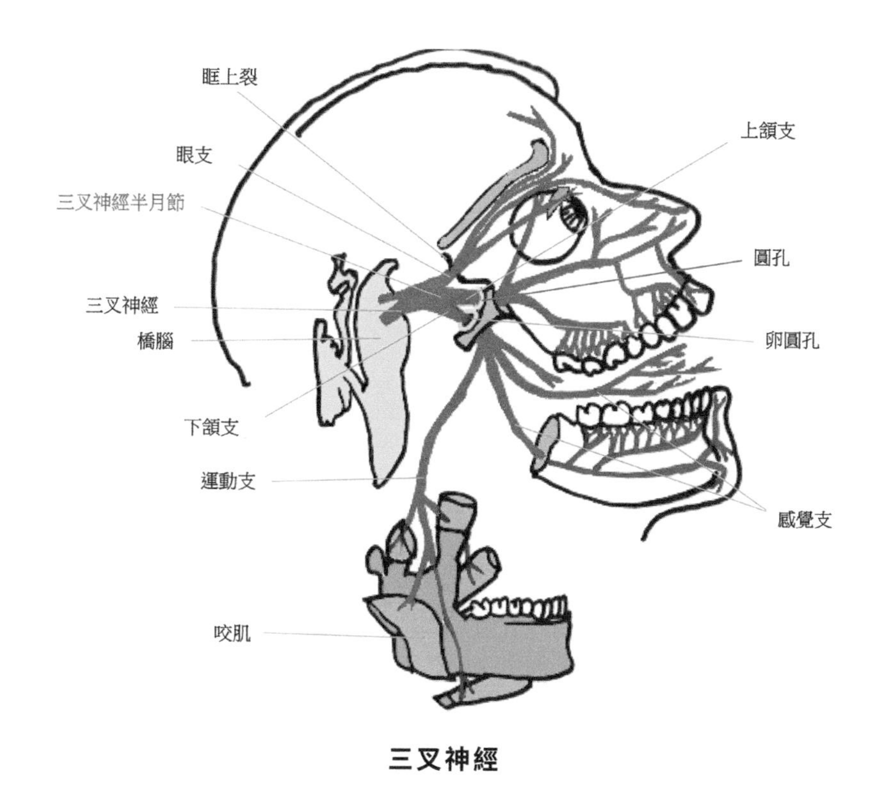

三叉神經

眼支接受來自上眼瞼的皮膚、眼球、淚腺、鼻腔上部、鼻旁、前額及頭皮前半部的感覺纖維；上頜支接受來自鼻黏膜、腭、咽部的一部分、上齒、上唇、臉頰及下眼瞼的感覺纖維；下頜支傳導舌頭的前 2/3、下齒、下頜及頭兩側耳朵前面的皮膚感覺。運動纖維與下頜支合併而分佈到咀嚼肌。因為上、下頜支分別接受上、下齒的感覺，所以三叉神經痛與牙痛的症狀甚為相似，這就是為何有些患者拔牙之後症狀依然，有些老人家根本就全無牙齒，仍有牙痛的感覺。

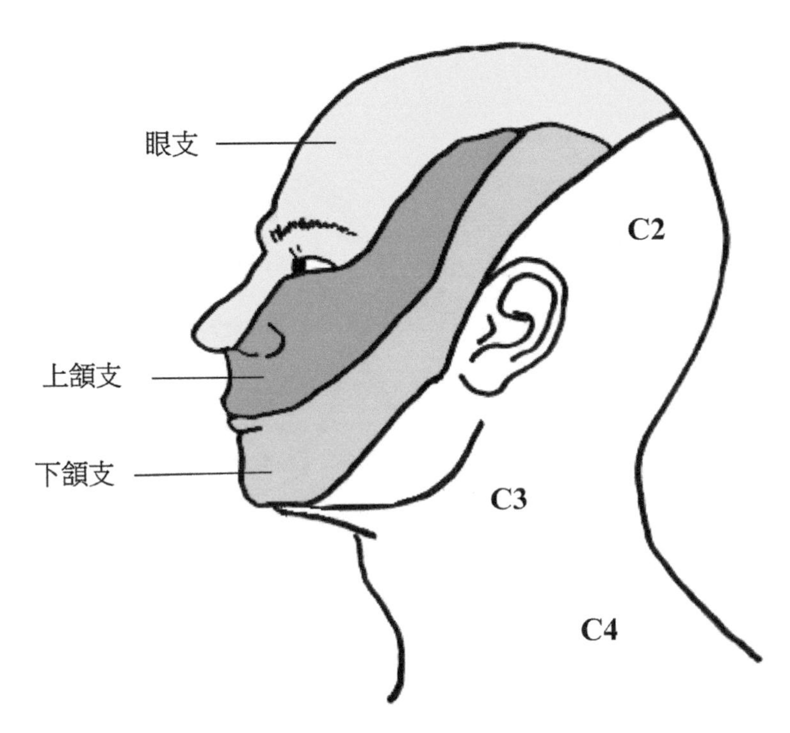

三叉神經於表淺部的感覺神經
三個分支的分佈

阿蓉：老師，請問三叉神經痛病因為何呢？

老師：其痛症的病因病機，可分中醫及西醫的看法：

（一）中醫

中醫學認為本病的病位在頭面部，多由頭面部三陽經絡受病所致，有外感及內傷之別，同時又與風邪密切相關。高巔之上，唯風可達，風邪升發，易犯頭面。風邪與寒、火、痰合邪，致風寒凝滯，或風火灼傷，或風痰壅阻三陽經絡而發為疼痛。內傷致病與肝膽鬱熱、胃熱熾盛上炎，陰虛陽亢而化風等密切相關，進而風火攻衝頭面，上擾清竅，而致疼痛；或因頭面氣血瘀滯，阻塞手足三陽經絡，不通則痛。

清．王清任在《醫林改錯．血府逐瘀湯所治之症目》中說：「頭痛有外感，必有發熱、惡寒之表症，發散可癒；有積熱，必舌乾、口渴，用承氣可癒；有氣虛，必似痛不痛，用參芪可癒。查患頭痛者，無表症，無

裡症，無氣虛痰飲等症，忽犯忽好，百方不效，用此方一劑而癒。」不僅描述了本病的表現，而且指出治療的原則和方法。

（二）西醫

三叉神經痛有原發性及繼發性兩種。原發性三叉神經痛病因不明，其中有神經中樞說、神經末梢說、血管痙攣說、半月神經節異常說等，都各有其道理，但對其痛因仍無法作出完滿解釋。繼發性三叉神經痛的病因，有橋腦小腦角腫瘤、半月神經節腫瘤、鼻咽癌、多發性硬化，及腦部動脈退化使血管曲張、變大、硬化，致壓迫三叉神經等。

鳳玲：如何正確診斷三叉神經痛呢？

老師：根據疼痛的突發性、短暫性、疼痛的部位和伴有一個無痛的緩解期、誘發疼痛的因素（如說話、進食、洗臉、刷牙、剃鬚、打呵欠、抽煙、吮吸飲品、冷風吹過等）及觸動扳機點就可引起疼痛發作等表現（如上下唇、鼻翼、口角、門齒、犬齒、齒齦、頰部、舌等部位為最常見的扳機點），則可作出三叉神經痛的診斷。

美興：老師，有人說治療三叉神經痛用針灸方法比其他療法好，你又有何看法呢？

老師：我個人也認為，針灸對治療三叉神經痛確有不錯的效果，然而針灸能奏效，其背後的原理，至今仍未有一個令人很滿意的解釋，我嘗試作出以下的推論：

（一）疼痛閘門控制理論

依照此理論，捻轉針頭時可以刺激兩類神經元：傳導痛覺的C纖維及傳導觸覺的A纖維。因A纖維的直徑較C纖維的直徑大，所以傳導速率較快，結果傳導觸覺的神經元比傳導痛覺的神經元先將刺激傳抵脊髓的灰質後角，並且關閉痛覺傳入的門徑，使痛覺無法傳到大腦，因此暫時失去痛覺。

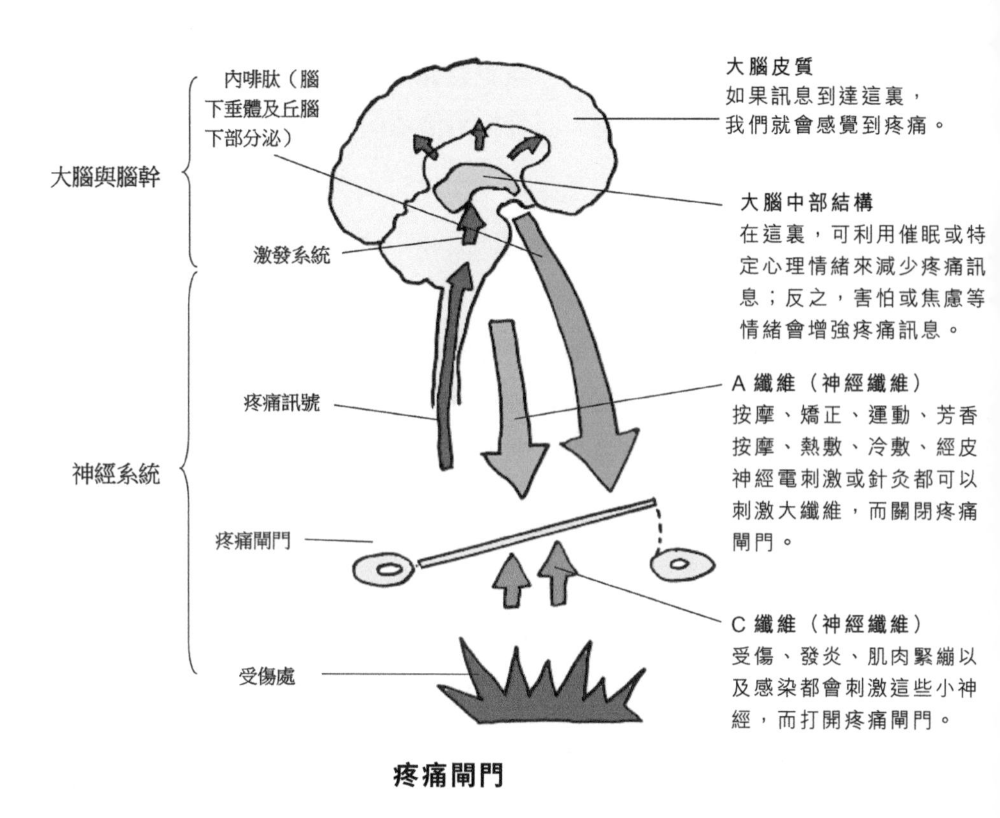

疼痛閘門

（二）干擾神經訊號

一種理論認為針灸能使脊髓中的某些特殊細胞，對來自受傷或炎症區域疼痛信號的反應能力降低，使疼痛信號不能有效地傳遞到大腦，而疼痛信號一般是在大腦中被轉化成痛覺的，其結果是，儘管疼痛的起因沒有改變，但人們對痛的感覺減少了。

（三）激發內啡肽（亦稱腦內啡、腦內嗎啡、安多酚）

這種理論把針灸的止痛作用歸功於內啡肽數量的增加。內啡肽是大腦對傷害作出反應時釋放的一種化學物質，是人體天然的鎮痛劑。現代研究發現，由針灸方法發出的電脈衝，刺激人體釋放更多的內啡肽，從而阻礙了大腦對疼痛的感覺。

（四）經絡理論

關於疼痛的原因，古代醫書中早有「氣傷痛」的記載，後人也有「諸痛皆因於氣」、「氣不通，氣血壅」等說法，即認為經脈中的「氣血」運行發生阻滯，就會引起疼痛，所謂「不通則痛」。因此，治療時應「通其經脈，調其血氣」。針灸可使「氣血」通調而達到「住痛移疼」的效果。

對於「氣血」的運行和針灸作用的途徑，根據中醫學觀點，認為是通過人體中的經絡來實現的。臨床實踐表明，循經取穴的原則行之有效，針刺感應的循經傳導現象，在人群中並不罕見，一般針感傳導較好的人，止痛效果也較好，這表明經絡確實在鎮痛過程中扮演重要角色。

美娥：請問取穴方面，有何提點呢？

老師：治療三叉神經痛的取穴方法如下，供大家參考：

<table>
<tr><th>取穴
分支</th><th colspan="2">近取</th><th>遠取</th></tr>
<tr><td>第一支痛（眼支）</td><td colspan="2">攢竹透魚腰、陽白透印堂</td><td rowspan="3">合谷、
三間、
內庭</td></tr>
<tr><td>第二支痛（上頜支）</td><td>巨窌透四白、顴窌透巨窌</td><td rowspan="2">下關</td></tr>
<tr><td>第三支痛（下頜支）</td><td>夾承漿透地倉、地倉透頰車</td></tr>
</table>

方解：顏面為手、足陽明經所達之處，故遠取合谷、三間、內庭等陽明經穴，以疏通陽明經氣，行氣活血止痛。餘穴均在面部三叉神經分佈區，為局部取穴法，同為活血化瘀、疏通患側經氣以達到「通則不痛」的目的。但手法不宜過重，留針時間要長，一般在一小時左右。

麗萍：請問頸椎病會不會引起三叉神經痛呢？

老師：頸椎病與三叉神經痛亦有關係：

（一）環樞關節或其它椎骨錯位，使椎動脈發生扭曲及受壓，會引致管腔狹窄，血流減少，造成三叉神經脊髓束及核供血不全，引致三叉神經痛症發作。

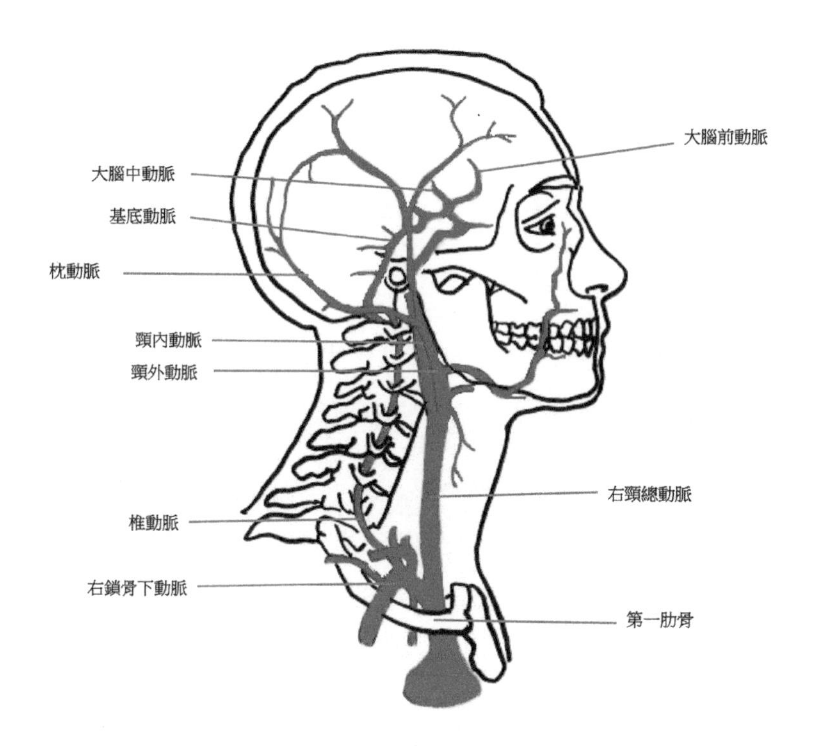

右側頭頸部的動脈

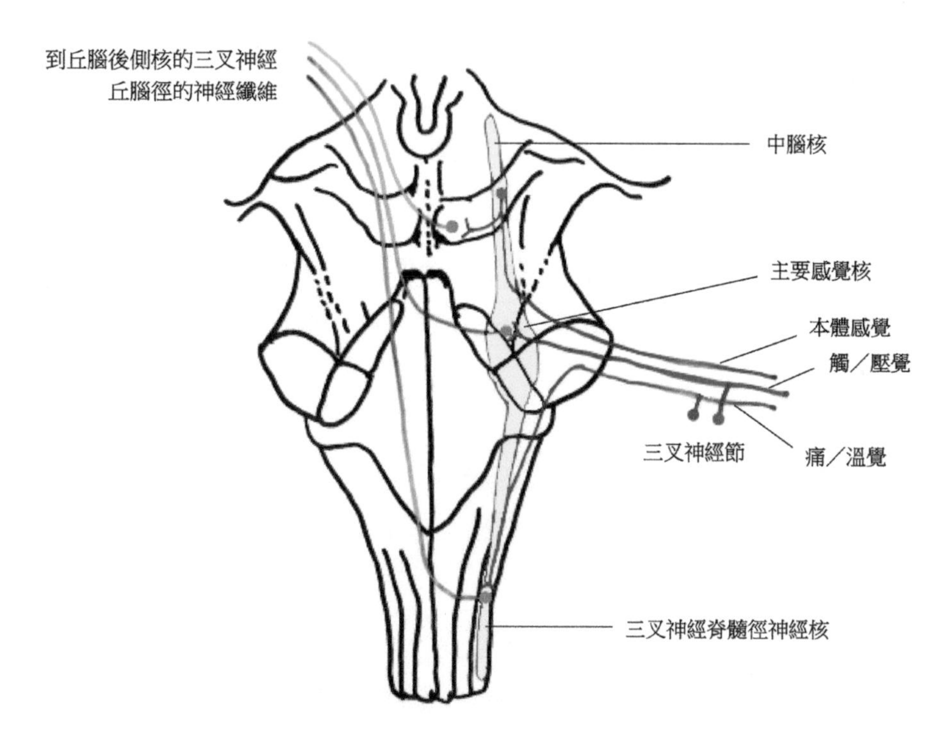

三叉神經脊髓束（□部分）

（二）環樞椎錯位後，頸枕下三角軟組織病變所產生的機械性壓迫和無菌性炎症的化學刺激，使分佈於上頸段的頸上交感神經節受到影響。從頸上神經節發出之頸後交感神經，伴隨椎動脈在頸椎橫突孔內上升而進入顱腔，構成椎—基底動脈系統分支的各血管的管壁神經叢。由於頸後交感神經受到刺激，引致其伴行之動脈不停澎湃鼓盪，終會磨損三叉神經的觸覺神經髓鞘，使無髓鞘的痛覺神經與觸覺神經短路，故此觸動面部也引起三叉神經痛。

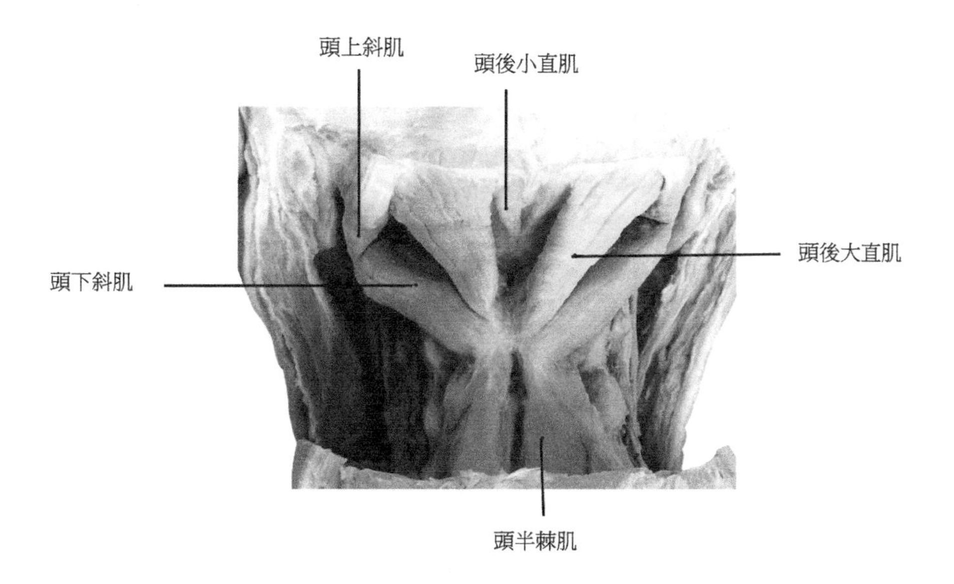

枕下三角

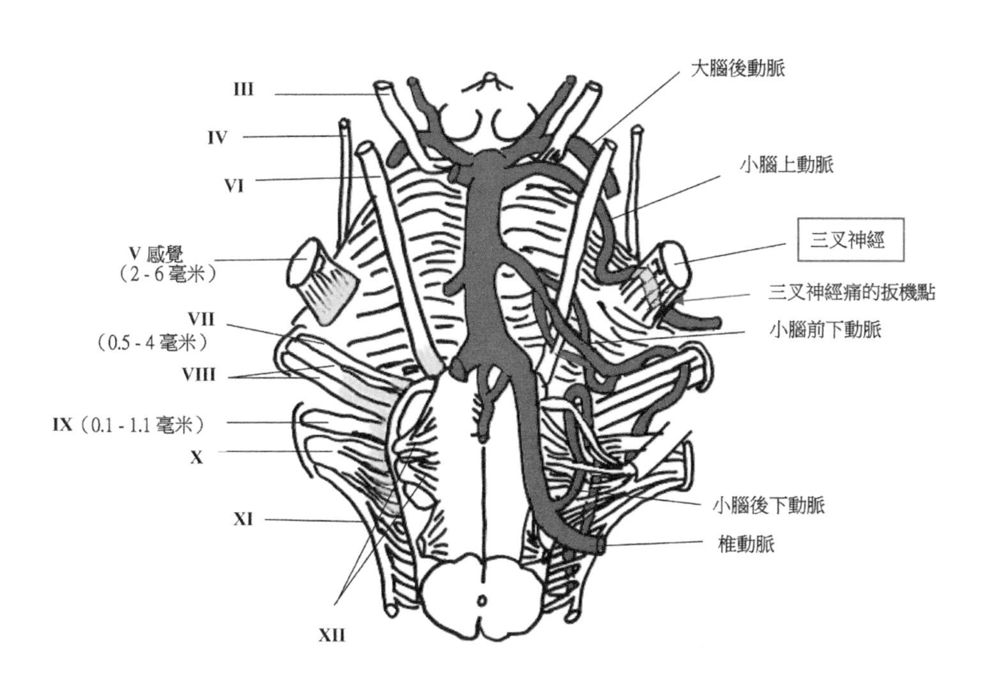

（三）三叉神經主核位於橋腦水平，其向下延伸的部位為三叉神經脊髓核，它既接受頸 1 至 3 傳入神經纖維，同時又接受三叉神經脊髓束（見前插圖）的神經纖維，這是頸—頭神經反射的結構基礎。如頸椎紊亂，頸神經受壓，將會通過神經反射誘使三叉神經痛發作。

小明：如真是因頸椎錯位引致三叉神經痛，應如何處理呢？

老師：治療頸椎病引發的三叉神經痛，可透過頸椎旋轉復位手法，矯正頸椎錯位，解除神經壓迫，療效甚佳。以第一頸椎錯位（向左側偏歪為）為例，手法如下：

（一）患者坐於椅子上，頭稍後伸；

（二）醫者站於患者左側背後；

（三）醫者右手扣住患者下巴，但切記不要壓到患者喉嚨。右前臂貼在患者右面頰，成抱頭狀，讓患者有安全感；

（四）醫者左手掌心向上、及以第二掌指關節貼於患者第一頸椎橫突後緣的關節突上，拇指輕觸其面頰、不要壓着面部或頸部的肌肉。手腕尺偏，然後將患者的頭向右旋至極限，並稍向左側彎；

（五）醫者右手向患者頭頂的方向牽引，但不要將患者下顎上舉；

（六）醫者左手在患者吐氣將盡時，瞬間發力聞聲即完成矯正。發力時向患者右眼的方向，由後向前稍為旋轉。

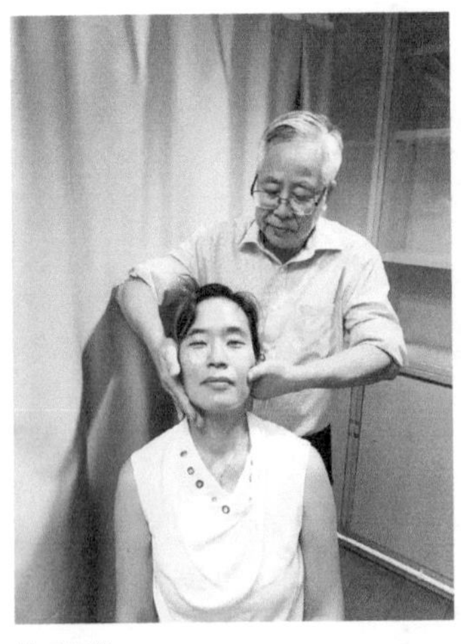

抱頭狀

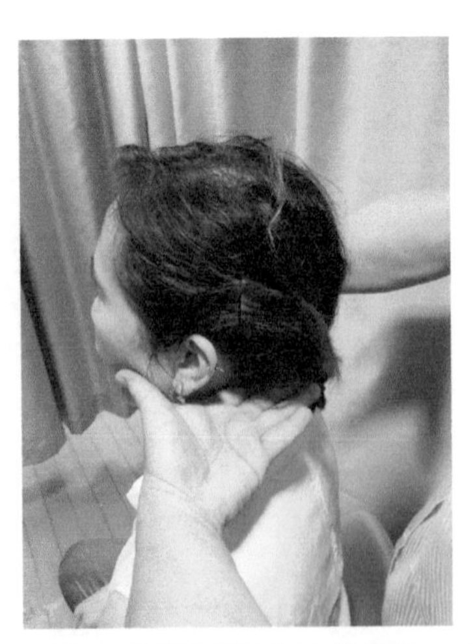

以第二掌指關節貼於患者第一頸椎橫突後緣的關節突上，拇指輕觸其面頰。

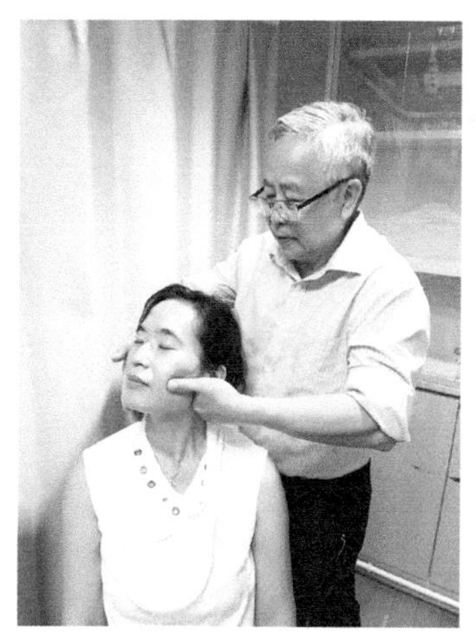

將患者的頭向右旋至極限

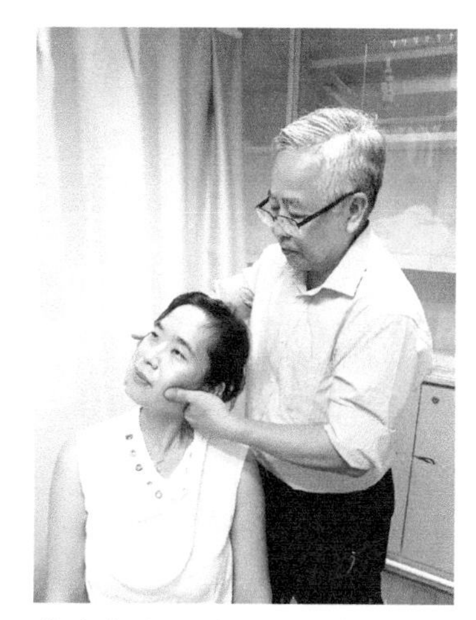

將患者的頭稍向左側彎

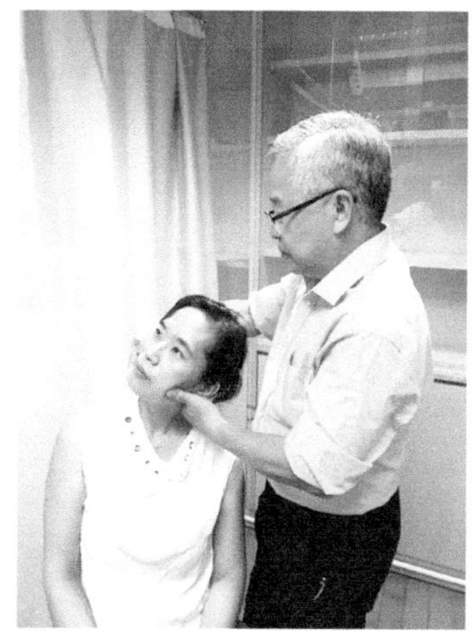

右手向患者頭頂方向牽引，左手瞬間發力完成矯正。

文基：謝謝老師詳細講解！夜深了，請多休息。

醫事討論十二

大力水手徵——肱二頭肌長頭肌腱斷裂

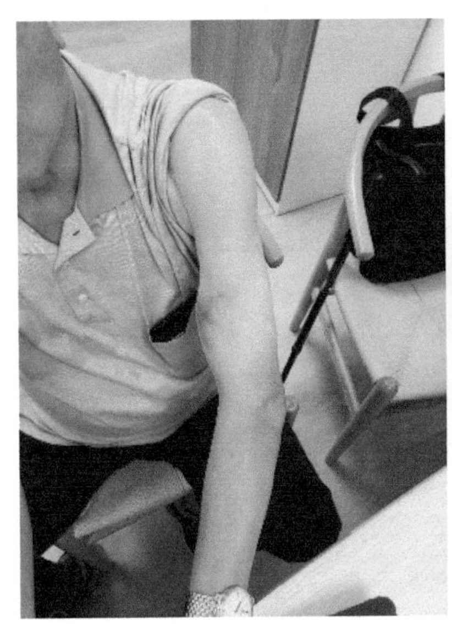

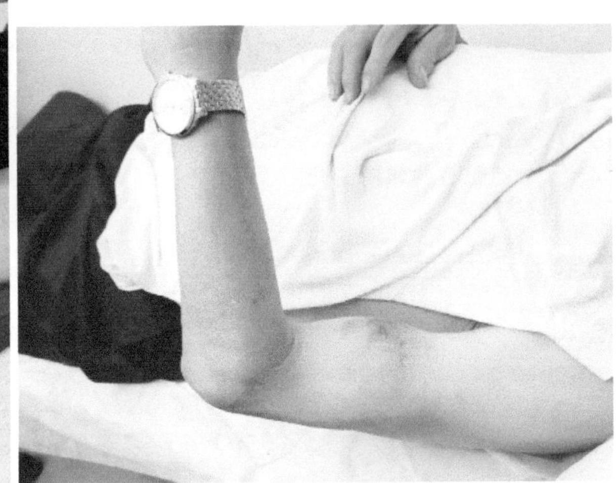

林醫師：肱二頭肌肌腱斷裂，應如何處理？

Apple：要手術駁回。

林醫師：對，所以叫佢搵西醫 😅

陳醫師：多謝林師兄分享。

林醫師：不用客氣。

冠玲：請問這是什麼造成的？

林醫師：病人 80 歲，有一天，只是平時一樣伸手拿東西時，突然發出「啪」一聲，就這樣了。可能是年老，肌腱脆弱吧。（後記：自從肱二頭肌肌腱斷裂後，同側中指的屈指肌腱鞘炎由三期改善為二期，或者是經筋關係。）

祥威：謝林師兄分享～ 🙏

威威：老師，究竟這是肱二頭肌腱在近端還是遠端斷裂呢？

老師：觀察到病人的肱二頭肌肌腹上方凹陷並向肘部移位，應是近端撕裂。（如是遠端肌腱斷裂，肌腹則會向肩部移位。）近端有長頭、短頭肌腱，長頭肌腱損傷較為常見，因長頭肌腱行進路途較為曲折，並經過肱骨結節間溝（在肱骨頭大、小結節間，肩部外旋時容易觸摸到），當上肢動作而使肱二頭肌收縮時，會在溝內產生磨擦。長期的磨損可引致退行性炎症病變，肌腱會變得脆弱，此時，輕微外力也能引起長頭肌腱斷裂。而短頭的損傷比較少見，因其發病多是急性而直接的創傷。

威威：老師，你認為哪種治療方案較佳呢？

老師：肱二頭肌長頭肌腱斷裂所引起的肩關節功能障礙和疼痛，程度一般都會較輕，所以絕大多數是不須施行手術治療的。

治療方案應根據肱二頭肌肌腱斷裂的位置、嚴重程度、病人年紀、工作和運動需求等因素而定。因為近端仍有正常的短頭（起自喙突），所以在功能上不會有太大的影響，只是外形上不太美觀而已。特別是年紀較大（此患者已80歲）或運動量較少的病人，保守療法已足夠。療法包括休息、一雙手、一根針、一把草，再配合日後功能鍛鍊，是不會有長期功能障礙的，大多數患者在治療後，都可重新恢復肩部完全的活動範圍，以及接近正常的肘部屈肌肌力。

至於少數新鮮斷裂的年青病人、職業運動員或從事體力勞動工作者，如需要強而有力的上臂力量，以應付日常生活和運動需求，則可以考慮施行肌腱斷端修補術。以近端斷裂為例，根據斷裂部位，可選用肌腱固定於喙突、小結節或結節間溝，術後再作功能鍛鍊，也可能達到理想的效果。但有少部分患者在接受手術之後，反而出現肩部僵硬及運動範圍變小的情況。有時花了很多醫療費，效果卻適得其反，所以我們不要輕言做手術，尤其這個80高齡患者，手術根本就不必要。

綺華：事實上，肱二頭肌肌腱斷裂是有分程度的。

老師：綺華說得對，肱二頭肌肌腱斷裂也有程度不同之處。如果此肌腱斷裂部位在遠端，即橈骨附着處，那麼手術縫合就恐怕免不了。

遠端肌腱撕裂，通常是由於突如其來的重量所致，尤其是過度健身或拳擊的人士。此症因為少見，所以常被忽略。因肌腱斷裂致肱二頭肌肌肉收縮，上臂便會出現大力水手徵（Popeye's Sign）。臨床檢查也足以診斷肱二頭肌肌腱斷裂，但如要確定撕裂的嚴重程度，則要借助磁力共振影像了。

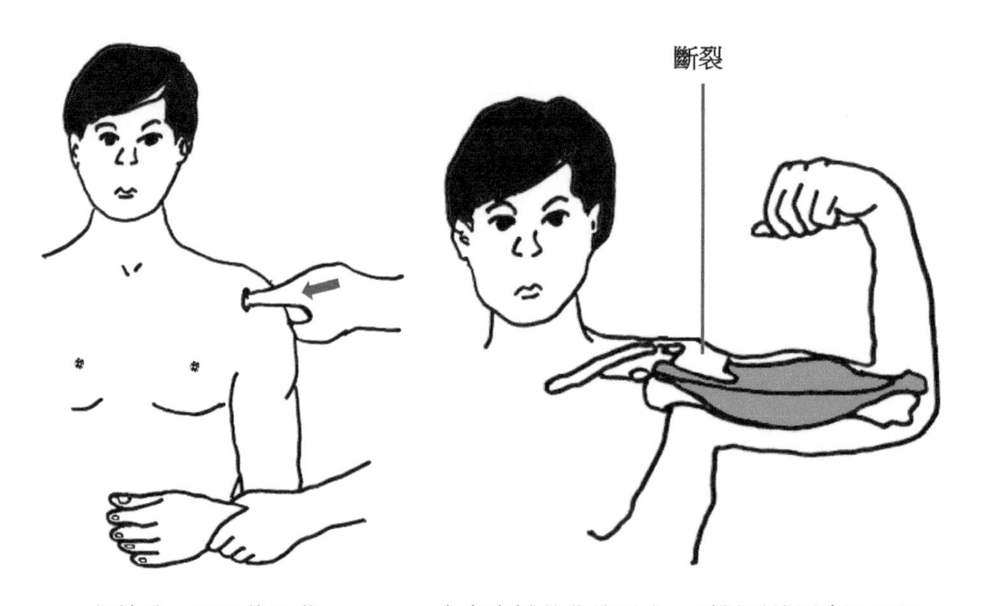

觸診肱二頭肌的凹溝　　令病患試着收縮肌肉，則斷裂情形會更明顯。

平安：老師，為何近端撕裂一般都不需要手術，而你卻強調遠端斷裂就有做手術的必要性呢？

老師：回答這個問題之前，就讓我們再溫習一下肱二頭肌的解剖及其功能吧！

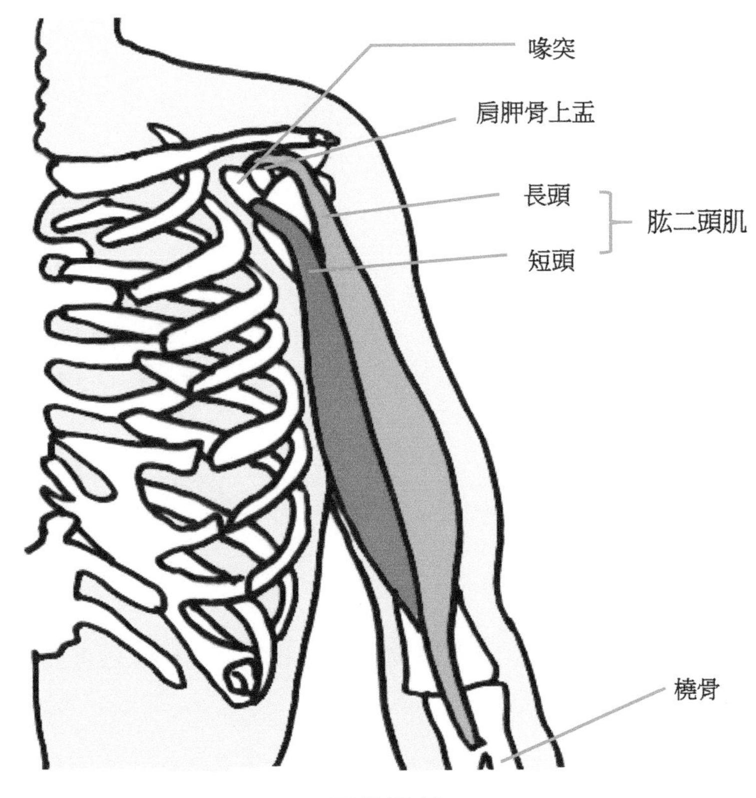

正常解剖

起端：　短頭：喙突
　　　　長頭：肩胛骨上盂
止端：　橈骨結節、及腱膜附着到前臂屈肌群起端的筋膜上
功能：　屈肘及使前臂旋後（掌心向上），當前臂固定時可屈肩部。

讓我介紹一個傳神的動作，就可了解其全部功能。例如：一個人將拔塞器旋進酒瓶中（旋後作用）、拔出木塞（屈肘作用），然後持樽飲酒（屈肩作用）。

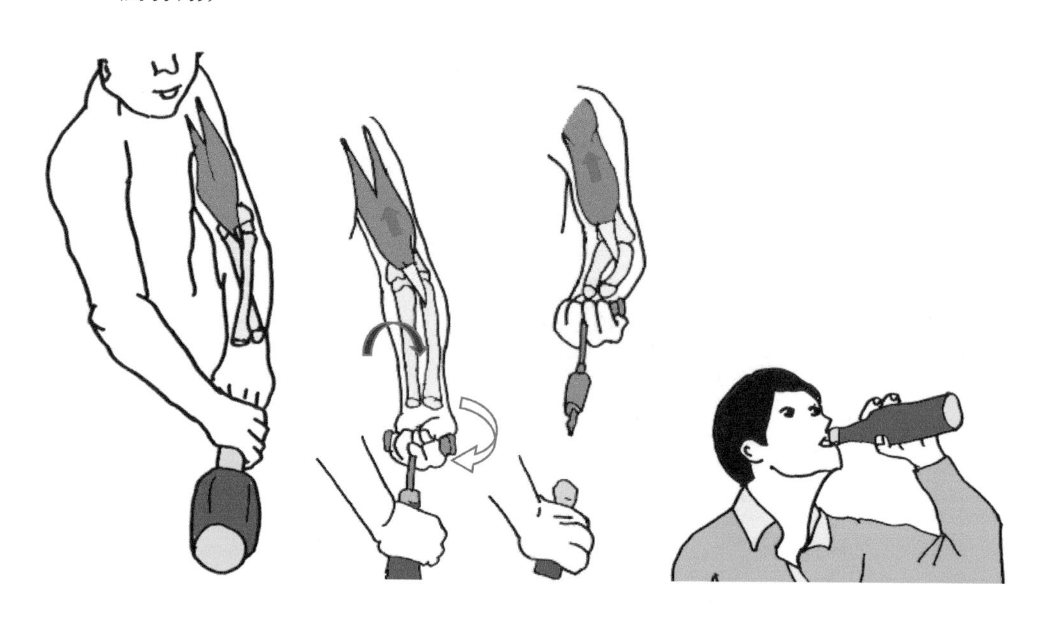

如果遠端斷裂，則以上一連串動作都不能完成，所以就非得做手術不可了。

振松：萬分感激老師的點題！題外話，何謂大力水手徵（Popeye's Sign）？

老師：可能你還年輕，不認識當年的經典卡通人物——大力水手（Popeye）。他是個經常閉着一隻眼睛、且不修邊幅的小個子水手，愛抽煙斗，愛打拳擊。他每次為了保護女友奧莉芙（Olive Oyl），就會先吃下菠菜罐頭，變身為肌肉男，力大無窮，然後擊敗壞人兼情敵布魯圖（Bluto）或者其他壞蛋。Popeye 喜歡展示自己誇張而發達的「老鼠仔」，這是他的招牌動作。肱二頭肌肌腱斷裂後，「老鼠仔」凸起的外型，就像大力水手食了菠菜罐頭後的模樣，故醫學上稱之為大力水手徵「Popeye's Sign」。

添丁師兄：老師真是講古之師！

醫事討論十三

頸部神經、血管與肌肉解剖雜談

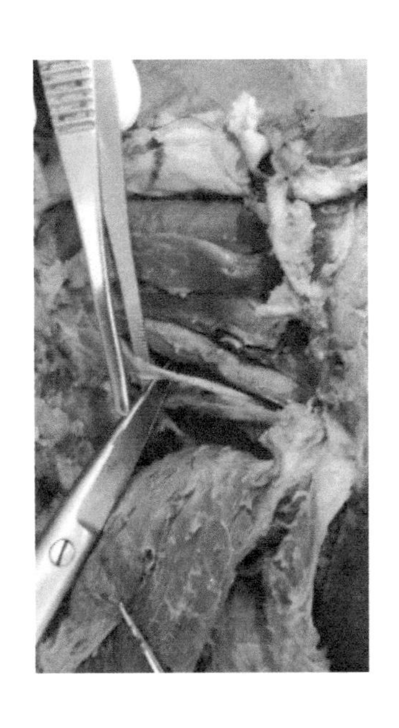

盧同學：我明天考試了，這條迷走神經有兩條血管夾住，分別是頸內靜脈和頸外動脈嗎？還是頸總動脈？對返平面嘅書同無色嘅屍體……好亂呀 🤔 靜脈是頸內靜脈嗎？急～快考了 😭

老師：同學們，請幫手 😇

林醫師：請問，你的問題是想問，圖中是什麼結構嗎？ 😅

Apple：是否鎖骨下動脈？

林醫師：拍攝的範圍可否大些 😅❓🙏

陳醫師：範圍太小好難看得清楚呀！

林醫師：應是迷走神經被頸內靜脈和頸內動脈夾住。

君君:兩條血管分別為頸總動脈和頸內靜脈，中間那條被夾住的應為迷走神經。

少美：對，應該是頸總動脈和頸內靜脈。頸動脈鞘（carotid sheath）是由筋膜交織而成的較厚管狀結構，左右各一，上起自顱底，下續縱隔；鞘內有頸內靜脈、頸總動脈、頸內動脈和迷走神經。頸總動脈位於鞘的下部，而頸內動脈居其上部。在鞘的下部，迷走神經位於頸內靜脈及頸總動脈之間；而在鞘的上部，迷走神經居於頸內靜脈及頸內動脈之間。

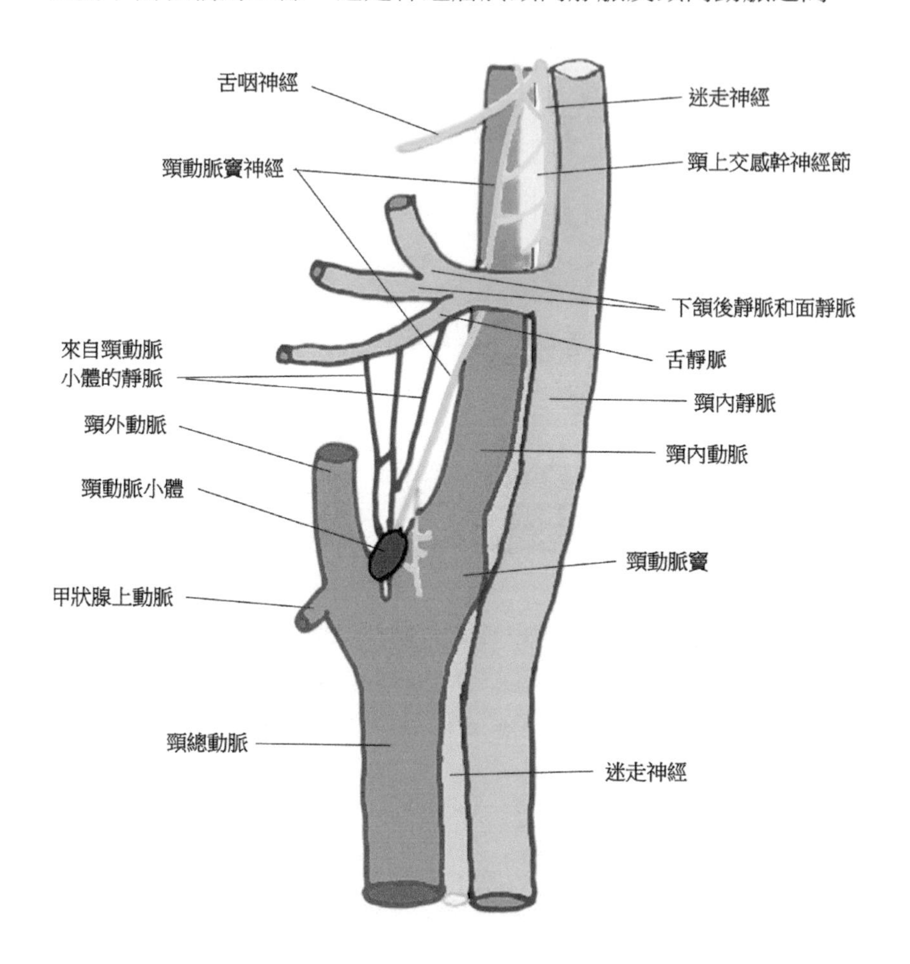

以上是看書和在網上查看到的，請老師及師兄姐們指正。

卓茵：猶記得在學習解剖時，在一色一樣的組織是較難分別，或者我們先用排除法來找出該組織屬於哪一類。

先將圖片轉回 90°，這樣比較容易理解人體正常體位 ⮌

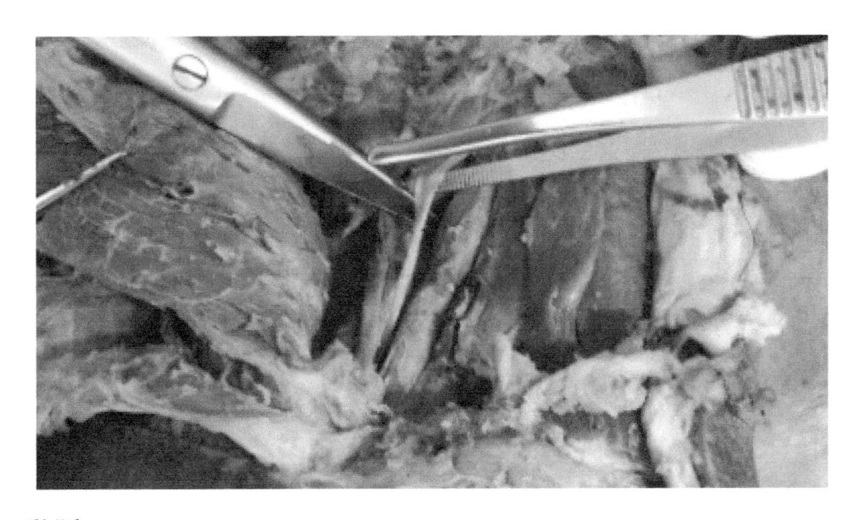

動脈：
就是從心臟運送血液到全身器官的血管，管壁較厚。
主動脈將含氧較多的動脈血從左心室送到全身。
肺動脈將含二氧化碳較多的靜脈血從右心室送到肺臟。

靜脈：
就是運送血液回心臟的血管，起始於毛細血管，終止於右心房。
靜脈與動脈相比，管腔較大，管壁較薄，屬支很多，血容量大，而後者的柔韌性較強。

圖中所見，從直尖鑷與解剖剪剔起的組織，相比起其他組織，屬於幼細的一種，已排除是動脈及靜脈。

在圖中清楚看見胸鎖乳突肌，故圖中顯示位置為頸前區（頸前三角）。尖鑷與解剖剪剔起的兩邊，我見不到分叉處，所以會考慮圖中有頸外靜脈及頸內靜脈；而頸總動脈則有分叉，即頸動脈竇，分叉位以上再分為頸外動脈及頸內動脈。

頸總動脈與頸內靜脈之間，附近有舌咽神經（第九對腦神經）。

頸外靜脈及頸內靜脈之間，附近有迷走神經（第十對腦神經）。

以上是我 Cindy 的看法，有勞老師及師兄們指正 🙏👸

老師： 為了觀看及理解人體直立體位，而將先前圖片轉 90°，雖然無必要，但也未嘗不可。不過妳今次這樣的轉動，是將頭部轉至在圖片下方，變成倒豎蔥，就更無必要了。

查實：舌咽神經出腦幹後，與迷走神經、副神經一起穿過頸靜脈孔出顱。出顱後先行於頸內動、靜脈之間（而不是在頸總動脈與頸內動脈之間），然後弓形向前，經舌骨肌內側達到舌根。還有些分支就不談了。

迷走神經在舌咽神經下方出腦幹後，穿過頸靜脈孔出顱。在頸部，迷走神經行於頸內靜脈與頸內動脈或頸總動脈之間的後方（而不是經頸外靜脈及頸內靜脈之間），經胸廓上口入胸腔。

頸總動脈分叉處（在此分為頸外動脈及頸內動脈）位於下頜骨之下、甲狀軟骨上緣水平，而圖中所示則為靠近鎖骨處，所以事實上是看不到分叉的，所見的應是頸總動脈。由此觀察所得，此圖的迷走神經實為被頸內靜脈與頸總動脈所夾住。

盧同學：考試也會考這兩條肌肉，但因剪斷了，我不肯定是什麼肌肉……是舌骨肌嗎？急 ~ 快考了 😭

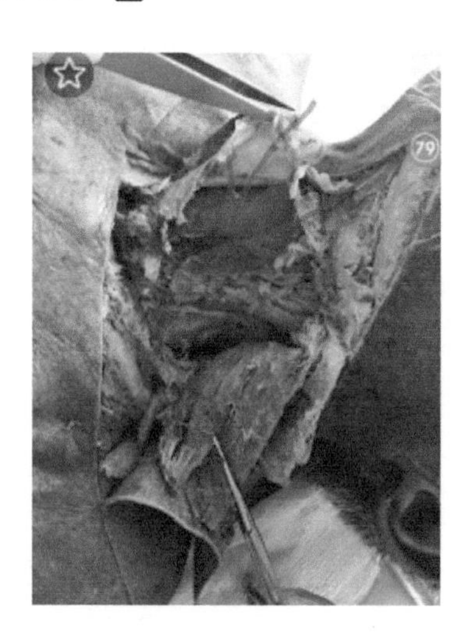

老師：大家快來幫忙 😇

卓茵：將圖片轉回 90°😆 看見該條肌肉在皮下最面層，應該是胸骨甲狀肌，再下一層才是甲狀舌骨肌。

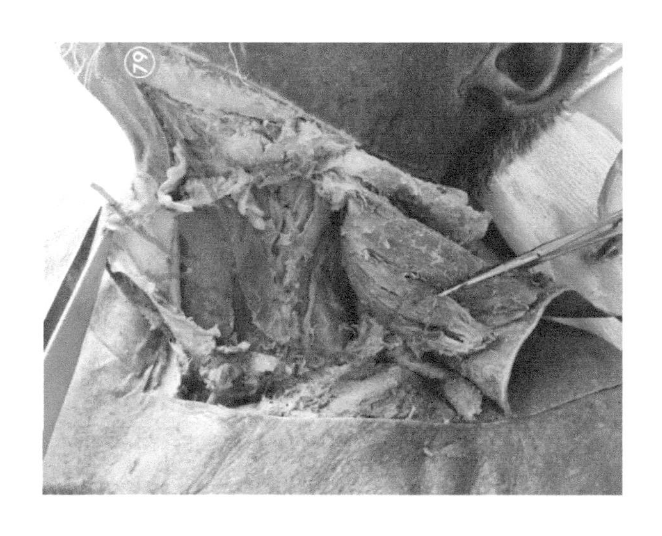

上傳下圖給大家參考，有勞老師及師兄們指正 😆🙏

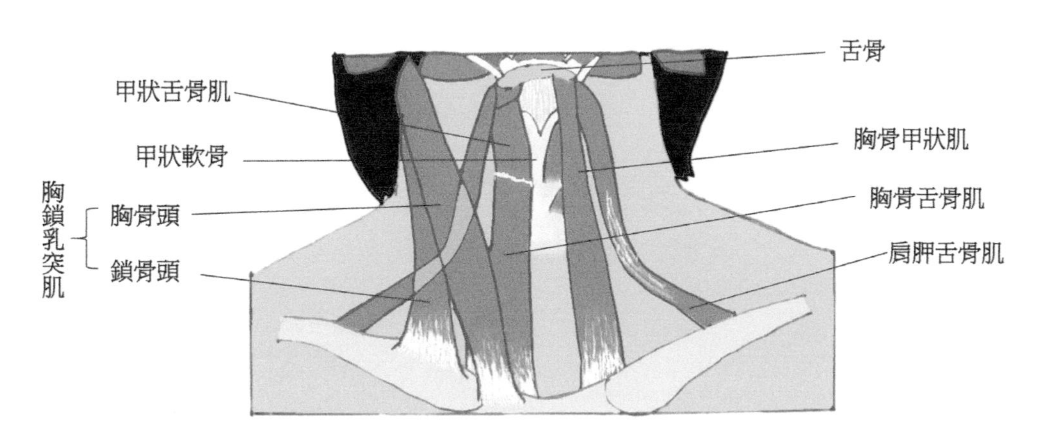

老師：這圖標示有誤，大家能指出嗎？

卓茵：胸骨甲狀肌與甲狀舌骨肌的位置不是重疊的，而是平排的，老師是嗎？

老師：實際上，胸骨甲狀肌起於胸骨柄後面，止於甲狀軟骨斜線；而甲狀舌骨肌則起自甲狀軟骨斜線，止於舌骨體，兩者並不是重疊，也不是平排的。同學們請快快發表意見……😴😴😴

君君：我認為屍體解剖的上箭嘴是胸骨舌骨肌，下一點的箭嘴是肩胛舌骨肌。

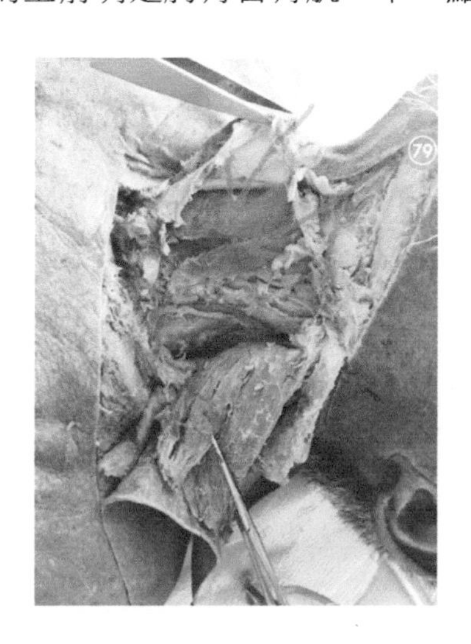

少美：我都認為上箭嘴：胸骨舌骨肌；下箭嘴：肩胛舌骨肌。

老師：正確 👍 上述兩條肌肉雖然剪斷了，但觀其紋理，下箭嘴肌肉往下斜行往肩胛骨方向，應是肩胛舌骨肌；而上箭嘴肌肉在其鄰近內側直行，則是胸骨舌骨肌無疑。

卓茵：感激老師細心教導 🙏

少美：謝謝老師悉心指導 🙏🙏

另外，卓茵師姐的手繪圖中，圖示胸骨舌骨肌（錯）應該是胸骨甲狀肌；及圖示胸骨甲狀肌（錯）應該是胸骨舌骨肌。胸骨甲狀肌位於胸骨舌骨肌之下偏內側處，屬於舌骨下肌群，有些人的甲狀舌骨肌纖維與胸骨甲狀肌交錯。胸骨舌骨肌接近身體正中央，向上分佈至頸部前方，並垂直於止端，為一條帶狀肌肉，也屬於舌骨下肌群。

老師：正確 👍 但在閱覽插圖時，你憑什麼知道那兩條肌肉的正名呢？也請各位同學給予意見。

少美：我是從《肌肉的功能與構造篇》一書看到的，請老師及師兄姐們指正 🙏🙏

添丁師兄：恭喜老師！承師之材已現，待您適時雕琢 👍👍👍😃😃😃

周醫師：少美同學，你的解剖書書名是什麼？

少美：《人體學習事典——肌肉的功能與構造篇》。

老師：各位同學千萬要記住，一個肌肉或神經解剖部分，如果包括有兩個名詞，如皮質脊髓束，第一個名詞是起點，第二個名詞是終點，即神經由大腦皮質走向脊髓。胸骨舌骨肌（綠圈）起自胸骨柄，止於舌骨體；胸骨甲狀肌（藍圈）起自胸骨柄（胸骨舌骨肌深面），止於甲狀軟骨斜線，所以原圖兩個標示調轉了。

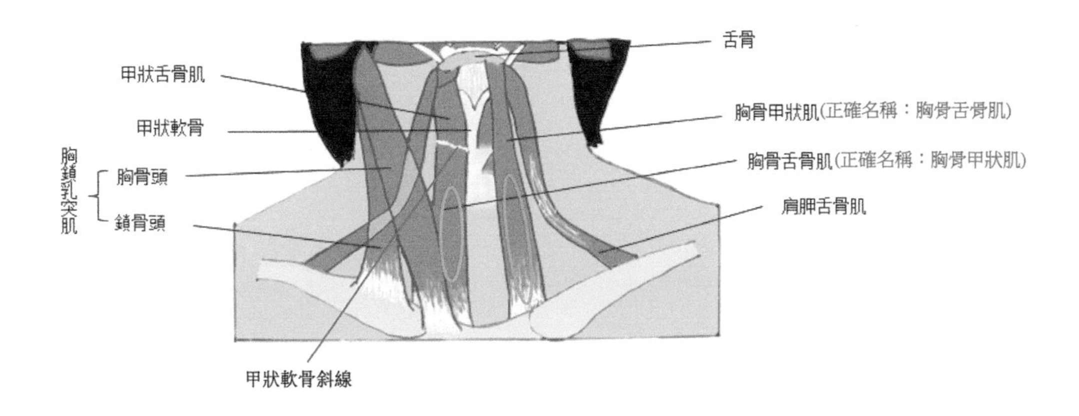

少美：感謝老師提點，學生受益良多。

卓茵：感謝老師，學生得以從錯誤中學習，會深深銘記 🙏😊

（數日後）

老師：盧同學來電，多謝各位同學指教，考試方能取得 95 分佳績 👏👏👏🙏🙏🙏

醫事討論十四

腕部損傷——由腕部尺側副韌帶斷裂談至三角軟骨盤撕裂

小華：腕部痛、旋前旋後痛，請問是否腕部尺側副韌帶斷裂？

老師：請各位發表意見，無論高見低見，共同進步……

小利：正常情況下，肘關節屈曲時，尺側側副韌帶後帶呈緊張狀態，此時肘關節做外翻動作，應力不容易集中在尺側側副韌帶，常分散到肱骨下端和尺橈骨上端；肘關節伸展狀態時，尺側側副韌帶前帶緊張，肘關節外翻應力則集中於尺側側副韌帶，容易引起韌帶損傷。尺側側副韌帶損傷，多數是肘關節處於完全伸展時，遭受強烈外翻應力所造成。最常見的損傷機制是慢性損傷，例如運動員的創傷及過度投擲動作，是因外翻和外旋應力的共同作用所引起，這種慢性損傷最初僅出現肘部過度使用症狀，若持續過度的投擲，則會造成尺側側副韌帶的撕裂和腫脹。

Tyner（2006）指出，肘關節的韌帶傷害分三種等級：

等級 I：輕度的微小韌帶損傷，通常沒有明顯的韌帶纖維撕裂；會覺得痛，而外觀上沒有任何腫大或改變。

等級 II：中度嚴重的韌帶損傷，韌帶大部分撕裂及關節鬆動；疼痛劇烈，外觀上關節腫大。

等級 III：韌帶完全撕裂，關節非常鬆動或是不穩定，通常伴隨着嚴重血腫。

威威：多謝師姐分享，但同學問的是腕部尺側副韌帶斷裂，不是肘部啊！

小利：噢，Sorry！腕尺側副韌帶損傷：當腕關節向橈側運動時，在尺側發生疼痛。

（一）受傷部位有明顯的壓痛及腫脹；
（二）分離試驗陽性：即做受累肌腱、韌帶相反方向的被動活動，在損傷部位可出現明顯的疼痛；
（三）X 光檢查：可能有局部軟組織腫脹陰影。

少美：腕尺側疼痛，是引起上肢功能喪失的一個常見原因。急性損傷和慢性退變表現不同，因為解剖上的重疊，須鑑別診斷。

腕尺側疼痛的常見原因包括：

（一）三角纖維軟骨複合體撕裂
（二）尺側嵌頓綜合症
（三）月三角韌帶撕裂

三角纖維軟骨複合體是一個纖維軟骨結構，有助於下尺橈關節的穩定。主要的功能：

（一）在前臂和手腕做旋轉活動時，負責維持遠端橈尺關節的穩定性；
（二）承受及傳導來自手部的力量。

它包括：

（一）三角纖維軟骨（關節盤）
（二）掌側和背側橈尺韌帶
（三）半月板同系物
（四）尺側副韌帶
（五）尺側腕伸肌肌腱腱鞘

三角纖維軟骨複合體的血供由前後骨間動脈的終端部分負責，周圍血供良好，但中央和橈側部分血供較差。

症狀：傷者往往敘述腕關節尺側或腕關節內疼痛，腕部感到軟弱無力；當前臂或腕部做旋轉活動時，疼痛加重。請老師及師兄姐指正🙏🙏，希望共同進步。

老師：多謝同學踴躍發了意見，資料詳盡，但觸不到問題核心。同學問，腕旋前旋後痛，是否表示腕尺側副韌帶斷裂。

在答覆這個問題之前，我們應首先認識腕部韌帶的生理解剖及其特點。手腕部位的前、後、內、外有四條與關節囊緊密相連的重要韌帶：

（一）橈腕掌側韌帶：寬闊而堅韌，起自橈骨下端的前緣和莖突，斜向內下至舟骨、月骨、三角骨和頭狀骨的掌側面。

（二）橈腕背側韌帶：位於關節囊的背面，起自橈骨下端的後緣，斜向內下止於舟骨、月骨、三角骨的背面。此韌帶較前者薄而鬆弛，因此形成屈腕比伸腕角度要大的活動特點。

（三）腕橈側副韌帶：起自橈骨莖尖部的前面，向下分散止於舟骨、頭狀骨和大多角骨，有防止手腕過度尺傾的作用。

（四）腕尺側副韌帶：起自尺骨莖突，並與三角纖維軟骨盤的尖端相會合，向下分為兩部分，一部分向前止於豌豆骨和腕橫韌帶的內側，一部分向背側止於三角骨的背側面和內側面，有防止手腕過度橈傾的作用。

上述四條主要韌帶，從四個方位維持手腕在活動時的平衡，並有增加腕關節穩定性的作用。

韌帶損傷，除壓痛外，並可使腕的活動受限，功能發生障礙。在重複受傷動作，或作與韌帶位置相反方向的腕部活動，或被動將手扳向相反方向時，受傷的韌帶疼痛就會加重。例如，腕掌屈時疼痛者，多為橈腕背側韌帶損傷；腕背伸時疼痛者，多為橈腕掌側韌帶損傷；腕橫韌帶損傷，無論是腕掌屈和背伸都會出現疼痛；腕尺傾疼痛者，多為腕橈側副韌帶損傷；如向腕橈傾疼痛者，為尺側副韌帶損傷；如再作腕的橈偏側扳試驗有腕關節的鬆弛感（與健側比較時更明顯），則為尺側副韌帶斷裂。我們實不能單純以腕部旋前旋後痛，就作出腕部尺側副韌帶斷裂的診斷。

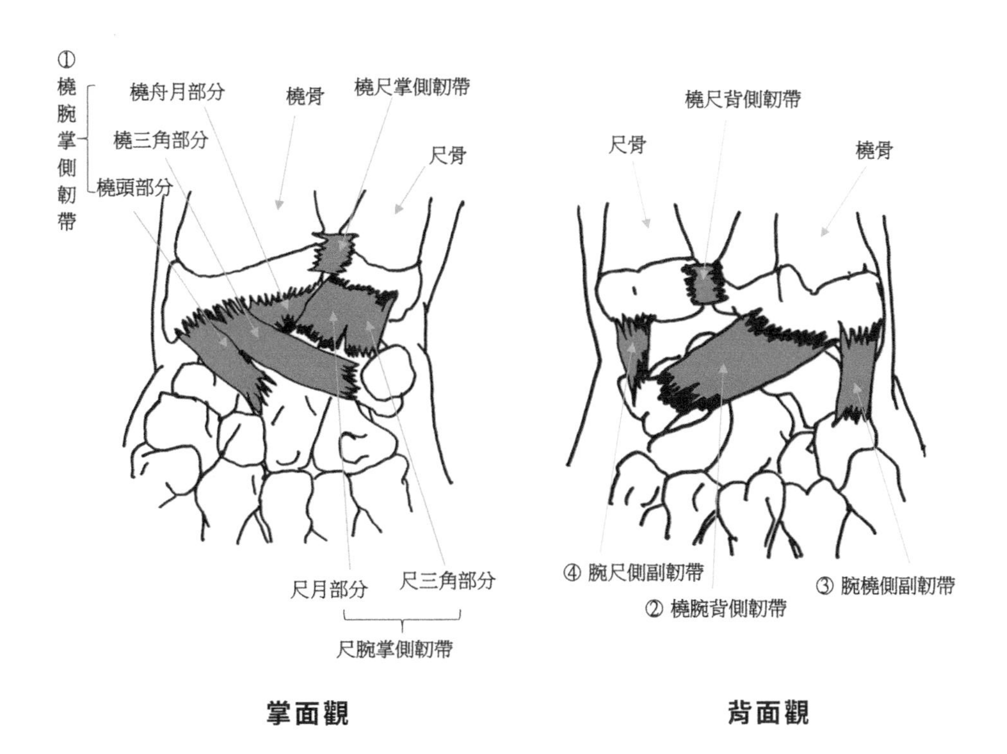

掌面觀 背面觀

如腕部損傷後旋轉痛（如扭衣服、旋螺絲批），多為下尺橈關節韌帶損傷或下尺橈關節錯位，如不及時治療，也可繼發下尺橈關節脫位，三角軟骨破裂。其鑑別處：

如見腕部回旋活動受限在下尺橈關節處，掌、背側皆有壓痛，按壓尺骨小頭時有浮動感，握力減弱，用手掌接觸平面支撐身體時會引起疼痛，局部無腫或微腫，有時會出現彈響聲，但不見尺骨小頭前後滑動，多為下尺橈關節錯縫。

如腕部變寬變平，或尺骨小頭較正常隆起，腕部回旋活動時，尺骨小頭隨着向掌、背側滑動，壓痛點在尺骨小頭周圍，則為下尺橈關節分離脫位。

要是腕部在旋轉時出現彈響音，而尺骨小頭部伴有輕微腫脹及疼痛時，可按壓病人患腕尺側凹窩處，如疼痛明顯，可將腕關節尺偏，並作縱向擠壓，若引起尺側局部的疼痛，多為三角軟骨盤破裂。如要確診，可以用磁力共振、腕關節造影，甚至腕關節鏡作檢查。

威威：師姐，請問什麼是腕尺側嵌頓綜合症呢？

少美：腕尺側嵌頓綜合症是一個特殊的尺側病變，因尺骨末端接界的部分或三角纖維軟骨複合體與尺側腕骨相對抗的一種情況，多見於下列患者：尺骨正向變異、橈骨遠端骨連接不正、尺橈骨遠端生長受影響、馬德隆氏畸形（Madelung's deformity）或曾經腕骨骨折合併脫位（Essex-Lopresti fracture）的病人。腕尺側嵌頓綜合症多表現為起病隱匿的尺側腕關節疼痛，旋前和尺偏時疼痛加重。大多數病人有小窩徵陽性、尺腕應力試驗出現症狀。

X 光片通常顯示尺骨正向變異，軟骨下硬化，軟骨下囊性變，月骨、三角骨和尺骨頭的接觸性損傷是特徵性改變。

威威：什麼是尺骨正向變異？

少美：……

老師：尺骨變異是指在腕部正位 X 光片中，尺骨遠端與橈骨遠端的水平高度差，請觀下圖：

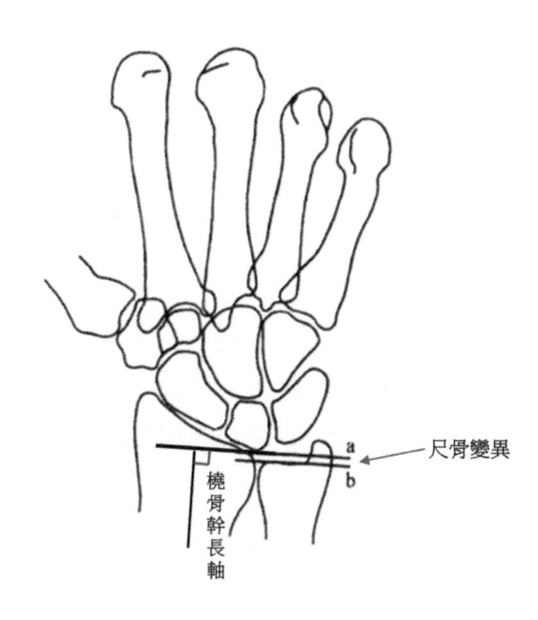

直線 a 為通過橈骨遠端尺側點的水平線，直線 b 為通過尺骨遠端腕關節面的水平線，直線 a 和 b 之間的垂直距離為尺骨變異。如果直線 a 位於

直線 b 的遠端，稱為尺骨負向變異，測量值用負數表示；如果直線 a 位於直線 b 的近端，稱為尺骨正向變異，測量值用正數表示；如果直線 a 與直線 b 重疊（即尺骨遠端關節面與橈骨遠端關節的尺側緣平齊），稱為尺骨中性變異。尺骨變異通常為負值，意味着尺骨遠端短於橈骨遠端關節的尺側緣，平均為 -0.6 毫米。如尺骨正向變異（即尺骨遠端長於橈骨遠端關節的尺側緣）超過 5 毫米，具有手術指徵，因為在這種情況下，尺骨頭會反覆衝撞三角纖維軟骨、月骨和三角骨近側關節，而引起尺腕關節退變。

威威：老師，請問腕部的三角纖維軟骨盤損傷應如何診斷？又如何處理呢？

老師： 下尺橈關節間隙正常為 0.5 至 2 毫米，三角纖維軟骨尖端附着於尺骨莖突下隱窩，其底邊附着於橈骨遠端尺骨切跡邊緣，此一聯繫與下尺橈關節韌帶共同維持了下尺橈關節的穩定性。腕部旋前旋後時，尺骨小頭始終穩定在其生理位置上，只是橈骨遠端環繞尺骨小頭進行旋轉活動。

如患者腕部有急性的外傷史，或急性期過後，腕尺側有持續性的鈍痛，尤其在手掌支撐體重、擰毛巾等動作時加重，外觀又見尺骨小頭向腕背側高突，壓痛明顯，活動時合併彈響，這種傷患大多是三角纖維軟骨複合體損傷，很少只是單獨傷及三角軟骨盤。

三角纖維軟骨複合體是一個以三角纖維軟骨為核心的軟組織複合結構，它將尺腕關節與遠橈尺關節隔開，使彼此不相通。此複合體包括三角纖維軟骨、掌側橈尺韌帶、背側橈尺韌帶、類半月板、尺側側副韌帶以及尺側腕伸肌腱的腱鞘。

類半月板是位於三角纖維軟骨尺側的一個類似膝關節半月板的結構，它主要的功能是連接三角纖維軟骨的尺側和尺側腕關節囊。在三角纖維軟骨的掌側緣和背側緣各有一條韌帶行走，分別為掌側橈尺韌帶和背側橈尺韌帶，兩者分別起自橈骨乙狀窩的掌側緣和背側緣，共同止於尺骨的莖突和莖突下隱窩，其厚度為 3 至 4 毫米。掌側的尺月韌帶、尺三角韌帶和尺頭韌帶均有一部分起自掌側橈尺韌帶，防止尺骨向背側移位。

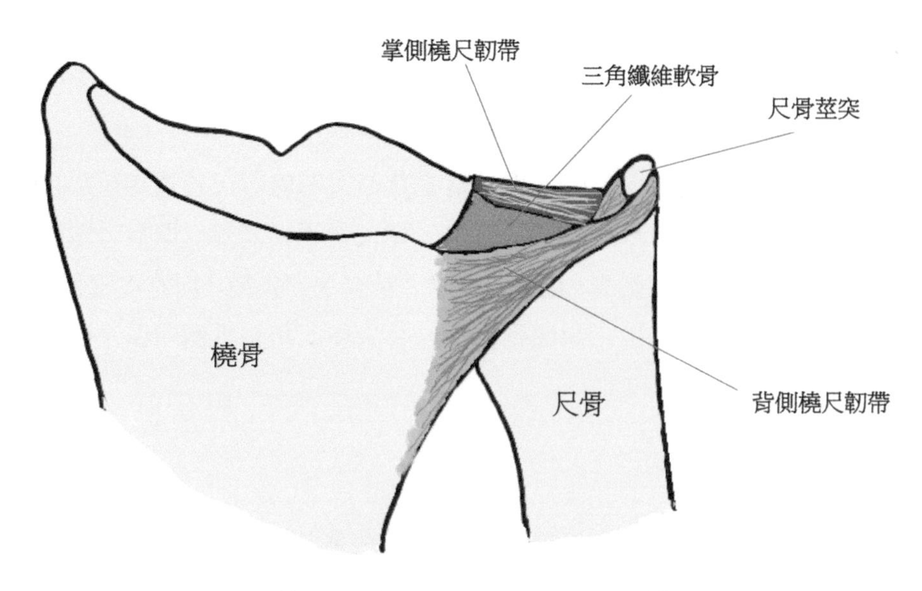

腕關節三角纖維軟骨複合體解剖結構

檢查時壓痛點多在尺骨小頭，更為確切的按壓部位應是尺側屈腕肌腱背側、尺骨莖突掌側的軟組織凹陷部位，此部位是尺骨莖突下隱窩的體表投影，所以又稱為「隱窩徵」。如疼痛劇烈，表明有三角纖維軟骨複合體損傷，再作腕部尺傾擠壓，疼痛會加重。

治療方是用拇指按壓翹起的尺骨小頭，其餘四指托扶橈骨，即可復位，再理順筋肌，患者即感腕部輕鬆異常。然後用有鋁片的護腕托予以固定制動，新傷一般固定三至四週。局部制動可對損傷了的韌帶、滑膜、關節囊的修復癒合起積極作用，加上外敷、內服、針灸及適度推拿按摩、薰洗等。

不過我想強調的是，三角纖維軟骨盤復位容易，固定困難，加上中央部分血運差，所以以上種種治療方案，只能消除三角纖維軟骨盤以外、其他組織損傷而引起的症狀，一般來說，對損傷的三角軟骨盤的完全修復、癒合，及根治是非常困難的。這類損傷可以纏擾經年，甚至可能成為病者終身的疾患。所以對於症狀明顯、屬於比較嚴重的情況，經保守療法治療日久而無效者，可以考慮作腕關節鏡微創手術治療，來修補或重建三角纖維軟骨複合體。

威威：謝謝老師寶貴意見！

醫事討論十五

男人心慌慌——前列腺問題

小梅：我友的先生最近因前列腺增大以致夜尿頻繁看醫生，醫生囑咐他側臥，並將一隻手指放進他的直腸進行檢查，共做了十次。每次醫生皆用食指從肛門插入，按序從外向上向內向下地按壓前列腺，同時囑他作提肛動作，使前列腺液排出尿道口，並即小便。醫生說檢查手法亦是治療手法。

她有以下疑惑：

（一）十次這樣的治療，肛門的括約肌會否變得鬆弛？直腸前壁會否受損害，增加感染機會？

（二）這手法是否適合任何前列腺病的治療？治療效果最好／快／最合適？

（三）各人手指有長短，是否每人的食指都能觸摸到患處？

（四）當手指插入肛門、直腸，是否不能直接觸及前列腺，只能從直腸前壁間接觸到前列腺後面？若患處有發炎／脹腫痛，再加按壓會否使病情加劇？

（五）服中藥不是較穩妥嗎？

（六）按／灸／針以下穴位可否有幫助？

針衝門、會陰、關元、中極、陰陵泉、三陰交，灸氣海、太衝、公孫、太溪、三陰交、陰陵泉、靈骨、大白。有尿道疾病配壓足 4、5 趾縫間壓痛點、或壓小趾腹下痛點。

老師：前列腺距離肛門很近，一般來說，食指長度已足夠從肛門觸摸到前列腺。食指伸入肛門，能夠從直腸前壁間接接觸到前列腺，雖然隔着直腸指診，亦可以大概了解到前列腺的大小、軟硬度及有無硬結等情況。但這只不過是一種檢查方法，然而後來則發展為按摩療法，甚至有人認為按摩療法的治療效果可超過抗生素。

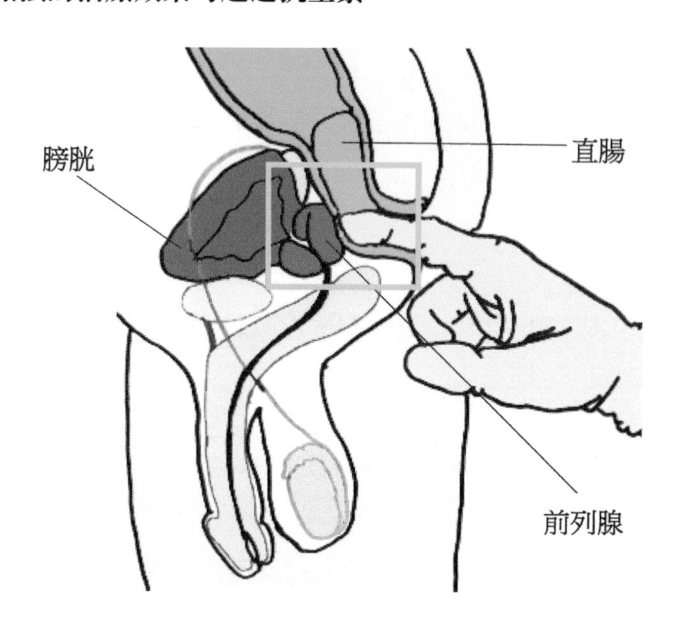

不過近年發覺，前列腺按摩療法並不能帶來很好的效果，且這個療法屬於侵入性，有相對的健康風險；如周邊有痔瘡、肛門瘻管等，更會引起敗血症。

其實中醫中藥及針灸療法，對治療慢性前列腺炎都有效果，可取穴：前列腺穴（會陰至肛門中點）、會陽、腎俞。針刺會陽、腎俞可溫補腎陽、清利下焦濕熱，因為會陽、腎俞均屬足太陽膀胱經，而腎又與膀胱相表裏，故針刺此兩穴可通經活絡、調補腎氣。會陽穴針法，宜用 3 寸長針直刺，使針感強烈放射至會陰部，出針前強烈提插三至五下，對治療前列腺炎效果也不錯。

Apple：老師，各位師兄師姐……學妹想請教，前列腺癌可以做保健按摩嗎？我須要留意什麼？什麼部位可以做？什麼部位唔可以做？請指教。病人 82 歲，患前列腺癌令到鉀指數低，無力行走。家族有癌症病史。

振強：可做腳底按摩。

時芬：如果不是自己家人，最好別按。

兵哥：陳教授上課時曾經講過，疼痛有兩種，一個是肉體，一個是精神。而這個病人得到 Apple 師姐的精神治療，身體上的疼痛就會改善，往後的日子一定開開心心地過。所以師姐是學弟學習的榜樣。

Apple：兵師兄……太抬舉了。

老師：請各位同學多給予意見。

綺雲：做華佗夾脊。

小曾：針灸對治療癌症有幫助嗎？

小安：但我有點疑惑，針灸或推拿是否會令癌細胞更加速擴散呢？

老師：癌症病人可否推拿或針灸，正反雙方爭論多時，未有共識。

有些醫家認為，針灸推拿對初期癌症的治療及防止其進展，都能起到很好的效果。通過針刺、推拿按摩、手法點穴等方法，刺激某些治療癌症的反射區、穴位、經絡、異常痛點、反射點、原始點等，而達到將身體的毒素排出，控制癌細胞的蛻變，把癌症扼殺在萌芽階段。只要刺激到位，就能軟堅散結、活血化瘀、排除毒素、疏通經絡、平衡陰陽、調理臟腑，而達到治癌的理想效果。

但有些醫家則認為，癌症病者除了有看得見的癌瘤外，血液及淋巴液中也帶着很多游離性癌細胞在全身走動，如用針灸方法，可能會刺穿體內網膜、血管及淋巴管，而引起不必要的擴散。指壓、按摩、推拿更要不得，腫瘤是經不起壓力的，這種治療方式只會加速癌細胞擴散增長，而危及生命。

以上所言，皆各自表述，並未經確實統計研究。

我個人認為，無論推拿及針灸，如果拿捏得好，都會有以下效果：

（一）改善臨床症狀、延長生存期
（二）鎮痛
（三）減輕化療、放療的不良反應

其作用機制為：

（一）免疫調節
（二）活血化瘀
（三）抗脂質過氧化損傷
（四）抗骨髓抑制
（五）抗化療藥物的腎臟毒性
（六）對胃腸功能的保護作用

但必須強調，我個人對用針灸治癒癌症腫瘤毫無把握，但利用針灸治療癌症引致的疼痛，反而累積了一些經驗。惡性腫瘤患者通常會出現疼痛症狀，疼痛特點為持續時間長，呈進行性加劇，主要是由於癌組織向周圍浸潤性生長，侵犯了神經組織，或侵犯了神經末梢非常豐富的骨膜組織引起。另外，癌細胞使腸道、胃脘等空腔器官梗阻，造成張力增高；或者癌組織感染、潰瘍、壞死，都會引起疼痛。

中醫認為，癌性疼痛皆因氣滯血瘀、痰凝、經絡痺阻等病機引致，不通而痛。日久邪盛正虛、氣血虧虛，不榮而痛。治療原則為調和氣血，以通止痛。在這方面，針灸確是一個行之有效的止癌痛方法。而且我個人經驗所得，針灸對減輕化療及放療的不良反應，亦確有頗佳的效果。

手術切除、化療和放療是目前治療惡性腫瘤的主要手段，但過程中引起的胃腸反應、噁心、全身虛弱、小便灼痛、失禁、腹瀉、脫髮等副作用，不僅增加患者痛苦，還影響治療計劃。針灸對上述毒副反應確有不錯療效，甚至病人完成整個化療後，遺留的全身不適反應及手腳麻痺等臨床表現，針灸也能對之有極大的改善。

當然在推拿或針灸時，都應遠離腫瘤處，以免癌細胞受壓擴散；同時，亦應將擴散風險先向病人及其家屬交待，以免日後爭執。

威威：請教老師，我們經常所講的前列腺素，是否由前列腺分泌的呢？女性沒有前列腺，又是否沒有前列腺素呢？

老師：前列腺是男性包繞着尿道和射精管交匯處的一個腺體，它分泌一種鹼性液體，是精液的組成部分，有利於精子的活動。

男性的精液中，前列腺素含量最多，但這些前列腺素主要並不是來自前列腺，而是在精囊腺，只是因為前列腺素最早被發現是存在於精液中，當時以為這一物質是由前列腺釋放的，因而定名為前列腺素。而且，不僅男性體內有前列腺素分泌，女性的子宮也有分泌；再者，不僅男、女生殖器，人體內的腦、心、肺、腎、胃、腸等許多其他組織器官，也產生前列腺素。

威威：前列腺素又有什麼作用呢？

老師：前列腺素不像其他典型的激素那樣，會通過循環擴散到細胞外液，並以無線通訊方式影響遠距離靶組織的活動，而只是在局部產生和釋放，對產生前列腺素的細胞本身、或對鄰近細胞的生理活動發揮調節作用。歸納起來，有以下幾點：

（一）促進精子的生長成熟；

（二）促進子宮收縮（分泌過多會引致痛經，可應用於足月的引產或人工流產）；

（三）促進黃體酮的分泌（有利於妊娠）；加速黃體酮的溶解（可能引致流產）；

（四）有對抗胰島素及高血糖素的作用，可治療哮喘、胃腸潰瘍、休克、高血壓及心血管等疾病；

（五）增加毛細血管通透性，因而可能和炎症反應的出現有關；

（六）可能有抗癌作用，但還須在實踐中進一步驗證。

威威：謝謝老師！

醫事討論十六

崗上肌肌腱撕裂的症狀及後遺症

病案：

MR LEFT SHOULDER (PLAIN SCAN)

CLINICAL INFORMATION:
Contusion.

PROTOCOL:
Axial : PD INT FS / GRE
Sagittal : T1 / PD INT FS
Coronal : T2 / PD INT FS / 3d (0.7mm)

MR FINDINGS:
Substantial edema is noted at rotator interval, with buried outline of the proximal superior glenohumeral and coracohumeral ligaments (SGHL and CHL) suggesting severe inflammatory change and interstitial injury. There is obliteration of the subcoracoid fat triangle, which is replaced T1 hypointense, T2 heterogeneously hyperintense inflammatory change. The hyperintense inflammation extends to the middle (MGHL) and inferior glenohumeral ligament (IGHL) and the latter is markedly thickened. The inferior joint capsule is very much thickened with edema especially the posterior side, which extends to the posterior band of the IGHL. The maximum thickness measures up to 0.6cm. Overall features suggest severe adhesive capsulitis involving rotator interval, subcoracoid space and inferior axillary pouch.

The supraspinatus tendon is very much thickened with almost full thickness PD hyperintense edema, sparing the thin intact bursal side. The involved segment measures I.4 x 1.2 x 0.6cm (medial-to-lateral x anteroposterior x thickness), suggesting severe partial tear (~80%) and tendinosis. Trace amount of reactive effusion is found at subdeltoid and subacromial bursa. There is mild edema at the musculotendinous unit but no muscle atrophy or tear is identified.

COMMENTS:
1. Severe partial tear of the supraspinatus tendon (~80% of the tendon thickness) involving the musculotendinous unit. Severe subscapularis and infraspinatus tendinosis is seen.
2. Adhesive capsulitis with inflammatory edema at the rotator interval, subcoracoid space, SGHL, CHL, MGHL, IGHL and inferior joint capsule. The latter is thickened measures up to 0.6 cm. Only trace amount of effusion is found in the axillary pouch.
3. Tear of the superior labrum extending to biceps anchor with further anterior and posterior extension compatible with SLAP.
4. Intact intracapsular biceps tendon. No subluxation of the extracapsular segment.
5. Subcortical geodes at the humeral footprints of subscapularis and infraspinatus tendons indirectly suggesting shoulder impingement.

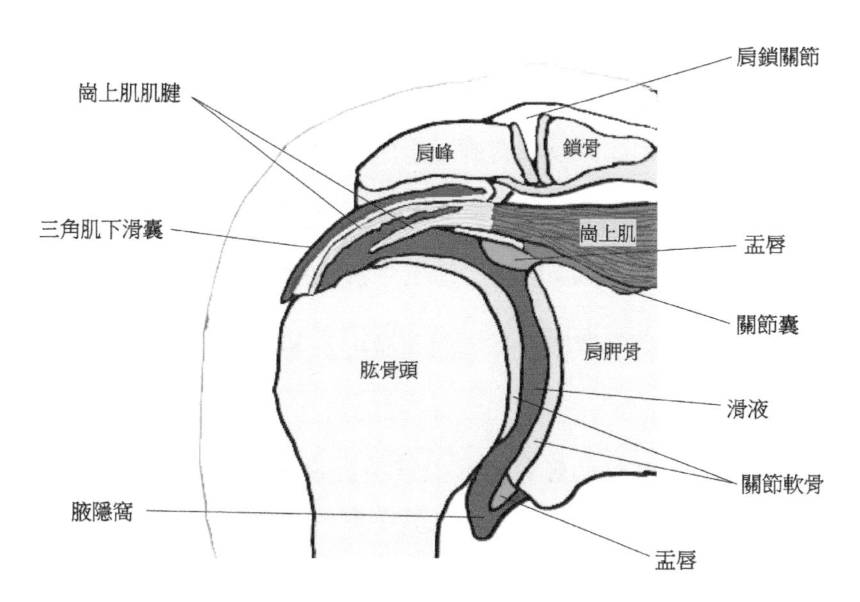

崗上肌肌腱部分性撕裂伴深纖維的分層和回縮

祺裕：請問老師及師兄姐，以上的個案，肩關節崗上肌肌腱撕裂了 80%，但患者沒有疼痛，沒有功能障礙，只有肩關節向後時有拉扯感，是否一定要做手術呢？請賜教。

老師：觀乎患者崗上肌肌腱已撕裂 80%，剩餘的 20%，你看有多薄，稍有差池就會完全斷裂。

崗上肌是肩袖肌的一個重要組成部分，其作用是使肩外展、外旋。當肩部作外展運動時，首先它要收縮而起動肱骨頭，拉向肩胛骨，並使其固定在關節盂來形成支點，協同三角肌使上臂外展。尤其是上臂 30° 以內的外展，是由崗上肌收縮來完成的。故此，當崗上肌肌腱完全斷裂時，無論三角肌肌肉有多強大，上臂也不能外展。如果讓患者作兩臂向側平舉的動作，損傷的一側只有聳肩和身體向健側歪斜的姿勢，而患臂卻達不到平舉的高度。雖然，有時仍可以見到上臂少於 30° 的外展活動，實際上那不是崗上肌收縮令到肩關節外展，而是由肩胛胸壁關節的活動，使上臂出現的外展而已。

崗上肌肌腱撕裂，肩部或多或少都會有功能障礙。（如肌腱撕裂，患者肩部的被動運動正常，但是主動運動範圍會受限制。）至於該個案患者主訴肩部並無疼痛，相信只是就診當刻而已。因為肩袖損傷撕裂，疼痛

是會反覆發作的，通常為夜間疼痛，且無法向患側躺睡。常見症狀為肌肉無力，有時卡住不動，以及摩擦有聲。崗上肌的主要功能是外展、外旋上臂，及固定肱骨頭於肩胛盂，所以崗上肌肌腱裂傷，會導致肱骨頭外展時的不穩定，及降低手臂至中途時突然快速垂下。

祺裕：老師，未照 MRI 前，如何得知崗上肌肌腱撕裂呢？

老師：評估崗上肌肌腱撕裂傷，有幾個測試可供參考：

（一）落臂試驗

患者採坐姿，並幫助患者外展上臂稍為超過 90°，再讓患者自行逐漸降下患臂。若患者不能慢慢地降低其手臂，或是在中途時突然落下，則表示崗上肌嚴重撕裂甚至斷裂。

（二）外展肌力抗阻測試

測試時下垂患臂，再作外展抗阻測試，看看肌力如何。崗上肌肌腱撕裂，患臂力量會減弱；如嚴重撕裂或斷裂者，甚至會完全失去外展手臂的能力。

（三）倒罐試驗

讓患者將手臂水平伸直並向前 30°，再將拇指向下，如倒罐裝汽水狀，然後將手臂向上推。如患者崗上肌嚴重撕裂或斷裂，則患臂難以維持在水平姿勢、並向上推或／及與醫者抗力。

（四）平行移動試驗

如患者手臂被動外展 90° 後，卻無法自行維持平行地面而移動，則顯示崗上肌嚴重撕裂或完全斷裂。

祺裕：請問老師，一般有何治療方法呢？

老師：一般治療方案主要有三：

（一）保守療法

包括針灸、外敷、內服中草藥、物理治療、西醫處方口服消炎藥物等。

（二）注射類固醇（只可短期發揮止痛效果，但可能會使肌腱脆變，最終要接受手術修補。）、透明質酸等。

（三）手術治療

1）內窺鏡手術

利用含縫線錨釘將撕裂的肌腱修補。

2）傳統開放直視手術

若撕裂面積過大、完全斷裂或需要較複雜的手術（如肌腱轉移術），便要安排及接受傳統的開放性手術。

祺裕：那麼，這個案是否一定要做手術呢？

老師：不甚嚴重的不完全斷裂、而且是新近損傷者，可將肩關節在外展 90° 前屈 30° 外旋 30° 的體位上，用上肢外展架固定六至八週，但這種固定方法已不常用，更不適合用於已斷裂 80% 的肌腱。若你提問的個案，患者不是老人家的話，看來手術治療是較佳的選擇，可以盡快恢復到正常的活動和工作。

以上意見僅供參考，一切都要結合臨床、主診醫生的意見、患者的年齡及意願，都是手術的指標。

威威：中醫治療這類損傷有效嗎？

老師：中醫治療一般都是採取一雙手、一根針、一把草為原則。除非崗上肌完全斷裂或嚴重撕裂達 70% 以上（尤其是年輕並且須要運動量大，及從事粗重工種的患者）才須要做手術，否則都是以保守療法為主導。對於慢性患者，可在其肌腱抵止點及其周圍，用推拿理順、按壓復平等手法，無論對損傷的肩袖肌或退變的肩關節，都大有好處，一定能減少損傷的後遺症。針刺穴位可取肩三針、提肩、肩貞、天宗、臂臑、曲池、條口透承山、阿是穴等，對恢復損傷的肩關節功能也大有幫助。內服藥物早期可用桃紅四物湯，中期用桃紅四物與獨活寄生合劑加減，後期可主用獨活寄生湯加減。

陳醫師：請問各位同學，「提肩」是什麼意思？請指導下我。

老師：煩請各位同學回答此問題。

威威：「提肩」是指肩胛提肌穴位（肩井）？

添丁師兄：我也認為「提肩」是提肩胛肌起止點，但有沒有新穴名稱，還請老師指教。

標叔叔：我推測「提肩穴」可能是下圖箭尖所指的地方。肩胛提肌起自 1-4 頸椎的橫突交叉，止於肩胛骨內上角和肩胛骨脊柱緣的上部，故我猜是指它們交叉處的地方，請問老師是否正確？

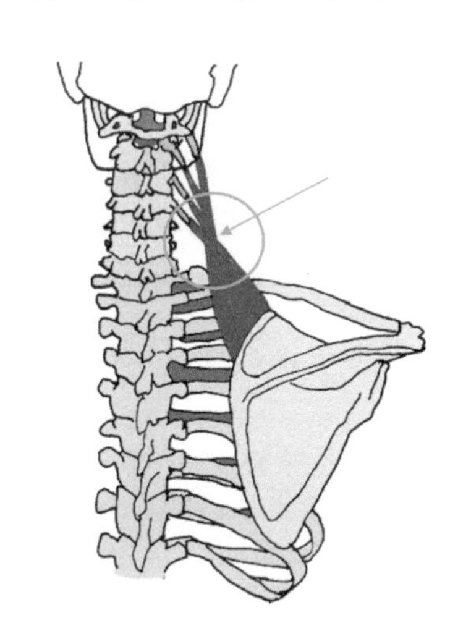

陳醫師：👍👍👍

老師：「提肩」不是在箭嘴所指處。提肩又稱提肩點，在肩井穴外開 1.5 寸處，屬經外奇穴。

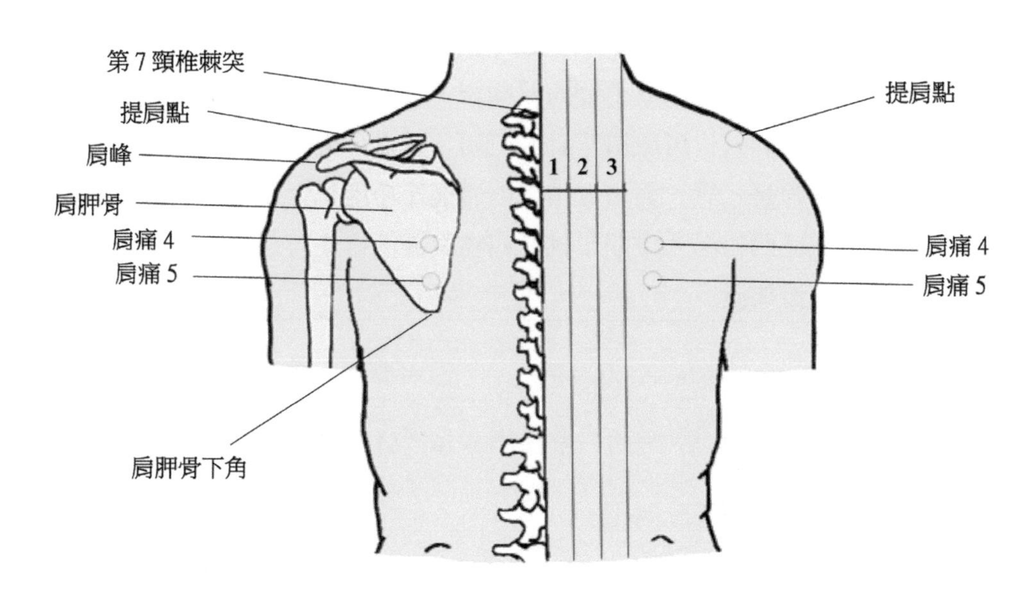

針刺此刺激點通過之組織層：皮膚、皮下組織、斜方肌及肩胛上神經。

肩胛上神經纖維源於第 5 及第 6 頸神經根，此神經來自臂叢上幹，向外斜行通過斜方肌及肩胛舌骨肌下方，到達肩胛骨肩胛切迹。此切迹被肩胛上橫韌帶覆蓋，組成骨性纖維孔，肩胛上神經通過此孔進入崗上窩，支配崗上肌。此神經繼續環繞彎曲而游離的肩胛崗外側緣，到達肩胛崗關節盂切迹。該切迹由肩胛下橫韌帶覆蓋，也組成一骨性纖維孔，神經通過此孔進入崗下窩，支配崗下肌。

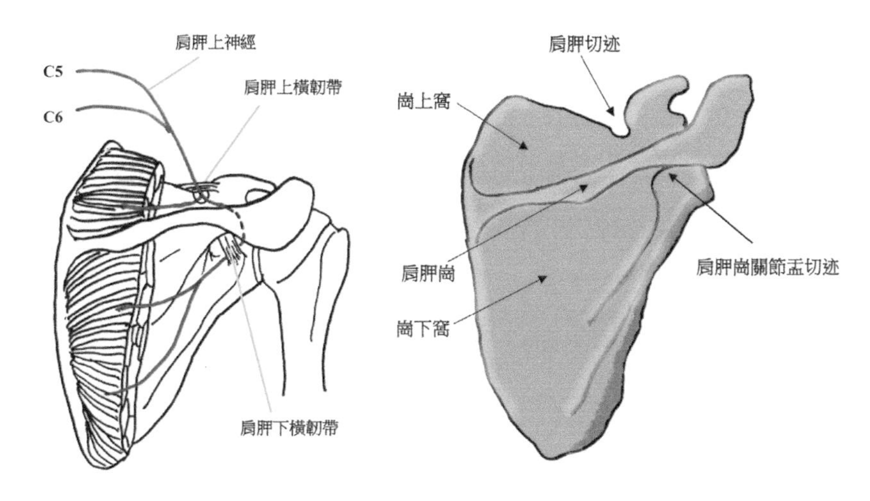

分佈至崗上肌和崗下肌的肩胛上神經

當該神經損傷時，崗上肌和崗下肌會癱瘓並萎縮，肱骨頭呈半脫位，肩外展、外旋無力。排球運動員由於在扣球時會極度揮動手臂及減速，容易損傷該神經而呈現上述症狀，所以也有稱這種臨床表現為「排球員肩」。如刺激提肩點，可強化上提上臂作用。

添丁師兄：老師，謝謝您傳授奇特知識！提肩穴用刺針可留針嗎？要刺中肩胛上神經而施針或神經周邊？刺 1 寸可以嗎？

老師：可留針。刺中神經得氣強勁，針刺周邊亦有效果，不用強求。1 寸以內是安全的……

君君：謝謝老師深夜教學 🙏🙂

Apple：老師……多謝你細心教導……但你小心自己身體……你又咁夜休息……😨

添丁師兄：謝謝老師的四更課程 🙏🙏🙏

祺裕：感恩老師在百忙中都付出時間，去詳細分析這個案。自離學院後，只能在書本上增加學識，感恩有這平台，能夠繼續得到老師的教導及提點，實在是我的福氣。不單只我們可以受益，我們的個案患者亦能受惠，因為得到老師提供分析，不會延誤患者的病情，是病人的福祉。感激不盡！

醫事討論十七

肝腎虧虛——骨質疏鬆

小平：我母近日以雙能量 X 光吸收儀（DXA）檢驗骨密度，結果 T 值：腰椎為 -3.0，股骨 Wards 區為 -2.4，醫生診斷為嚴重骨質疏鬆，要在診所打一支 RANKL 抑制劑（Denosumab），收費三千多元，效果可以維持半年。打咗這枝針，醫生叫佢半年內避免剝牙、種牙、洗牙，預防感染，因為有機會發生顎骨骨枯，不過佢話只要小心避免就會無事嘅。

醫生同我講，佢需要有彈跳性的運動，例如跑步、跳繩，急步行唔算呀！所以明天開始我希望有時間可以陪佢出去緩步跑 😅😂 我同醫生講，我阿媽跑唔到呀，佢叫我陪佢跑十五分鐘啦。醫生要佢每天吃維他命 D，報告話佢嚴重缺乏 Vitamin D。醫生好幽默的說笑，我阿媽一定用咗啲好靚嘅護膚品 😂 佢話佢防曬 sunblock 做得太好，所以無曬到太陽，記得叫佢出街時不要將自己包到密晒 😆 佢講中晒，yes he is right ！我阿媽真係唔想曬黑，尤其係面部，佢貪靚吖嘛，唔想個面有任何嘢，我點都要想盡辦法保住佢塊面……

而我剛從網站看到，針灸能夠作為長期應用、毒副作用小、療效確切的預防及治療骨質疏鬆方法，是真的嗎？

老師：未知大家有何高見、或有另類療法提供？請踴躍提出，共同進步 😀

淑華：請觀看顧小培博士的 YouTube 節目《小培解百病》《抗骨質疏鬆 逆齡增骨質 全靠兩種保健食品！》（https://youtu.be/IQB515Q9JmU），看看有沒有幫助。

小平：睇完該有關骨質疏鬆的短片，顧博士的比喻十分仔細，但我個人有點笨，所以覺得有點複雜 🤪😅 我還是喜歡大家淺白的講解。請問大家，從中醫方面有什麼可以幫到我媽嗎？ 😊 麻煩你們了 🙏

林醫師：個人認為中醫治療骨質疏鬆，除補腎藥外，食物如黑豆、黑芝麻都得。非藥食方面仲要多曬太陽，吸取陽氣令骨堅固。另要充足睡眠，因有研究顯示，睡眠不佳與骨質疏鬆有關。從中醫角度，腎主骨，所以有骨質疏鬆者慎房事，以保腎精腎氣，還要避免飲太多碳酸飲品。

鴻偉：同意！有個經歷和大家分享，我玩毅行者運動十幾年，有位隊友剛 30 歲出頭，非常愛飲汽水，每次操山不帶水，只帶 1.25 公升汽水，操練完還要補飲，一路維持這個習慣。第二年春節前他踢波，跌倒時手撐地受傷，即時去急症室，發現肩關節骨折，還碎開，醫生也覺很奇怪，年青人很少這樣，一經檢驗，發現嚴重骨質疏鬆，令我印象非常深刻，都是少飲汽水為佳。

美美師姐：早晨！運動也很重要 💪，每朝早運動及曬太陽☀多食黃精及芝麻丸 😋

系蘿：同學媽咪打這枝針沒有副作用已很好，我的同事打了，全身起了嚴重斑疹，全身骨痛，人水腫，晚上睡不到，肝酵素高，要入醫院住了三天，沒藥可食。醫生話只可靠病人自己散藥氣，所以要小心打此針。

小強：請問老師，治療骨質疏鬆症藥，應該會強化骨質，為何會引致骨枯呢？

老師：每種藥物都有其副作用，治療及預防骨質疏鬆症的藥物，可能會引致下頜骨（又名下顎骨）壞死，雖然罕見，卻是非常嚴重的副作用。

下頜骨壞死最常見於侵入性牙科手術（如拔牙之後），初期可能沒有任何症狀，直到幾週或幾個月之後，骨頭可能暴露、疼痛、神經病變、紅腫化膿、口臭。見於下頜骨會比上頜骨機會多些。

治療骨質疏鬆藥物的作用機理，大多為抑制破骨細胞的破壞及吸收骨質功能，這類藥物吸附於骨質表面、骨質吸收活躍處，通過減少破骨細胞的前體細胞的發育和募集，加速破骨細胞凋亡，來降低破骨細胞的活性。在正常的骨重塑中，骨質的吸收和骨質形成是有所關聯的，骨質的吸收會驅動骨質的形成，因此當骨質的吸收減少，骨質形成也會相對減少。藥物減少骨質形成，可能是抑制骨吸收的間接影響。

由於藥物抑制骨質轉換和重塑，可能損害身體修復頜骨微骨折的能力，引致下頜骨壞死。用口服骨質疏鬆藥患者，發病的機率為 0.001%-0.01%，但如以靜脈注射，骨枯的機率會大增，尤其靜脈注射以治療癌症骨轉移的病人，則會增至 1%-10%。

Ada：老師，何謂 T 值呢？

老師：世界衛生組織的診斷標準，以綠色代表正常骨密度（T 值 >-1），黃色代表骨量缺少（T 值介於 -1 至 -2.5 之間），紅色代表骨質疏鬆症（T 值 <-2.5）。

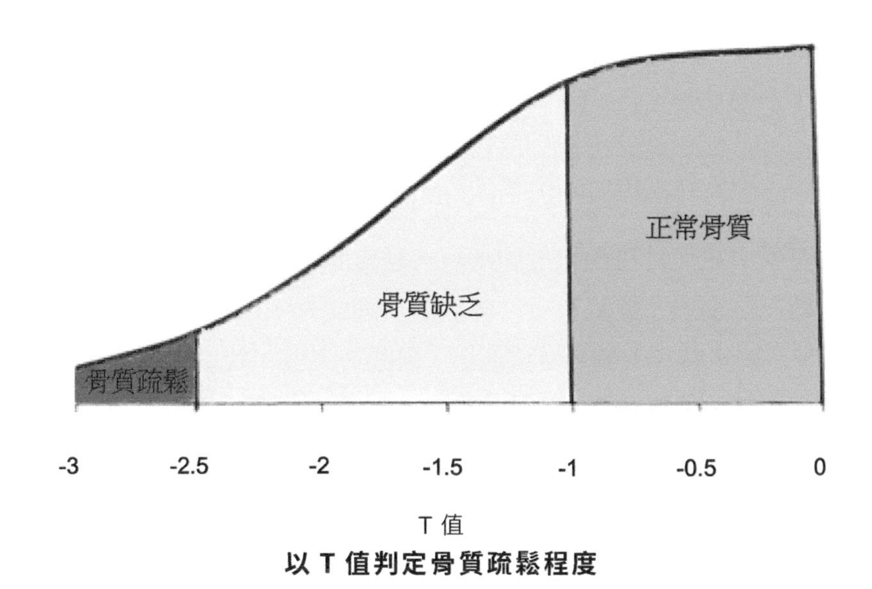

以 T 值判定骨質疏鬆程度

所謂 T 值，乃是與健康、相同性別及 30 歲之成年人的高峰骨密度值進行比較而得。

威威：此病例中所提及的 Wards 區 T 值為 -2.4，究竟 Wards 區在哪裏呢？

老師：Wards 區，又稱 Wards 三角或 Wards 三角區。股骨頭頸有三種不同排列的骨小樑系統：一是由股骨距走向股骨頭負重區，是承受主要壓力的骨小樑系統；一是起自股骨距下方，向外上止於股骨大粗隆的次要壓力骨小樑系統；另一個是股骨頸上部承受張力的主要張力骨小樑系統。在這三個系統交叉的中心形成一個三角形，這個區域即 Wards 三角區，是一個非常脆弱的區域，為股骨頸骨折的好發部位。

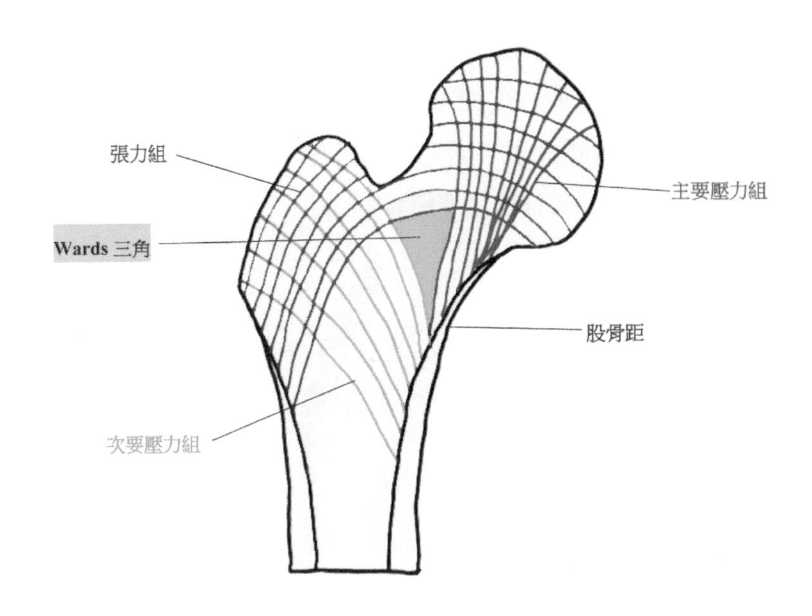

少雄：老師，中醫對治療骨質疏鬆又有何見解呢？

老師：中醫學中並無骨質疏鬆症的病名，通常將其歸屬於骨痺、骨枯、骨萎等範疇。《素問・痿論》：「腎氣熱，則腰脊不舉，骨枯而髓減，發為骨痿。」腎主骨、生髓，腎精虧損，則腰脊失養，致痠軟無力，其痛綿綿，遇勞更甚，逸則減輕。

針灸療法具有安全、有效、經濟、便利等特點，因為能夠緩解疼痛以改善患者生活質素，所以可應用於治療骨質疏鬆。治療原則應以補腎為主、兼以補脾，可取穴足三里、三陰交、關元、腎俞、脾俞、太谿、大杼、大椎、命門、懸鐘、膈俞等穴，交替運用，隔日一次，三個月為一療程，兩個療程後再覆檢，相信骨質疏鬆程度應有所改善。

小平：謝謝黃永浩老師 😊

祥威：不少老人家都有骨質疏鬆症，謝謝老師講解 🙏

威威：老師、各位醫師、師兄、師姐，我有一牙醫朋友，他有些病人注射了以上的補骨藥，引致顎骨骨枯，而替病人脫牙時，很多時引致顎骨骨折。他想問有關骨枯問題，中醫如何處理呢？

老師：在中醫理論來說，腎主骨、肝主筋，肝腎充足則骨頭不容易壞死。可考慮服食左歸丸或右歸丸，左歸丸補腎陰不足，右歸丸補腎陽不足。陰虛，即是由於陰液不足、陰虛生內熱所致，主證為低熱顴紅、手足心熱、盜汗、口燥咽乾、尿少而黃、大便秘結、舌紅無苔、脈細數。陽虛，即是由於陽氣不足、陽虛生寒所致，主證為畏寒肢冷、倦怠無力、自汗、小便清長、大便溏薄、苔白舌質淡、脈細無力。所謂上有天王補心丹、下有六味地黃丸、左歸丸、右歸丸、治你前鑼鍋、後駝背……（症狀如骨質疏鬆）。可考慮在用西藥（整體而言，其效益仍然大於風險）期間，亦服中藥，中西醫結合，或許可防止下頜骨壞死。

至於針灸方法，可取大杼（骨會）、陽陵泉（筋會）、膈俞（血會）、絕骨（髓會）、三陰交（肝脾腎三經交會之處）、腎俞、命門、肝俞等穴。平日做多些運動如太極、八段錦等，都是有所裨益的。

以上只是本人一己之淺見，還請牙科大醫再尋大德，諮詢賢能，勿以吾言為終極，幸甚！😀

威威：多謝老師 🙏

醫事討論十八
脊柱裂與骨折

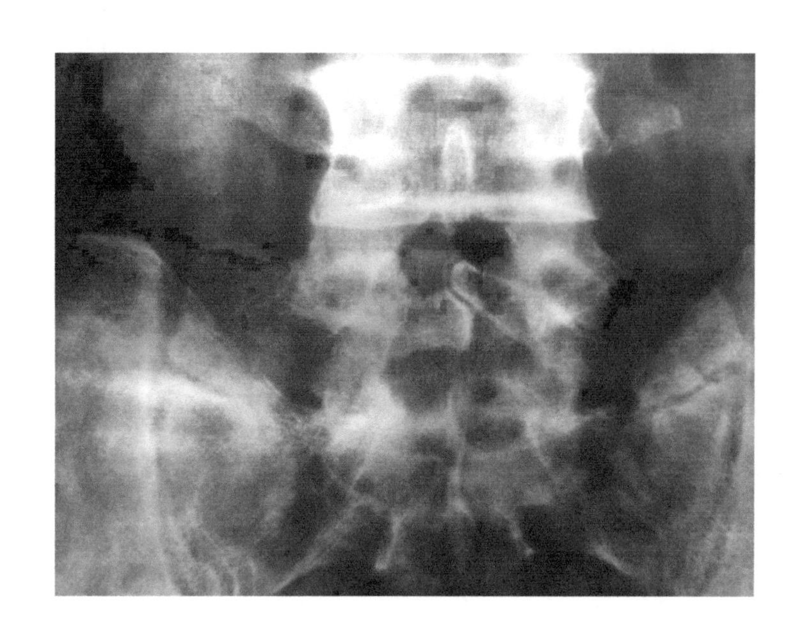

小平：請問老師、師兄、師姐，上圖脊骨是否有不癒合？

老師：請各位同學多發表意見，無論高見、低見，這樣才能共同進步！就算助教、各大醫師、資優同學已給了標準答案，大家亦可以作些補充，或給個讚，以示支持、鼓勵👌👏👍

鴻偉：看來是椎板骨折，成因似是重力撞擊，致向上移位，及不能癒合。可能患者有骨質疏鬆、椎弓峽部裂的病史，因為無傷到神經，所以只產生輕微病症，遲了醫治的結果。我只是「老作」，請老師及眾前輩賜教。

雪娥：請問患者是男性或是女性呢？年齡？資料不詳，患者有何病史？

老師：但你提出的問題，與這張 X 光片的判讀是沒有必然關係的。

君君：如果是骨折的話，骨折位置應會參差不齊，但 X 光片中，棘突位置裂的邊緣比較圓滑，不像是受暴力作用而產生的骨折。

鴻偉：因這不是新症，起碼一年以上，所以骨折位變得圓滑。

威強：我也認為是腰 5 椎弓板骨折，棘突也偏歪了（會否因受強大扭轉動作而產生？）。右側腰大肌有勞損鈣化跡象。

君君：這好像是先天性脊柱裂。脊柱裂又分隱性及顯性：隱性脊柱裂僅有椎板裂隙，或椎板、棘突同時裂開，或椎板比較大範圍缺如，棘突也不存在，但無椎管內容物向外膨出；如有內容物膨出，則為顯性。但從這張 X 光片所見，棘突只有裂縫，我推斷應為隱性脊柱裂。如為顯性脊柱裂，在出生時已發現到了（見下圖）：

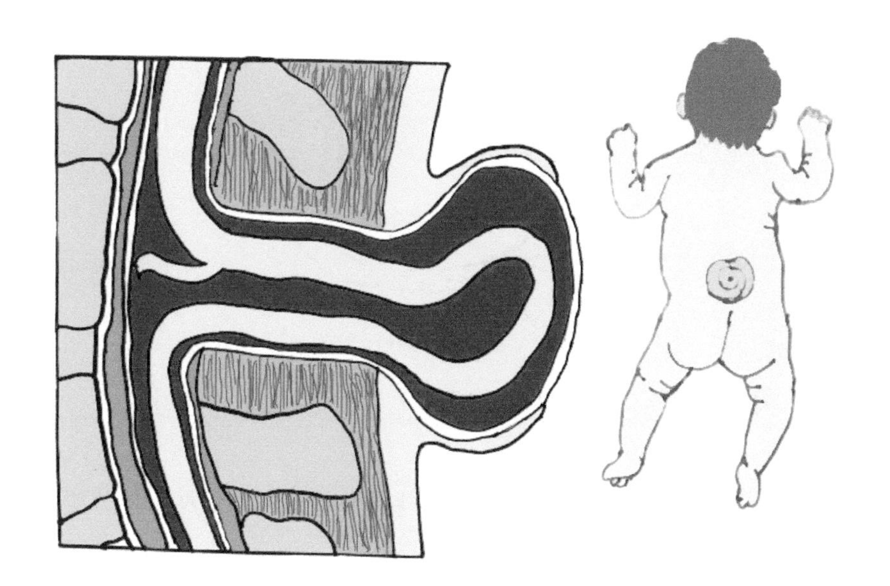

如果是棘突骨折，就一定要有很大的創傷力量才能造成，如果創傷那麼大，就不止是棘突損傷，其他椎骨位置都有可能裂開了。以上為學妹之愚見，若有不同意見，歡迎學兄學姐提出和指點。

盧師兄：雖然我唔明，但係我覺得小師妹講得很有道理！

老師：君君對 X 光片所見而提出的見解，確有其見地，我略作補充。

脊柱裂是一種神經管道缺陷，是指脊柱椎弓裂開或脊柱關閉不全，見下圖：

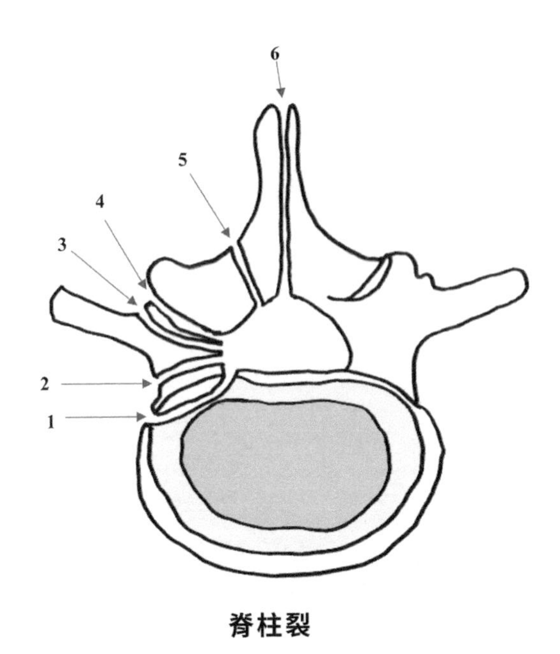

脊柱裂

1、2：椎體後部裂　3、4：椎弓部裂　5：峽部裂　6：正中裂（棘突裂）

如是顯性，其臨床表現多為脊柱裂區域以下肌肉無力，甚至癱瘓，感覺缺失，消化系統及大小便控制障礙。

一般來說，脊柱裂會按其損傷程度分為三種：

（一）隱性脊柱裂：在一個或多個脊椎骨有裂口，通常為椎弓正中裂或棘突裂。其裂口可呈斜行走向，無臨床意義，可歸類為椎弓發育異常，但無脊髓或脊膜經椎骨裂口處膨出，脊髓無明顯損傷。

（二）脊膜膨出：腦脊膜通過椎骨上的裂口形成包囊，但脊髓未受損，缺口可修復，不損傷神經通道。

（三）脊髓脊膜突出：脊髓的一段從脊骨後部椎板及／或棘突缺如處突出，包囊上只覆蓋着皮膚，有些病例甚至暴露出神經組織。這種脊柱裂必須盡快修補起來，但術後仍常合併有水腦症，出現智力及動作發展遲

緩，雙下肢無力，感覺異常，二便困難或失禁，嚴重時終身要坐輪椅，無法自行走路。

以上所提供的資料，僅供學術探討。事實上，中醫骨傷科門診所見大多是隱性脊柱裂患者，而且更多是無意中發現，並無明顯臨床症狀。

小新：既然隱性脊柱裂在臨床上多見，老師可否談談這方面的知識呢？

老師：如在胚胎期軟骨骨化中心或骨化中心缺乏，致使兩側椎弓在後部閉合不全，即形成脊柱裂（又稱脊椎裂）。如果只有脊椎骨的缺陷，而沒有椎管內的組織從裂口向後突出，就稱為隱性脊椎裂。好發於腰 5 至骶 2，骶骨後部可全部裂開，也可以為一窄縫，整齊或不整齊。在此種畸形中，椎板變形，棘突短小或游離、或缺如。因棘突是肌肉、韌帶重要附着點，當出現此缺陷，部分肌肉、韌帶附着力量減弱，從而使腰骶段脊柱的穩定性減弱，容易造成下腰部疼痛，但症狀一般並不嚴重。

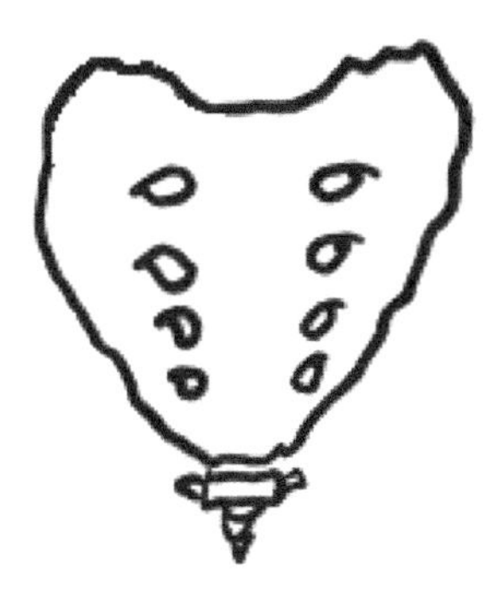

a) 正常骶椎

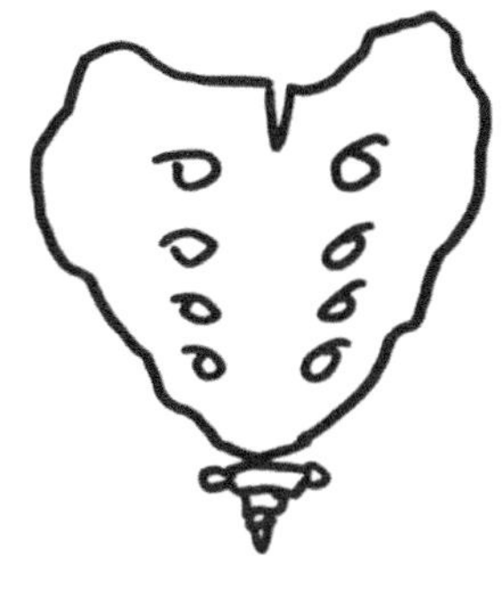

b) 骶椎隱性裂 I°，僅有一窄縫。

c) 骶椎隱性裂 II°，裂縫明顯增大。

d) 骶椎隱性裂 III°，裂距 > 椎管左右徑 1/2，棘突游離。

骶椎隱性裂示意圖

根據 X 光片，臨床上將腰骶椎隱性裂分為三度：

I°：棘突發育不全，兩側椎板間僅有一窄縫。

II°：棘突缺如，兩側椎板明顯分開。

III°：棘突與大部分椎板缺如，其裂隙距離超過椎管寬度的 1/2，同時常伴有游離棘突。

隱性脊柱裂是一種非常多見的先天性脊柱畸形，發生率約為 10%，一般不認為它是一種病，因為很多人一出生就存在這個缺陷，但一向沒有什麼症狀，也不知本身脊柱存有畸形，只不過往往因為體檢或其他疾病而拍攝 X 光片，才無意中被發現。

一般來說，隱性脊柱裂並無明顯腰痛症狀，但是由於行走該處的肌肉和韌帶缺乏附着點，腰骶部的穩定性自然會減弱，易產生慢性勞損的腰痛，表現多為痠脹疼痛，症狀並不嚴重。但若伴有游離棘突者，常在彎腰時因棘突刺激硬膜，可造成硬脊膜痛，痛勢較劇。在病變的局部皮膚，常可見色素沉着和較多的毛髮或小的凹陷，及壓痛點，但腰部並無明顯外觀異常及功能障礙，一般不需特殊治療，只按腰肌勞損處理便可。用一雙手、一根針、一把草治療方法，及經常作腰背肌的適當鍛鍊，以加強肌力，多能使症狀減輕或消失。

威威：老師你所謂在臨床檢查時所見的背部皮膚常有色素沉着、生毛，是什麼一回事呢？可否用圖像描繪表達一下？

老師：背部出現不尋常的毛髮（甚至如畜牧之神的鬍子）、脂肪瘤、胎記或牛奶咖啡斑，表示可能有潛在之神經系統或骨骼疾患（如脊柱裂）。但請注意，如腰背部表面沒有以上所說的情況，也不代表脊骨骨骼一定正常；反之，如出現以上的情況，也不能表示脊骨一定會出現問題（雖然背部出現以上情況，大多數都會有脊骨問題），一切應以 X 光片顯示為準。

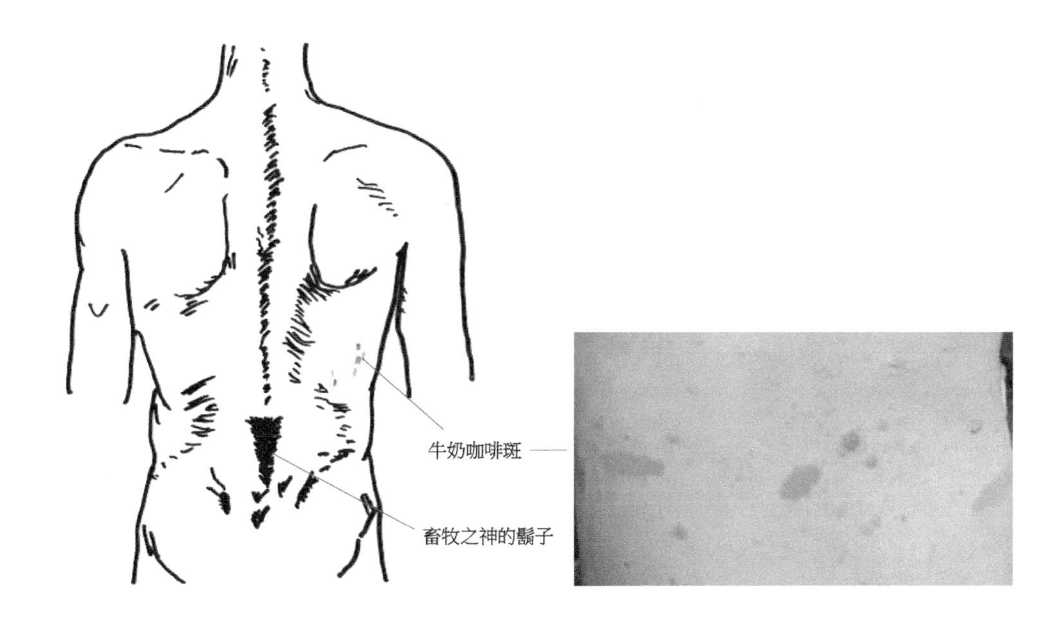

君君：請問什麼是牧畜之神的鬍子？

老師：請助教、各大醫師、資深及資優同學代答。

蘇醫師：畜牧之神的鬍子說的是希臘神話的一個故事。潘（PAN）是畜牧之神，是德律俄珀女神的兒子。他出生時便有羊腿、羊角，下巴長着長長的鬍鬚。他的母親一生下他，就被他的樣子嚇跑了，反而他的父親赫耳墨斯看到兒子，非常高興。他抱着兒子去到光明的奧林匹斯山的眾神面前，眾神為之欣喜不已。但潘沒有與眾神同住在山上，反而在遠離奧林匹斯山的高山密林中居住，吹奏着蘆笛放牧畜群。他美妙的笛聲經常吸引很多女神聚攏在他身邊而跳舞。

（題外話，傳說潘喜歡搞惡作劇，他常常躲在隱蔽處，突然跳出，用醜陋的面目把路人嚇得魂不附體，還會發出怪異的叫聲，令人毛骨悚然，膽戰心驚，這種恐懼感就稱為「潘神之懼」（Panic fear），而英語單詞 panic 就源於此。與 panic 相關的常見短語是 panic attack，意思是「恐慌症發作」，表示人突然感到極度恐慌。）

君君：多謝蘇醫師講古。

兵哥：準盧醫師，細心，留意，知微見著。骨折的特徵，在平片上骨的連續性或骨皮質的破壞，稱為「骨折」。因為只得一張平片，不能肯定脊柱裂。平片上見到有化白及腰大肌陰影，代表患者有腰背痛和僵硬。而隱裂臨床特點：患處有毛或是皮膚較深色，年幼時尿床較長。如果可以有一張全腰平片較清楚肯定，因為學弟的愚見，覺得腰椎骶化。更正一下，骶椎腰化，即六節腰椎。

君君：多謝師公教導。

老師：腰椎骶化為腰 5 椎體同化為骶椎，骶椎腰化表現是骶 1 在外觀上成為一個獨立腰椎。若不能確定為骶化或者腰化，可以要求病人拍全腰片，就較為清楚。若仍不能確定為骶化還是腰化，則可簡稱為移行椎。所謂移行椎，就是當頸、胸、腰、骶尾各段在相鄰的椎骨具有另一段的特徵，其中腰骶段發生率較高，約 10%左右。在腰骶段的移行椎，主要表現為腰椎骶化和骶椎腰化兩種。

腰椎骶化是第五腰椎的一側橫突或兩側橫突過長，或增大成翼狀，與骶骨形成假關節或相融合，腰椎數目變成「四」個；骶椎腰化為第一骶椎外側部與骶骨分開，變為腰椎的形態，即成為「第六個」腰椎。這兩種畸形均以單側較雙側多見。由於此種不對稱形成，可引起腰部運動不協調，而導致慢性腰痛。這種畸形使到腰骶部疼痛的原因是：

（一）過長的橫突與骶骨翼的摩擦，形成滑囊炎；

（二）過長的橫突與髂骨形成假關節，容易造成創傷性關節炎；

（三）過長的橫突與髂骨、骶骨之間空隙減少，對局部的韌帶、筋膜等軟組織產生刺激。

單側腰椎骶化比雙側腰椎骶化所造成的腰痛更為劇烈，因一側的固定，致使另一側的活動度增加，則易發生創傷性關節炎。下腰部疼痛一般在勞動後或運動後明顯，休息後減輕。由於腰椎骶化可使脊椎運動失去動態平衡，同時加重了腰 4、5 椎間盤的負擔，易產生腰 4、5 椎間盤組織及關節突關節的退行性病變。

骶椎腰化遠較腰椎骶化為少，但其出現可使骶棘肌、諸椎間韌帶的張力減低，脊椎穩定性減弱，引起慢性的腰骶部疼痛。一般採用保守療法，積極進行腰背肌鍛鍊，可增強肌力，再配合一雙手、一根針、一把草治療，症狀多可緩解。

威威：請問老師，這個病人究竟是「四」個腰骨或「六」個腰骨呢？

老師：如要確切瞭解是腰椎骶化或骶椎腰化，應照一張前後位的腰部 X 光平片。在無肋骨數目變異的情況下（腰 1 有時有短小的肋骨附着，應予以鑑別），根據第十二肋骨附着位置，就可定為第十二胸椎，繼而可定位第一腰椎。如果第五腰椎和骶椎相融合，即為腰椎骶化；但如五個腰椎結構正常、清晰可見，而骶椎出現第「六」個腰椎徵象，即為骶椎腰化。再者，在前後位 X 光片上，正常可見腰 3 橫突最長，腰 4 橫突上翹最明顯，腰 5 橫突最粗大，雙側髂嵴連線位於腰 4-5 棘突間水平。雖然同學傳來的 X 光片只見下腰部的一小部分，但只要根據以上資料，細心分析，可見這個病人的腰 5 雙側橫突肥大並呈翼狀，與髂骨形成假關節，應是腰椎骶化。

威威：多謝老師指教！

老師：下課了，我要與周公晨運！

醫事討論十九

眩暈——耳水不平衡？耳石症？

少瓊：我母親今年 70 歲，在家幫我帶孩子。一星期前起床時，突然覺得眩暈，景物不斷地旋轉，不得不躺下休息。休息一會，眩暈漸停；再起床時，眩暈又作，這次不敢躺下，閉目靜待分餘鐘，眩暈又停，才能勉強帶孩子上學。翌晚睡覺時，一躺下眩暈又作，分餘鐘後症狀又停。第三日晨起時，眩暈又再出現，但為時極短，不及一分鐘已停止。前日就診家庭醫生，診斷為耳水不平衡，配了些止暈、止嘔藥，服藥後感覺好多了，但是偶爾在躺下及／或起床時，仍會出現眩暈，為時較前短暫。請問老師及各師兄、師姐，中醫方面有何良方可治療耳水不平衡呢？

陳醫師：耳水不平衡以突發性、旋轉性眩暈為特點，並常伴有耳鳴、耳聾及噁心嘔吐等症狀，多由風陽上擾、痰濁阻逆或肝腎不足所致。臨床上單純虛證或實證者較少，虛實夾雜者居多，故治療宜祛邪與補虛並用，偏虛者宜補氣養血、滋補肝腎，偏實者宜鎮肝熄風、化痰祛濕。各型均應在辨證施治的基礎上，選加天麻、鈎藤、茯苓、澤瀉、葛根、白術、草決明、菊花、半夏等藥以提高療效。

老師：耳水不平衡（正式病名：美尼爾綜合症）的成因是內耳的耳水（內淋巴液）突然增多，導致前庭的毛細胞被壓歪，因而輸出錯誤的位置訊息，引致眩暈。而過多的耳水亦會壓迫聽覺毛細胞，引致耳鳴、耳悶塞的感覺，日久還會出現漸進性耳聾。通常有四個病徵：

（一）眩暈時有天旋地轉的感覺，並且持續二十分鐘或以上；
（二）伴有耳鳴；
（三）初期聽覺減弱，後期甚至耳聾；
（四）耳內有閉塞或耳脹感覺。

但根據同學所提供之病例的臨床表現及眩暈時間之短暫，並不符合耳水不平衡的症狀特徵，而且其母的眩暈模式，是在改變體位姿勢（躺下及

／或起床）時才出現，醫學上稱為「良性陣發性位置性眩暈」，俗稱「耳石症」。

小惠：老師，什麼是耳石症？可否詳細說明一下？

老師：在回答同學問題之前，我希望大家先了解一下耳朵的功能。耳朵除了提供聽覺，也能偵測頭部位置、動作及身體的空間位置感，對於軀體的平衡至關重要。

內耳的平衡部分稱為前庭系統，包括三個充滿淋巴液、互相垂直的半規管（分前半規管、後半規管和外側半規管，連結內耳前庭）和兩個腔——橢圓囊和球囊。各個半規管均呈弧狀圓柱形，直徑約 1.5 毫米，各自負責運動的不同平面。每一半規管的基部末端與橢圓囊相交通前，均呈膨大形成壺腹；在每個壺腹內都有纖毛、毛細胞及支持細胞構成的壺腹嵴；壺腹嵴有膠性物質覆蓋，呈舌狀，稱為「頂帽」。

當頭部轉動時，半規管內的淋巴液因慣性作用而相對地使「頂帽」彎曲，牽動纖毛，因而觸動毛細胞發出神經訊號，傳送到位聽神經（第八腦神經），然後經腦幹再進入大腦。經大腦分析後，就可得知跳芭蕾舞時腳尖站立地旋轉、舟車顛簸、或頭部向各方向搖擺等情況。由於三個半規管處於三個不同平面，所以能感受到任何方向的轉動。橢圓囊負責站立時的正確定向，球囊則主管躺臥時的平衡，兩者都感受到頭部不動的位置，也感受到如升降機起動（上下移動，由球囊感知）、或汽車加速時的運動（前後移動，由橢圓囊感知）。

橢圓囊和球囊的腔內都有平衡斑［一層包在膠凍狀物質（膠質膜）的毛細胞］，每個平衡斑都含有小鈣粒，稱為耳石。每顆耳石只有 20 至 30 微米，要在顯微鏡下才能看到。（魚類的耳石，中藥名為魚腦石，其體積就大得多。）

平衡斑（包含耳石）的主要功能是負責感測頭部的傾斜，及讓人體感應直線加速度，即使坐車打瞌睡，也能感應到剎車，就是因為耳石移動所傳遞的訊息。頭部移動時，耳石也會因為重力關係跟着移動，而刺激毛細胞的訊號接收構造，再藉由神經告訴大腦頭部的活動及位置。如耳石

由於疲勞、老化、外傷或其他不明的原因而從前庭剝落，移位到半規管的內淋巴液中，造成內淋巴液的不正常流動，就會影響平衡的功能。當頭部轉動或快速改變姿勢時，耳石更會在半規管內到處飄來飄去，使內淋巴液的流動產生更大變化，而眼睛為了協助平衡，就會跟着顫動，病人就會覺得天旋地轉，產生劇烈眩暈。

頭部正常活動時，也會使耳石和毛細胞活動。毛細胞有一些細小的纖毛突入膠質膜內，耳石的活動會牽動膠質膜內的纖毛，而使毛細胞受到刺激。毛細胞受刺激後，神經的脈衝令到第八對腦神經（位聽神經）的平衡支興奮。因此當頭部位置改變時，神經訊息會傳送到大腦，大腦則指示肌肉如何矯正身體的位置，使身體保持平衡及穩定。

橢圓囊平衡斑處於水平位置。頭向右傾斜時，平衡斑也向右滑動；頭向左傾斜時，平衡斑亦會向左滑動。球囊的平衡斑則處於豎直狀態。身體向上躍動，耳石會向下移動；身體向下移動時，則耳石上移。

耳石症是最常見的一種眩暈症，約佔眩暈成因的 1/3。因為發病與頭部活動的位置有關，所以耳石症也稱為「良性陣發性位置性眩暈」。

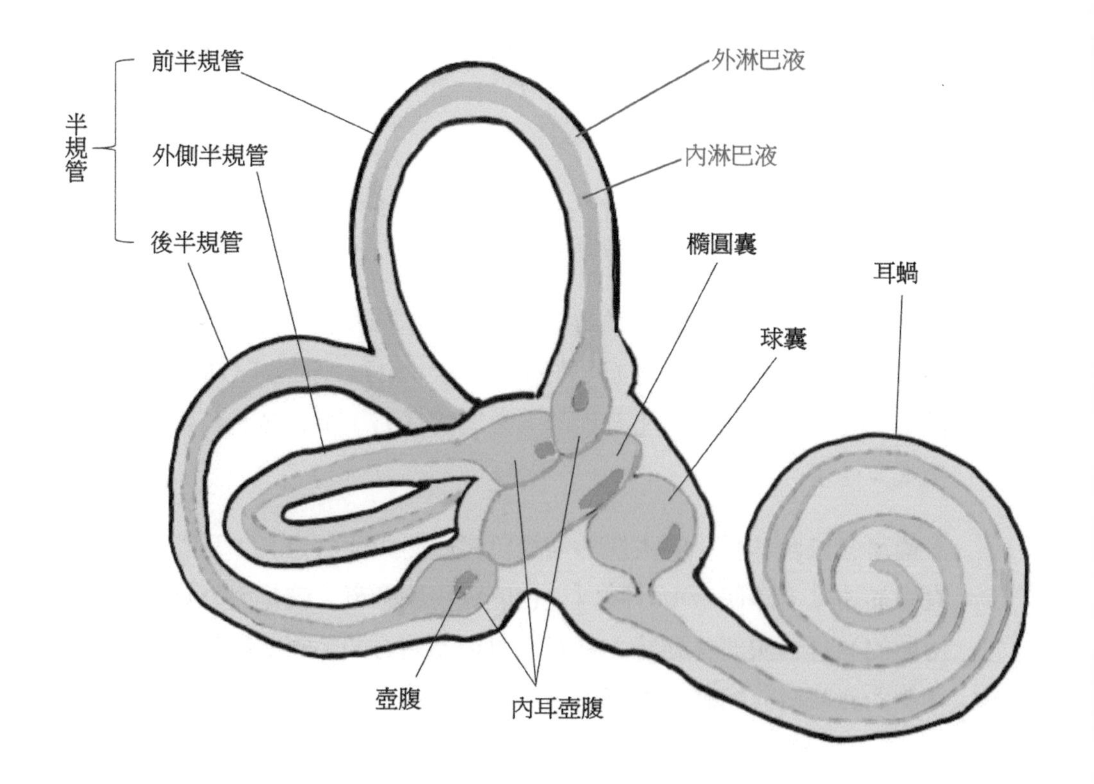

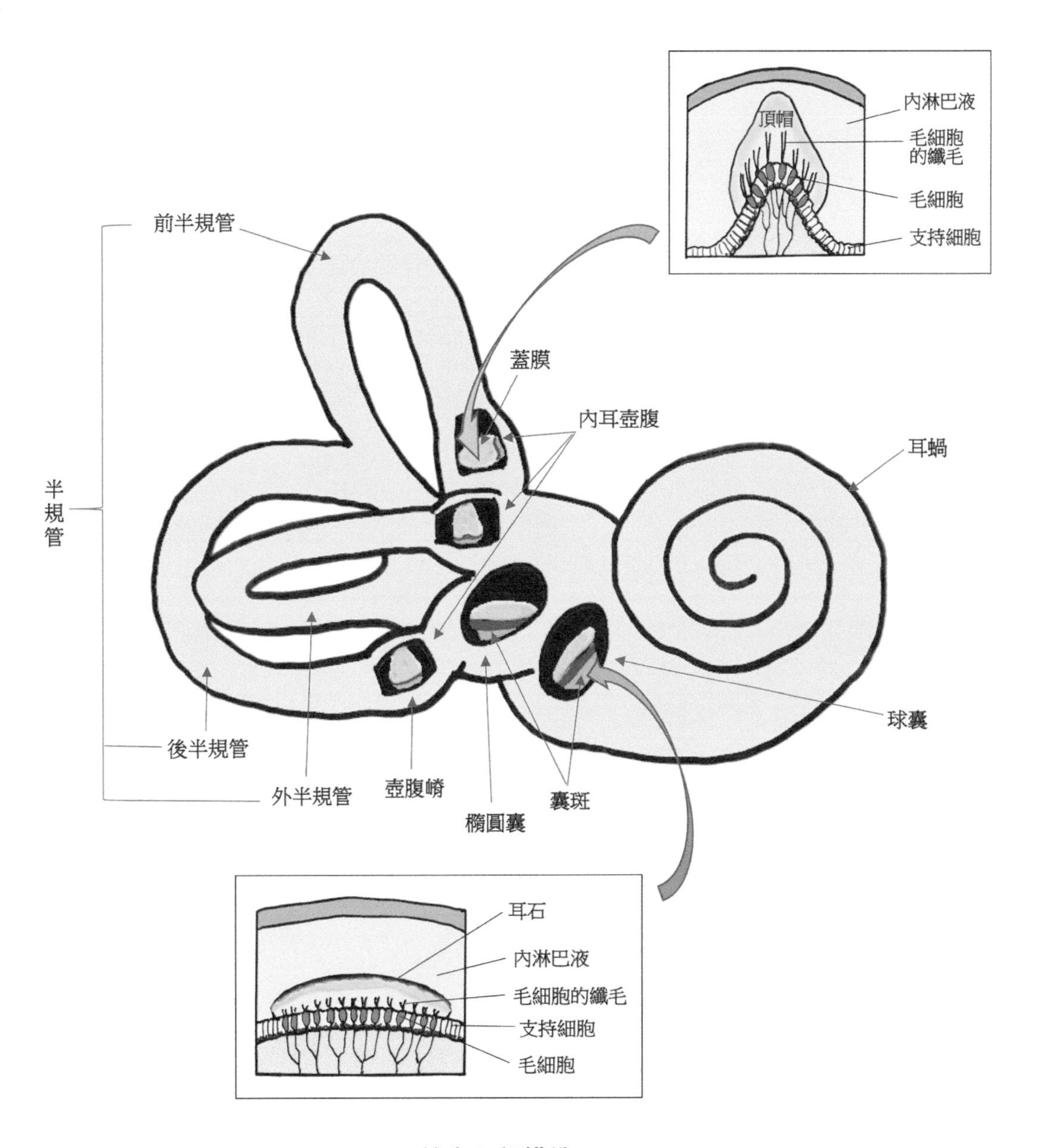
內淋巴液
頂帽
毛細胞
的纖毛
毛細胞
支持細胞
前半規管
蓋膜
內耳壺腹
耳蝸
半
規
管
球囊
後半規管
外半規管
壺腹嵴
囊斑
橢圓囊
耳石
內淋巴液
毛細胞的纖毛
支持細胞
毛細胞

前庭內部構造

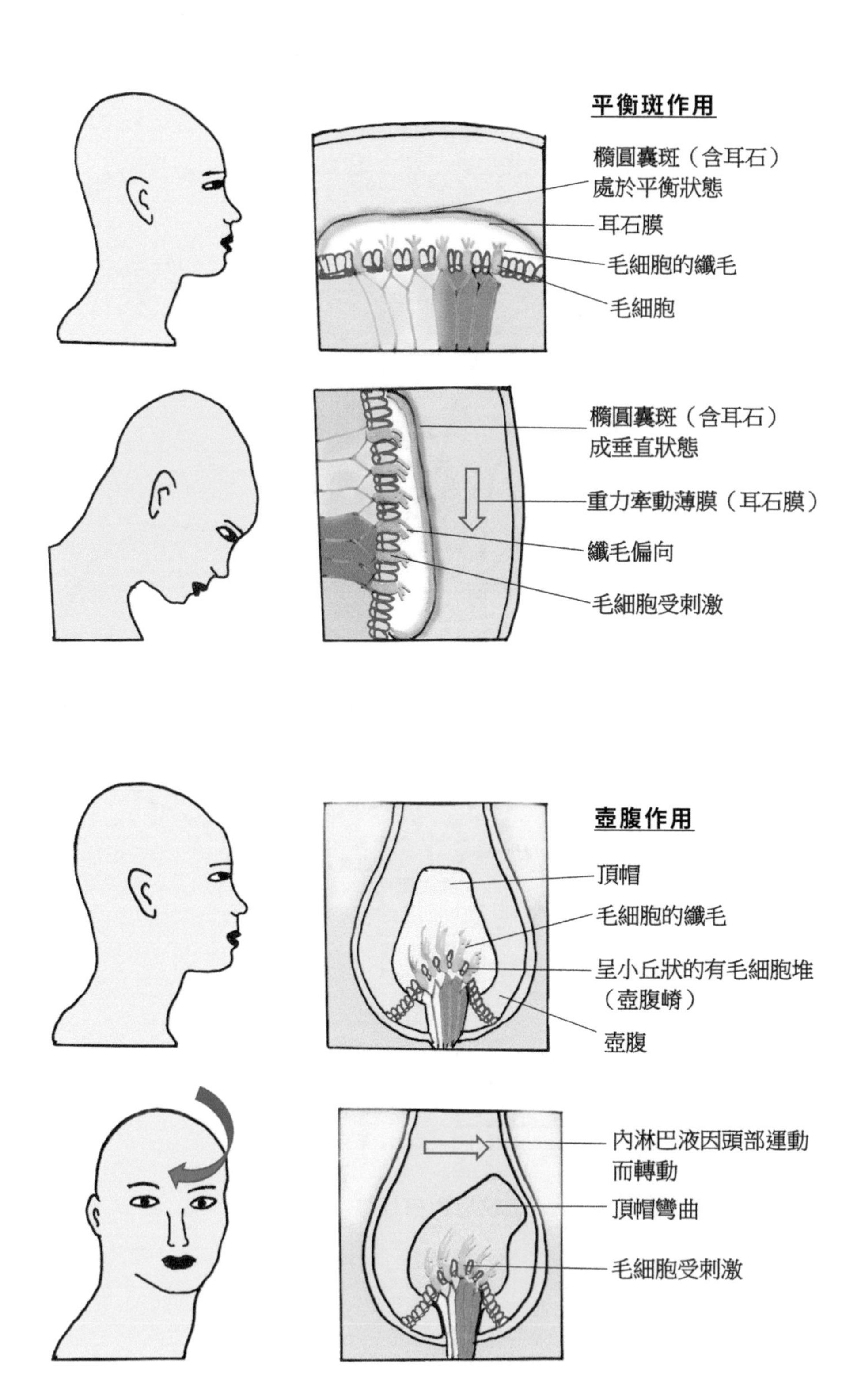
平衡斑作用
橢圓囊斑（含耳石）
處於平衡狀態
耳石膜
毛細胞的纖毛
毛細胞
橢圓囊斑（含耳石）
成垂直狀態
重力牽動薄膜（耳石膜）
纖毛偏向
毛細胞受刺激
壺腹作用
頂帽
毛細胞的纖毛
呈小丘狀的有毛細胞堆
（壺腹嵴）
壺腹
內淋巴液因頭部運動
而轉動
頂帽彎曲
毛細胞受刺激

小張：老師，耳石症發作時有何症狀呢？

老師：耳石症發作時，患者往往感到天旋地轉，或物體左右晃動，還可能出現眼球水平位顫動、噁心、嘔吐、心慌、出汗等。最常見就是在起床或／及臥倒時眩暈，向左或向右轉頭／身時加重，持續時間往往為數秒至分餘鐘。但無論眩暈如何劇烈，正常意識存在，也不會有耳鳴、耳聾等症狀，手腳肌力亦正常。

小平：那麼用什麼方法治療耳石症較佳呢？一雙手？一根針？一把草？

老師：西藥只能麻醉神經的傳導，使眩暈的感覺減低而已；而針灸及中藥只可熄風安神，不能主治此症。如果耳石還停留在半規管裏不斷「遊蕩」，眩暈的症狀就會反覆地出現，情況可能持續數星期、數月或數年。所以治療耳石症，要用手法讓耳石離開半規管，讓脫落的耳石重新回到橢圓囊裏面。

小張：老師，手法如何操作呢？

老師：耳石復位法（Epley 手法復位）（以耳石進入右後半規管為例）：

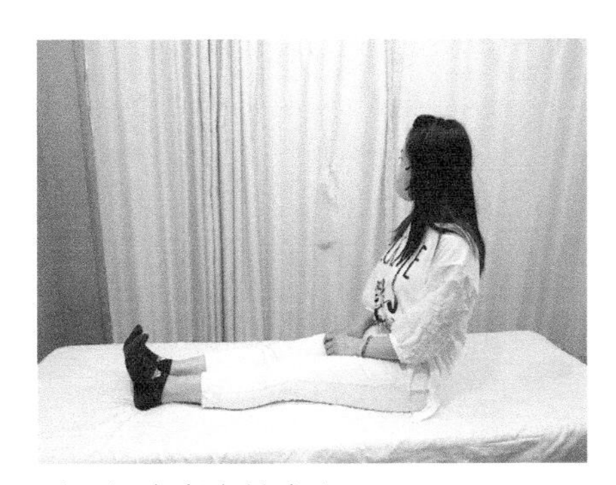

（一）患者坐於床上。

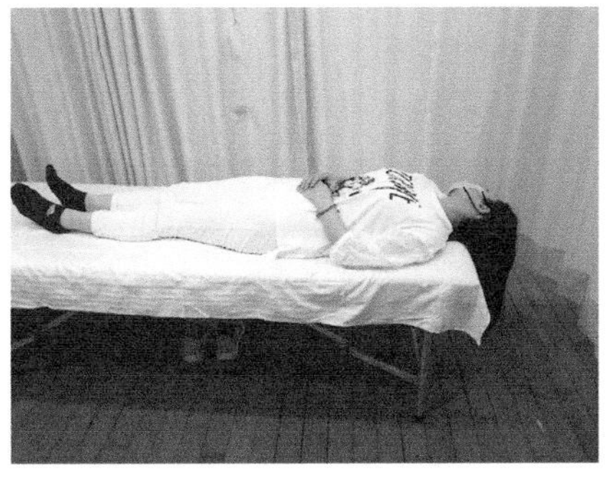

（二）頭向右轉 45° 快速躺下。

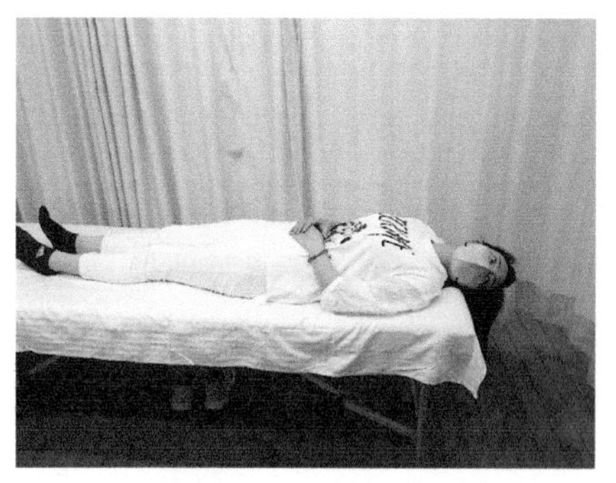

（三）身軀仰睡，頭部垂於床邊，後仰 30°，直至眩暈及眼顫停止，再停留三十秒。

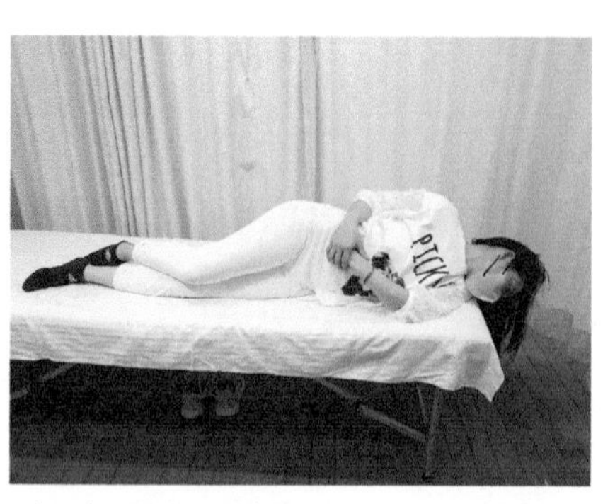

（四）頭向左側轉 45°，直至眩暈及眼顫消失，再停留三十秒。

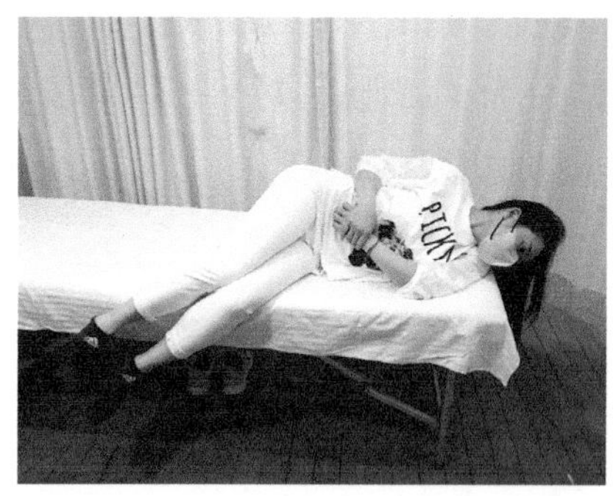

（五）保持頭部姿勢，身體向左側躺，眼望向地下，下頦向左肩，直至眩暈及眼顫消失，再停留三十秒。

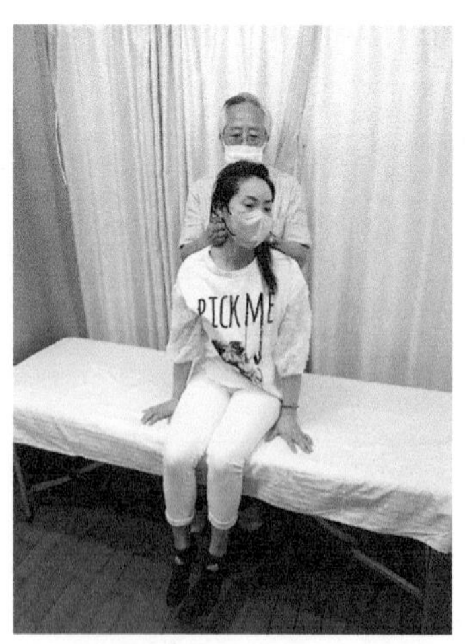

（六）雙腳垂於牀邊，頭部保持向左，緩慢地坐起，直至症狀消失，再保持此姿勢三十秒。

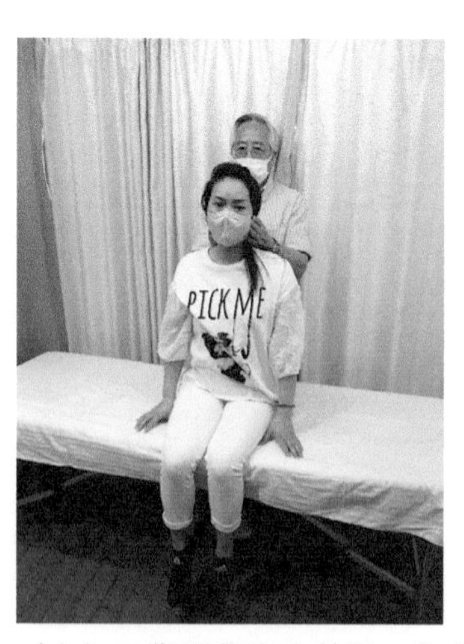

（七）回復頭部直向前望，完成手法。

通過上述手法，症狀是可以消失的。如手法過後症狀未完全受控，還感覺有少許眩暈現象，可能因為較大的耳石經已復位，然而有些小碎石還在滾動，造成不適，這個時候，只要重複復位手法兩、三次，一般可以收效。但有些病人病情頑固，症狀反覆出現時，療程可能須要數天至數星期不等。

張醫師：老師，透過手法治療後，病人是否還有什麼要注意的呢？是否就一勞永逸呢？

老師：耳石復位後，最重要的就是要避免它再次脫落，所以要吩咐病人，暫時避免駕駛汽車、頭部快速轉動或過大動作（如低頭洗髮或抬頭曬衣服）。睡覺時，躺下及起床的動作要放緩，及將枕頭墊高一點，並儘量避免躺向患側。正常情況下，耳石復位後，症狀消失就是痊癒了，是沒有特別後遺症的。至於還會不會再發生，是無法預測的，因為所有的疾病都會有重複出現的機會，雖然不一定會出現。

時芬：請問老師和各位師兄師姐，頸椎動脈型眩暈跟耳石症眩暈有什麼區別呢？

威威：耳石症有眼皮跳。

小雯：真會有眼皮跳嗎？

老師：椎動脈型頸椎病：椎動脈緊張試驗陽性。檢查方法：

以右側發病為例，囑患者後伸頸部，頭向左側轉動，左側的椎動脈會扭曲或扭曲加大，而使管腔變窄，血流量減少，這時可由右側椎動脈以代償性的血流量增加而彌補，不致造成腦組織缺血。假如右側椎動脈由於硬化、受到骨質增生的壓迫、或因椎骨關節錯位而引起管腔狹窄時，則不能代償性增加血流量，而導致基底動脈缺血的一系列表現，主要包括幾種情況：

（一）頭暈、頭痛，可伴有噁心、嘔吐、心慌。由於患者頸部後伸及旋轉時，產生基底動脈供血不足，引起眩暈，通常還伴有頭痛（頭痛多因枕大神經病變引起）。椎動脈分支枕動脈支配枕大神經供血，枕大神經缺血會引起其支配區頭痛，常為間歇性跳痛，從一側後頸部向枕部及半側頭部放射，可伴灼熱感或痛覺過敏。

（二）猝倒。患者常在轉頭時突然下肢無力而猝倒，猝倒後很快便能恢復意識並正常行走，這是本病的一個特點。

（三）視覺障礙。由於基底動脈缺血，導致大腦枕葉視覺中樞缺血性病變，可能會出現視覺減退、視野缺失，嚴重時甚至失明。

（四）由於椎動脈後方緊靠着頸神經根，同時橫突孔內除椎動脈和椎靜脈通過外，尚有交感神經叢，因此在椎動脈受壓迫或刺激時，神經根及／或交感神經亦可能同時受損，而出現頸肩臂疼痛、麻木等根型及／或交感神經型頸椎病症狀。

X 光檢查正側位、斜位及開口位，多見環樞關節間隙不對稱、骨質增生、上關節突突入椎間孔、間隙變窄、椎體前後緣增生、雙邊、雙突徵等。觸診大多是 C1 頸椎橫突左右不對稱。

而耳石引致眩暈鑑別要點：

（一）睜眼倒臥位置檢查時，會出現眼球震顫（不是眼皮跳）；

（二）有周期性發作特點；

（三）某一體位可造成眩暈，例如倒睡在床上立即出現短暫性的眩暈，維時數秒，但通常不超過一分鐘便停止，起床亦如是；

（四）沒有明顯頸部症狀、體徵及 X 光的改變。

時芬：多謝老師賜教！

醫事討論二十

醫林外史

蘇醫師：老師，請問《馬丹陽天星十二穴治雜病歌》：「三里內庭穴，曲池合谷接；委中配承山，太衝崑崙穴；環跳與陽陵，通里並列缺。合擔用法擔，合截用法截；三百六十穴，不出十二訣。治病如神靈，渾如湯潑雪。北斗降真機，金鎖教開徹。至人可傳授，匪人莫浪說。」其中有兩句：「合擔用法擔，合截用法截」是什麼意思呢？

老師：因為馬丹陽作此歌時，並沒有解釋這兩句的意義，所以留給後世人無限闡釋的空間。綜閱各論，有以下解說：

（一）補瀉之法

合、適合之意；擔為重擔、為補；截為阻截、為瀉。

（二）左右手推按提引之手法

《針灸問對》：「右手提引謂之擔，左手推按謂之截。擔則氣來，截則氣去。」

（三）治療病邪深淺之說

擔截法出自道教。道教武功用的兵器是劍和塵拂，塵拂即撣子，也寫作擔。用撣子時，即運用其馬尾以柔克剛，功力勝於用劍。因此在擔截法中，擔法是為治療臟腑病，截法則是在病邪行進的半途中予以攔截，當病情在表未入裏時，就被祛除掉或不能再循經發展。

（四）擔，指提法、瀉法；截，指按法、補法。

《針灸大成》：「補針之法……再推進一豆，謂之按，為截，為隨也」；「凡瀉針之法……退針一豆，謂之提，為擔，為迎也。」這個補瀉法論點，與第一點論據之補瀉法，意義上剛好相反。

（五）雙穴、單穴之法

《針灸問對》：「截者截穴，用一穴也；擔者二穴，或手、足二穴，或兩手兩足各一穴也。」

（六）擔截都是取兩穴

合即相合，有雙數之意，故合擔取兩穴，合截也是取兩穴，不過合擔取同側肢體，合截取雙側而已，身軀阻隔為截。

（七）同名穴法與同側相配穴法

擔法：十二穴中任何一穴，各取雙側同名穴位治療，如雙側曲池、雙側足三里。

截法：歌訣中同側兩相配者取穴，如三里配內庭、太衝配崑崙。

歷代對擔截法的解讀，眾說紛紜，故未能一一盡錄。但我個人認為，擔有挑擔之意，擔挑是有兩頭的，所以取兩穴；截是中間已被阻截之意，故取單穴，因此我比較認同明代汪機《針灸問對》所言（即前述第五點）。因為如果是補瀉法，馬丹陽道長實不用如此隱晦，只要直說「合瀉用法瀉、合補用法補」就清楚明瞭了。觀其為人，可將其經驗之十二穴奉獻世人，實不會再用含蓄的字眼混淆後人。

為了使大家容易理解擔截法的應用，我舉數例與大家分享（上下之分以臍為界）：

（一）如單側牙痛，取單側合谷為上截法；

（二）如雙側牙痛，取雙側合谷為上擔法；

（三）如胃痛，

1）取單側足三里為下截法；

2）取雙側足三里為下擔法。

（四）如胃痛嘔吐，

1）取雙側內關、足三里為上擔下擔法；

2）取單側內關、足三里為上截下截法；

3）取單側內關、雙側足三里為上截下擔法；

4）取雙側內關、單側足三里為上擔下截法。

擔，一般都是左、右側同經同穴而取（如兩側手陽明大腸經之合谷穴），可視之為「左右同擔」；如在上、下肢各取一穴，可稱之為「上截下截」；

但如上、下取穴於手足同名經（如手陽明大腸經及足陽明胃經），也可視為「上下同擔」。希望同學能在經絡學說指導下，把四肢常用穴在擔截法則中靈活運用，以能濟世活人。

小平：題外話，這位馬丹陽是否全真七子之一、金庸《射鵰英雄傳》男主角郭靖的師父呢？

老師：馬丹陽，漢族，金國人，原名從義，擅針灸，是道教全真派之創派祖師王重陽的首位弟子，入道後更名鈺，號丹陽子。大定十年（公元1170年）王重陽仙遊後，他成為全真道第二任掌門，與王重陽其餘六位弟子合稱北七真，金庸筆下稱之為全真七子（丹陽子馬鈺、長真子譚處端、長生子劉處玄、長春子丘處機、玉陽子王處一、廣寧子郝大通、清靜散人孫不二）。

金庸在小說《射鵰英雄傳》中描寫馬鈺遠赴大漠，用兩年時間教會了郭靖上乘內功，使郭靖武功功力大進，才飄然南歸。丘處機與江南七怪交過手，他以一敵七，打個平手，論武功，馬鈺略輸一籌。不過這些都是小說家之言，事實上，王重陽祖師將羽化之時，告丹陽留世語：「丹陽已得道、長春已知道、吾無慮矣！長生、長春則猶未也，長春所學一聽丹陽，命長真當管長生。……」馬丹陽悟道神速，邱長春言，馬丹陽證道費時三年、譚長真五年、劉長生七年，邱自己則費時十七、八年。

小慧：老師咁鍾意講古，想問歌中所言：「北斗降真機」的北斗，是否天罡北斗陣的北斗呢？

老師：北斗、即北斗七星，一共有七顆，它就像一個大勺子一樣，終年掛在北天極附近，北半球的人一年四季都能見到。北斗七星依次為天樞（穴位名之一，對便秘、胃脹、腹瀉都有奇效。）、天璇、天璣（璇璣穴能寬胸理氣）、天權、玉衡、開陽及瑤光，是航海測量的人認星辨別方向的標誌。「北斗降真機」的意思是說，這篇歌訣像北斗七星指引方向一樣，降送給人間治療雜病的真正機密。而金庸在小說中描述的天罡北斗陣，為全真派開山祖師王重陽所創、全真七子集體禦敵的陣法。

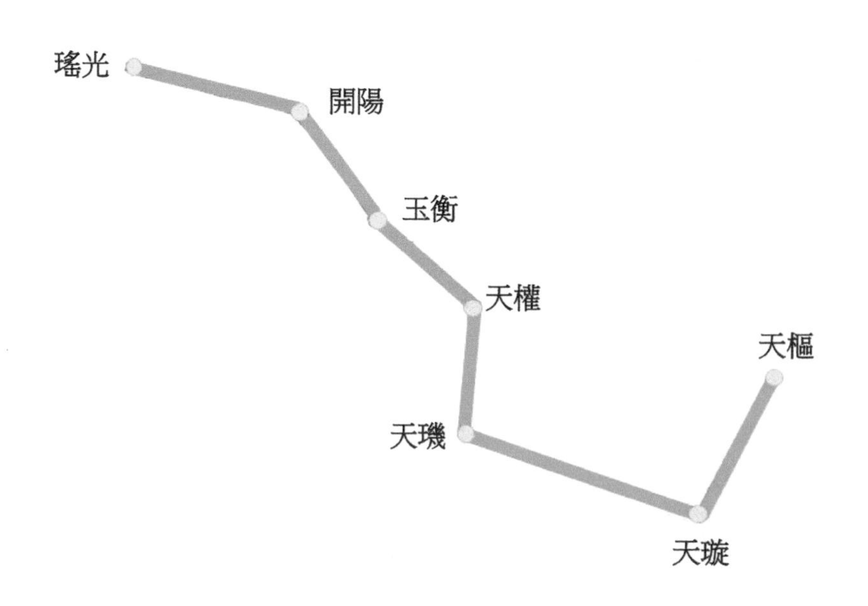

北斗七星中以天權光度最暗（最光為玉衡），卻是居魁柄相接之處，最為衝要，所以由七子中武功最強的丘處機把關。陣中七人以靜制動，擊首則尾應，擊尾則首應，擊腰則首尾皆應，將敵人牢牢困於陣中。

小紅：在金庸小說裏，經常都出現丘處機的名字，歷史上是否真有其人？如有，老師你會給予什麼評價呢？

老師：在小說裏，丘處機是全真七子中外家武功最強的，內功則以馬鈺最高。丘處機因與江南七怪有十八年賭約，而收楊康為徒。因他一心要贏賭約，所以只着重武功傳授，而忽略武德發展，使楊康走上歪路，成為丘處機一生的污點。楊康過身後，丘處機親自立碑「不肖弟子楊康之墓、不才業師丘處機書碑」。在金庸筆下，丘道長雖是正道人物，但表現卻頗為負面。不過以上只是小說家杜撰之言，歷史上他其實是一個救世的道長。

丘處機 56 歲時全面接掌全真教，他雖然長期從事宗教活動，但亦深受儒家思想影響，有着強烈的濟世意識。他明白要使道學不衰，就必須給人民生活帶來好處，要實現這一點，就離不開國家最高統治者的全力支持。當時金國政治不安，南宋腐敗，而他從成吉思汗身上看到了大蒙帝國的實力，所以在 70 多歲高齡，仍接受成吉思汗邀請西行相見，並與

十八名弟子一起前往（當中還有嫡傳弟子尹志平 **）。歷時三載，行程萬餘里，終於到達大雪山（即阿富汗境內的興都庫什山脈）相會。

成吉思汗向他討教長生之術，丘處機回答說：「世上只有衛生之道，而無長生之藥。」而衛生之道以「清心寡欲為要」，其關鍵在「內固精神、外修陰德」，內固精神就是不要四處征伐，外修陰德就是去暴止殺。成吉思汗聽後高興地說：「神仙是言，正合朕心。」於是改弦更張，發出止殺令，放棄攻佔城池後大肆屠殺的習慣，使千百萬黎民得以安生，難怪乾隆皇帝也讚歎道：「萬古長生，不用餐霞求妙訣；一言止殺，始知濟世有奇功。」

（ 尹志平，全真教第六任掌門，掌教十年，德高望重。但在金庸筆下被描寫為性侵小龍女之道士，使其名蒙污數十年。後因金庸在 2003 年到華山出席《華山論劍》節目，被陝西省道教協會的道士攔阻，抗議金庸虛構尹志平污辱小龍女一事，侮辱全真教，金庸才改寫該道士之名為殷志炳。）**

小萬：老師，聞道補合谷、瀉三陰交可以下胎，未知確否？

老師：到底這兩個穴位對下胎是否有效呢？就要談到這說法的出處。在《銅人腧穴針灸圖經》中提到，南北朝時宋國（公元 420-479 年）有位名醫徐文伯，某天與宋太子出遊，遇一孕婦。宋太子亦擅醫，把脈後認為孕婦懷的是女嬰，徐文伯則診為龍鳳胎。太子性急，想剖腹確診是男是女，徐文伯欲救孕婦，便為該婦人補合谷、瀉三陰交，結果「胎應針而下」，果然是一男一女。後世遂以合谷、三陰交為孕婦禁針穴。

小蓉：既然文伯瀉三陰交、補合谷而能墮胎，那麼如補三陰交、瀉合谷，是否又能安胎呢？

老師：《針灸大成・考正穴法》云：「蓋三陰交腎肝脾三脈之交會，主陰血，血當補不當瀉。合谷為大腸之原，大腸為肺之腑，主氣，當瀉不當補。」但文伯瀉三陰交而補合谷，使其血衰氣旺。宋朝（公元 960-1279 年）劉元賓亦言：「血衰氣旺定無妊，血旺氣衰應有體。」故補合谷、瀉三

陰交，可增加孕婦體內有餘之氣，推動胎兒排出；減損不足之陰血，不利於胎兒生長，因而導致下胎。反之如瀉合谷、補三陰交，則血旺氣衰，血旺則胎兒得養，氣不過於旺盛則胎穩腹中，理論上的確是可安胎的。

但我認為雖然在安胎方面有經典理據支持，仍須考慮個體的差異，有些孕婦體質較差，下針在這兩個穴位（即使補瀉得宜）也可能令肧胎不穩，本想安胎，卻導致流產，就會造成不必要的醫療事故及糾紛，還是避免下針較佳。

小鳳：老師，你認為用針灸方法墮胎是否切實可行呢？

老師：根據古籍記載，常用有效的針灸下胎方多達十餘條，而轉載用「補合谷、瀉三陰交」為下胎方的頻率為第一位。現代醫學研究亦認為，針灸合谷會有促進宮頸收縮、縮短產程、減少產後出血量、減低疼痛的作用。臨床上用於婦女生產過程中，可促進胎兒的娩出；但用於墮胎方面，恐怕不及人工流產那麼有把握及安全。

至於古代用之來墮胎也是有可能。那個年代針具比較粗，入針後疼痛感比較強，是有可能動到胎氣的；而且古人一般都營養不良，更易引致滑胎。

當然對於傳統醫學，我們不能全部否定記載下來的方法及其功效，但也不能照單全收，我們應審慎而行，去其糟粕，留其精華！

小珠：老師，古有「華陀夾脊治百病」之說，何謂華陀夾脊穴？是否真的是神醫華陀所創呢？

老師：請注意，華陀實為華佗之誤寫。華佗夾脊穴在針灸學中歸屬「經外奇穴」，而華佗夾脊穴與其他奇穴不同，一是穴位多，不是一穴；二是處在重要的解剖位置（每穴位下都有相應椎骨下方發出的脊神經後支及其伴行的血管），被古今針灸家廣泛應用於臨床各科，故有「華佗夾脊治百病」之說。此說或許有些誇張成份，但用來調整內臟機能的紊亂，及治療腰背部的軟組織及神經性疾病，確有其獨特療效。

夾脊穴最早出自《內經》、《素向・刺瘧》：「十二瘧者，……又刺項已下俠脊者必已。」《素問・繆刺論》又云：「邪客於足太陽之絡，令人拘攣脊急，引脅而痛，刺之從項始數脊椎俠脊，疾按之應手如痛，刺之旁三，痏立已。」

夾脊穴的位置最早記錄於《後漢書・華佗列傳》，書中曰：「有人病腳躄不能行。佗切脈，便使解衣，點背數十處，相去一寸或五寸……言灸此各七處，灸創癒即行也。後灸癒，灸處夾脊一寸，上下行，端直均調如引繩。」

最早明確提出位置是晉代葛洪的《肘後備急方・卷二》：「華佗治霍亂已死，上屋喚魂，又以諸治皆至，而猶不瘥者。捧病人腹臥之，伸臂對以繩度兩頭，肘尖頭依繩下夾背脊大骨穴中，去脊各一寸，灸之百壯，不治者，可灸肘椎，以試數百人，皆灸畢而起坐。佗以此數傳子孫，代代皆密之。」

近代針灸家承淡安先生所著的《中國針灸學》首先提出了「華佗夾脊穴」的名稱，認為夾脊穴應自第一胸椎以下至第五腰椎為止，每穴從脊椎旁開五分，共三十四穴，現一般教科書多採用承淡安先生之說。但在臨床應用中，夾脊穴範圍被不時擴大，如頸段和骶段夾脊處，也被不少醫家列入夾脊穴範圍。

小雯：民間常稱醫術高明及醫德並重的醫生為「再世華佗」，並不稱為「術過華佗」，華佗醫術是否高深莫測，至今仍無人能及呢？

老師：華佗（公元 145-208 年）是東漢末年傑出的醫學家，他技術全面，精通各科，長於外科，擅長針灸。他發明的全身麻醉劑「麻沸散」，比歐洲人所使用麻醉藥早一千六百年。他施針用藥，簡而有效，行醫各地，活人無數，聲名頗著，被人譽為神醫。後來，華佗這一名字，就成了醫術高明的代名詞。我卻認為在當時醫療條件下，他的醫療技術可能真是絕等高超，無人可及，但時至今日，醫療技術已飛躍進步，而仍稱某位醫生為再世華佗，似含貶意了，應稱「術過華佗」也不過譽。

至於華佗的品格，正史《三國志》及《後漢書》對他評價並不高。《三國志》：「然本作士人，以醫見業，意常自悔。」（意謂他本是讀書人，卻要以當時封建社會視為「方技賤業」的醫術來養活自己，心裏常感懊悔。）《後漢書》更不客氣，謂華佗「為人性惡難得意，且恥以醫見業」。

曹操因患頭風，經常頭痛，華佗用針術治之，每次皆應手而癒。但華佗常向曹操說：「此近難濟，恆事攻治，可延歲月。」（意謂這病近乎難以治好，要不斷進行治療，才可延長壽命。）曹操認為華佗醫德不佳，常向人說「佗能癒此，小人養吾病，欲以自重」。（華佗能治好這種病，但這小人有意拖延，不加根治，想借此來抬高自己的地位。）

據坊間記載，華佗用腦空穴為曹操治頭風（相當於枕後神經痛）；正史《三國志》記載華佗用膈俞穴，立止曹操頭風。但後來華佗假稱其妻患病，告假回鄉，曹操久召不回，曹操最恨被人欺騙，因此將華佗拘禁獄中，立意殺之。荀彧為其求情，曹操亦不聽，後果殺之。但不久曹操慨嘆「吾悔殺華佗……令此兒強死也」。

曹操有子二十五人，女兒三人，所謂此兒即是他庶子——曹沖。因沖智商過人，宅心仁厚，甚得曹操歡心，悉心栽培，有意讓他繼承大業。（曹沖秤象、鼠咬破衣等故事膾炙人口，不贅述了。）但後因曹沖患病，而華佗已被殺，致曹沖 13 歲亡，曹操曾親為向天求壽亦不得。沖死後，曹操語曹丕：「此我之不幸，而汝曹之大幸也。」

小平：聞道東漢後期有三大神醫，華佗是其中之一，其餘的是誰呢？

老師：東漢末年有三大神醫，除華佗外，還有張機及董奉。

張機（張仲景，公元 150-219 年），後人稱醫聖。他勤求古訓，博採眾方，醫術高超，著有《傷寒雜病論》，並首先提出六經辨證法。漢獻帝建安年間，為長沙太守，當時湘江一帶瘟疫流行，很多人都死於傷寒。他由於政務繁忙，不能到處為百姓治病，於是逢初一、十五不開庭，只坐官堂診症，自稱「坐堂醫生」。張仲景受到世人景仰，日後醫館或藥店多稱 XX 堂，以「堂」為榮，以「堂」冠名，如同仁堂、濟益堂、胡慶餘堂等等，皆緣由於此。

至於董奉（公元220-280年）醫術高明，醫德高尚，隱於廬山，替人治病不取分文，只囑患者治癒後，在其門前栽植杏樹，以作診金，輕病者植一株，重病者植五株，數年後已蔚然成林，杏果纍纍。所謂「杏林聖手」、「杏林春滿」、「譽滿杏林」等話詞，皆由此而來。如有民眾欲取杏子，必須以同等價值米糧存倉交換，米糧則用以贈送貧苦大眾。相傳林中有猛虎，如不以米糧交換而盜取杏子，必遭猛虎咬死。如只以少量米糧拿取過多杏子，必為猛虎追趕，多取之杏子邊走邊跌，回家之後，剩餘杏子價值只會與交來米糧等同。以上猛虎故事只供一粲，莫太認真。

小威：聽聞張仲景名方「白虎湯」曾治癒國家領導人，而使今天中醫藥的發展能夠出現契機，不知是否真實？及白虎湯組方如何？為什麼能有此效果呢？

老師：白虎湯確是出自張仲景的《傷寒雜病論》，方中有知母、石膏、甘草、粳米，功能清熱生津、消渴解煩，主治陽明熱盛、口乾舌燥、煩渴引飲、面赤惡熱、大汗出、脈洪大。辯證以大熱、大汗、大渴、脈洪大四大證為依據。相傳白虎為西方金神，取白虎為湯方名稱，乃比喻本方的解熱作用迅速，就像秋天涼爽乾燥之氣降臨大地，而使炎暑濕熱自解矣。

據聞建國初期，恰逢毛主席染病發高熱，一直採用西醫的抗生素及退熱藥作為主要治療手段，但經治療一段時間，病情仍不見好轉，所有西醫都束手無策，唯有轉求中醫治療。當時有位名老中醫蒲輔周，診斷出主席此病為陽明經證，開出了中醫界治療陽明經證的名方——白虎湯。一服藥後，便熱退神清；繼續調治，不久便完全康復。主席從此便對中醫藥有新的體會，成為中醫藥界轉危為安的轉捩點。

還有另一故事，則藉白虎湯化解兩個大男人（兩位都是名醫）的恩怨。

話說乾隆年間，江蘇有兩位名醫，一為葉桂（名天士），一為薛雪（名生白），都為溫病專家，他們既是同鄉，又是好友，也住得很近。某年蘇州大瘟疫流行，某日兩人於官方醫藥局義診時，有一更夫全身浮腫，求診於薛雪，薛雪診為絕症，必死無疑。更夫無奈，正欲離去，葉天士一見，診為中了燒蚊香毒，囑服藥數帖，必效。數日後，更夫果然康復。薛雪認為葉天士有心讓自己難堪，自此反目，回家後就將莊園改名為掃

葉莊；葉天士知道後非常生氣，也將自己的書房改名為踏雪齋，自此不相往還。

其後，葉天士的母親患白虎湯症，但葉天士懼其母年老，難以勝藥，舉棋不定，自言「若是他人母，必用白虎湯」。其事後經僮僕輾轉傳話，入薛雪耳，薛雪說道「她這病有裏熱，正是白虎湯證，藥性雖重，非用不可」。葉天士聞之，很佩服薛雪的見解，才放膽用白虎湯，其母果然很快康復。後來，葉天士主動去薛雪家登門拜訪，於是兩個大男人冰釋前嫌，再度成為好友，成為醫林佳話。

添丁師兄：老師真是講古之師！

醫事討論二十一
腦葉損傷之步態

系蘿：早呀！各位醫師，本人有一病人、62 歲、男性，是二胡教師，長年吸煙，家人送他來治療。病人主訴頸痛轉動不靈，尤其是不能轉右；右邊肩膊及背後肩胛骨邊緣疼痛；右手只可向前舉到平胸，向後及向側只可舉起 30°，疼痛，而且病人被動舉起患肢，亦只能令其到達剛才可舉之高度多 1-2 寸左右而已。而為何是家人送來，主因是病人有行路障礙症（家人自稱），因發覺老人家如遇物，例如放椅在廳中間，而老人家想去梳化坐，他就會像蜜蜂一樣，向左轉、向右轉、跟住又企回原地，好像想極都不知怎樣行去梳化。而最嚴重時，是去快餐店取了食物，但就是轉來轉去，明明還有三步就到家人坐的枱，就是行不到。但老人只有自己在家時，會落街飲茶，去買嘢，識回家；問他可答到地址，知自己及個女電話，但就不知自己的行路障礙問題，家人形容他像老鼠玩迷宮遊戲。請各位提提意見，以供參考，謝謝！

添丁師兄：腦神經課程，要請助教出馬！

老師：大家試試回應。

Ruth：是柏金遜症嗎？

系蘿：完全沒有柏金遜症狀。

小利：是與小腦萎縮有關嗎？

Apple：這個應是肩周炎……

老師：是的，病人患有肩周炎，但這個不是同學要求的意見。她關心的是病人「老鼠玩迷宮遊戲」的症狀。

Apple：大腦迷航症候群？

老師：這不是大腦迷航症候群。大腦迷航症候群是因長期過度疲勞，導致大腦對於環境路徑、方向、空間感的記憶喪失，致使迷路找不到方向。其實一個完好的大腦，在陌生環境中亦能分辨方位，進一步評估自身在環境中的位置，並產生一套心智地圖，啟動導航系統，自動找出接下來要前往的行進路線。

小利：查看書上資料，是否大腦頂葉（parietal lobe）有病變，令長者有此行為？

蘇醫師：查頂葉主要功能為處理各類感覺訊息，是運用中樞及視覺語言的中樞。據所提供的病者資料，看不到他有感覺上的障礙，日常生活自理及溝通能力基本無問題，不太像是頂葉病變。而額葉是大腦的策劃者，負責判斷及了解周遭發生的事情，並作出適當的情緒和反應。會否因額葉受損，故遇有障礙物時，他就難以分析判斷該如何行進，因而出現所謂「行路障礙症」？

系蘿：各位醫師，就是因為難判斷病人之行為，所以要請教大家。

君君：似額顳葉癡呆症。

系蘿：再加少少資料，按病人之風府、風池及兩邊角孫，病人感覺極痛。但病人有頸椎錯位，所以疼痛或不是指標，但頭的其它位置只有輕微痛。

老師：對於以上病案的討論，我發表少少意見，再由助教及其它大德補充。在未曾答覆同學問題之前，我首先想向大家簡單講講腦葉的解剖與功能。

腦袋的最大部分是大腦，佔全腦 85%，由左、右大腦半球構成。大腦表面的淺凹稱為溝、深凹稱為裂、突起部分叫做回。左、右大腦半球間有大腦縱裂，裂底有連接兩半球之間的橫行纖維，稱為胼胝體。每個半球以三條主要的溝（中央溝、外側溝及頂枕溝）圍成不同區域叫做葉，各葉具有功能特異性。大腦共分為六葉：前面的額葉（外側溝以上和中央溝以前）、外側的顳葉（外側溝以下）、頭頂的頂葉（中央溝與頂枕溝之間、外側溝以上）、後面的枕葉（頂枕溝以後）、島葉（外側溝深處、隱藏於外側裂下方）及邊緣葉（大腦半球最內側邊緣上的一個 C 型區域，包括扣帶回、海馬旁回、胼胝體下回、海馬下結構、嗅旁區等）。

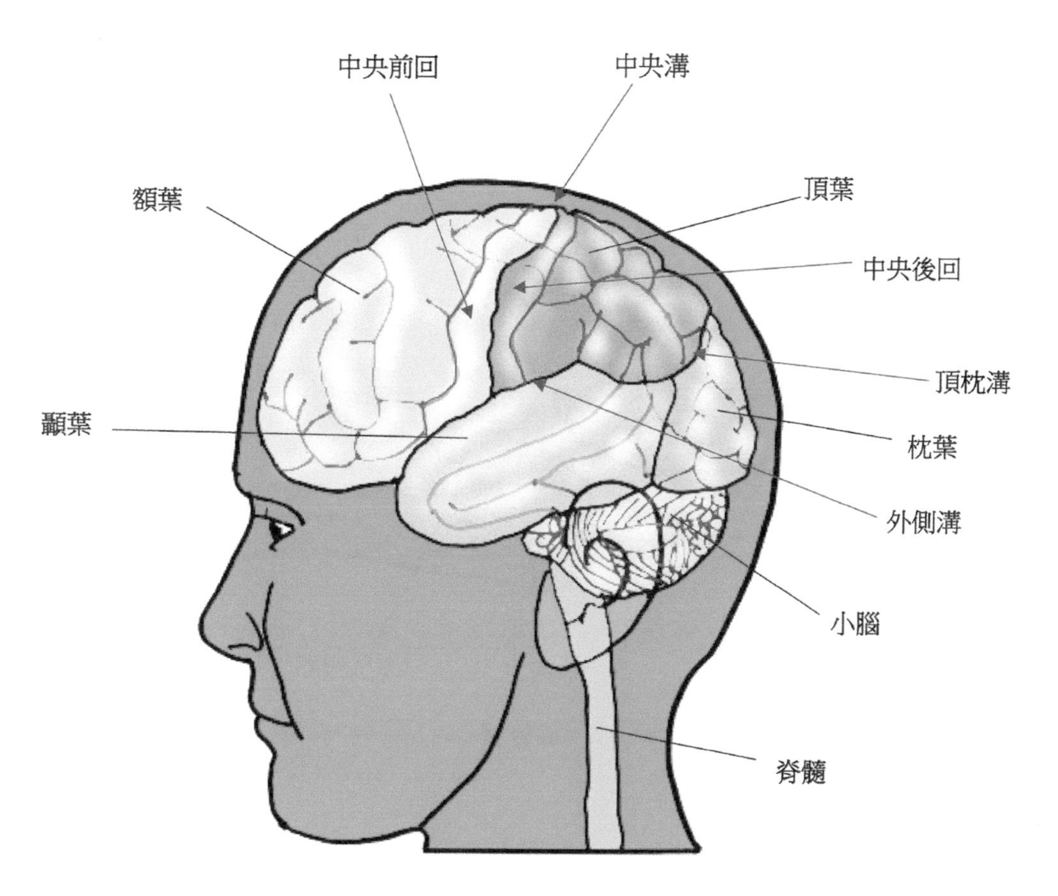

腦部及大腦皮層分區

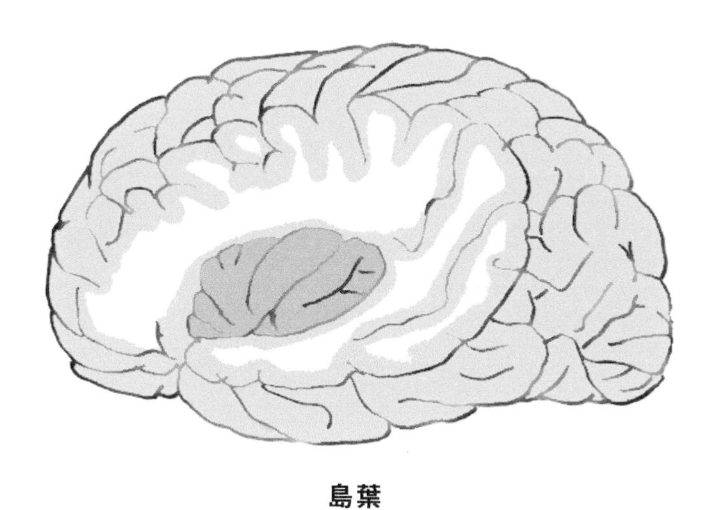

島葉

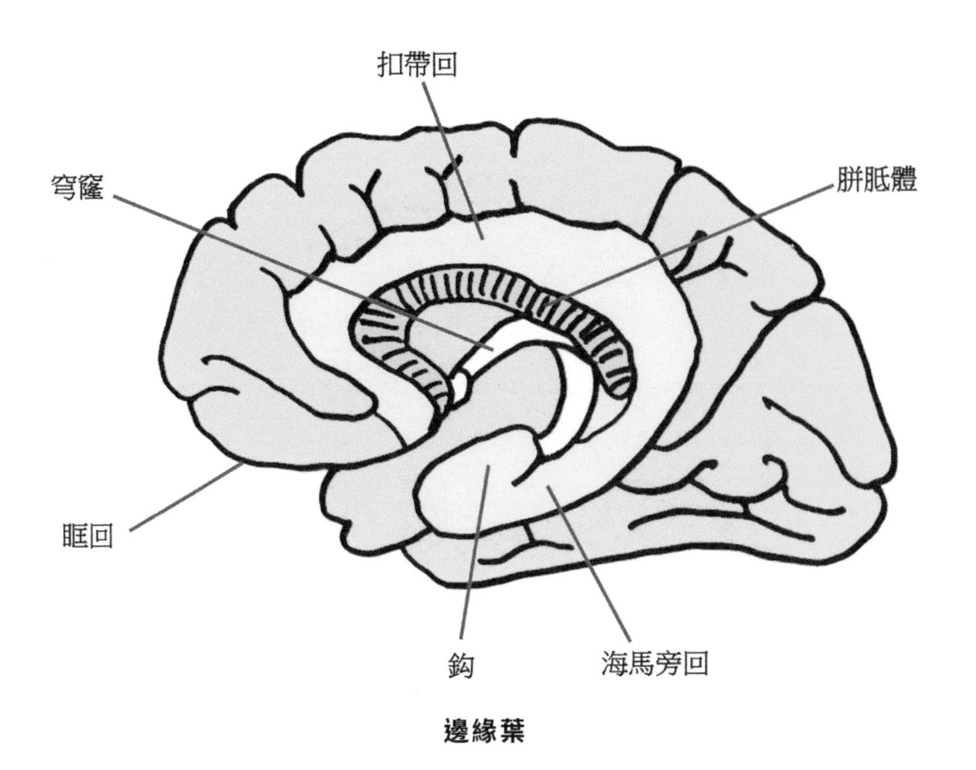

邊緣葉

額葉佔了大腦的前半部，在四個表面腦葉中面積最廣，約佔 30%。它控制語言的產生、書寫的能力、複雜的思維與情感，含有：執行思考、創造、意思決定的額葉聯合區，聽從運動聯合區決定動作順序或開始時的指令而執行動作的運動區，掌管說話能力的布洛卡區，及進行眼球隨意活動的額葉眼動區。

頂葉接受並分析軀體的感覺（觸覺、痛溫覺、壓覺及本體感覺），含有：掌握空間感與統合辨識感覺訊息的頂葉聯合區，辨識皮膚或肌肉等部位接收到的感覺的體感覺區，及分析感覺訊息的體感覺聯合區。

顳葉識別聲音、音調和音量及作用於記憶及儲存，含有：辨識聽覺訊息的聽覺聯合區，統合視覺與聽覺訊息的顳葉聯合區，理解言語意義的韋尼克氏區及感覺味覺的味覺區。

枕葉接受及分析視覺圖像，視覺區會先接受視覺訊息，加以辨識後，再將此訊息傳送至視覺聯合區，在此區域綜合判斷視覺訊息並加以記憶。

島葉主要負責整合內臟感覺和自主活動。

邊緣葉接受來自大腦不同區域的輸入，以及參與複雜的、相互關聯的行為。主要功能有：1) 情緒調節，2) 記憶，3) 嗅覺，4) 內臟功能及活動、體溫調節，5) 性行為調節，6) 睡眠調節和覺醒周期等。總體而言是調節情緒及內臟活動的重要中樞。

不過我在此要再三強調，雖然各個腦葉有其各自特定的功能，但大多數活動都需要雙側大腦半球多個區域的參與及互相協調。

為了使大家容易明白其機理，現就以棒球手擊球為例。當投球手投球後，擊球手會透過枕葉視覺區將訊息傳送到顳葉聯合區，得知球朝自身方向飛來。與此同時，從視覺區的訊息亦會傳送至頂葉聯合區，在這個區內，會判斷這球的速度。額葉聯合區決定揮棒出擊時，該區就會組織擊球的動作，而通過脊髓傳送指令到各組肌肉，進行揮棒擊球這個動作。這個就是多個腦葉中多個區域的交流，而能達成複雜動作的機理。故此我同意蘇醫師的分析。

額葉及頂葉是由中央溝為界，中央溝之前是運動區域，中央溝之後是感覺區域，所以這個步態失用症（gait apraxia），應該是由於額葉損傷引致的。當額葉受損，患者無乏力或共濟失調，但不能正常行走，也不知怎樣起步，時左右踏步、不確定和小步伐，有時腳好像黏在地上伴明顯遲緩現象，有時雖能站立，卻忘記怎樣走路。

額葉可以接收各處的資訊，然後決定身體動作，我們的智力、專心程度、人格行為及情緒，都與額葉有莫大關係。

而頂葉是負責整合眾多感覺資訊的區域，另外頂葉還與我們的空間感、本體感覺、空間與視覺處理有關。如果右側頂葉受傷，患者就失了左側的空間感，完全忽視掉左側，即使畫畫也畫不出左側，出現半腦忽略症。

柏金遜症就會出現慌張步態，因兩上肢前後擺動的聯帶動作喪失，軀幹前傾，重心前移，故以小步急速前衝，追逐重心，實難以停步，狀似慌張。

如是小腦萎縮，會出現醉漢步態。因重心不易控制，病人步行時兩腿間距增寬，抬腿後身體向兩側搖擺不穩，轉換體位時不穩更明顯，不能走直線，所以這種步態又叫做蹣跚步態。

顳葉負責聽力及視覺的感知，以及對語言的了解，如受損，短期記憶會喪失，長期記憶會受損，難以理解語言，失去辨別容貌的能力，影響視覺及聽力的集中力，亦難以辨認及敘述事情。

額顳葉都受損，是會出現癡呆症的，醫學上稱為額顳葉型失智症，其主要症狀包括早期人格變化、不合常理的行為（例如安靜時卻喋喋不休）、語言表達不流暢（例如無法表達或聽不懂比較複雜的話語）、或經常重複某些動作（例如多次來回走到某個地點、不停開關衣櫃等）。但在這個病例中，並未見同學提及有以上情況，而且這個病人識回家，記得地址，記得女兒電話，所以暫時看來，應還未達到失智症程度。若經檢查後真的患上，都只能說是早期病患者而已。

蘇醫師：謝謝老師重點說明頂葉、額葉損傷與柏金遜症、小腦萎縮的分別，令我增長知識及清晰觀念！

小利：但我在書本上看到，頂葉損傷會出現失用症，失用症就是指肢體動作的運動障礙，故此我相信，這個病人的奇怪步態，應該是由頂葉損傷所致的吧！

老師：不錯，失用症確是指肢體動作的運用障礙，但此症是在並無癱瘓和深感覺障礙的情況下出現，只是腦損傷後大腦高級部位功能失調，致無法使用肢體表現已學過的技能，是一個「接受端正常、輸出端正常」，因大腦處理指令失常而無法執行技能的狀態，但患者神智清晰，對所要求完成的動作有充分的理解。

常見的失用症包括運動性失用、觀念性失用、結構性失用及觀念運動性失用等。我們試看看這四種失用症有什麼特點，才作出何處腦葉損傷定位吧！

（一）運動性失用症：是指患者在無肢體癱瘓、無共濟障礙等情況下，而失去執行精巧、熟練動作的能力，不能完成精細動作，如寫字、穿針、扣鈕、彈琴等，病人似乎很笨拙或不熟悉這種動作。

（二）觀念性失用症：是指患者失去執行複雜精巧動作和完成整個動作的觀念，表現動作混亂、前後順序顛倒等。如擦火柴點煙的動作，患者

可出現用香煙去擦火柴盒、或將擦着的火柴放入口中等錯誤動作。日常生活中的刷牙、梳髮等也不能正確去做，因為病變破壞了含有動作計劃鏈的某個動作的腦區，所以機體受累部分的動作缺乏基本計劃。

（三）結構性失用症：是指涉及空間關係的結構性運用障礙，表現出缺乏對空間結構的認識，喪失對空間的排列和組合能力。如患者在繪圖或拼積木時，會無目的移來移去、或者亂擺，出現排列錯誤，上下、左右倒置、比例不合、線條的粗細不等、長短不一、支離分散而不成規則的變化。

（四）觀念運動性失用症：患者能做日常簡單的動作，當自發性執行動作時，運動是完整的，但不能按指令完成複雜的隨意動作和模仿動作。患者知道如何做，也可以講出如何做，但自己不能完成。如令其指鼻、卻摸耳；囑其伸舌、卻張口；叫其伸手、卻伸腳等，常表明含有「觀念」的腦區，和涉及到動作執行的區域之間的聯繫遭到病變的破壞。

綜上而言，引起上述失用症的病變部位是頂葉，是諸多失用症的共同責任者，觀念性失用症患者病變擴展到顳葉，結構性失用症病變則擴展到枕葉。

但動力性失用症則是額葉病變所引致。所謂動力性失用症，其表現為不能按計劃行動，患者常持續一個動作，而不能做一系列規定的動作。這種失用症，是由於額葉對編制序列性動作的程序發生障礙所引致。以步行為例，其行走是很特別的：患者向前邁出一步後，就顯得猶豫不決，繼之用同一腿再邁一步即停止，雙腳好像被黏在地上；有時又胡亂移動下肢，有如蜜蜂亂轉，不知如何是好。

現在，我們再回頭看看，大腦如何參與一個特定動作的計劃吧。人類許多動作都是有意識的，例如我們首先是想吃蘋果，然後才真的行動去拿取。但有時同一動作，卻是無意識的——當我們看到蘋果，就不假思索立即伸手去拿取。兩個看起來相當類似的複雜動作，有可能在有意識的參與，又或者在無意識之下完成。

一個複雜的動作是否有「意識」的參與，主要還是取決於個人對此技巧的純熟度，當某套動作逐漸被練得極度純熟，就有可能會變得無意識而

「自動化」。當然，只要我們集中注意力來演練時，這些已「自動化」的動作又會讓意識再次參與。然而，這些有意識或無意識的動作，在大腦是由截然不同的腦葉負責。

雖然，無論是有意識或無意識參與的動作，都與初級運動皮質（位於額葉）相關，初級運動皮質會發出肌肉收縮的訊號，經脊髓到達所支配的肌肉，但無意識的動作會在頂葉完成計劃；而有意識的動作計劃，則會在額葉評估及決策，涉及額葉更多腦區，如前運動皮質、運動輔助區、前額葉腦區及背外側前額葉等。

個案中的老人家想避開放在廳中的椅而行去梳化，這是個有意識的動作，如果額葉受損，就難以設計及決策行動，所以不知如何行進。但落街飲茶，走一條他熟悉的路線，是一個已全部「自動化」的無意識動作，計劃在頂葉就完成了。

系蘿：謝謝老師辛苦指導！但想請教有沒有實質的檢查方式，去決定是額葉或是頂葉受損呢？是否只有照 MRI 才可決定？而治療的方法又如何？

老師：必須強調我對以上病人的腦損定位，只是初步評估，不能代表終極診斷。MRI 對排除其他病變很有幫助（因為病變可能是腫瘤或感染引致），及可顯示主要位於某葉的萎縮，但為了更加準確診斷，還是去腦科醫生處就診，因為他們多經驗、多方向、多儀器，實可幫助定位確診。

添丁師兄：老師說得十分對。

老師：不過，現代醫學雖然對定位診斷、尋找主要病因，準確性比較高，但確診後，可能對治療卻束手無策，這個時候，各位醫師你們就可大派用場，用你們的中醫方法去處理一番。

兵哥：多謝老師指教。

老師：延伸閱讀——以下是一個醫學史上的著名病人，他因工業意外導致額葉受傷，從此性情大變。這個案例使大腦功能定位理論得到一個有力的支持，證實額葉在人格形成中的至關重要性，有興趣者可閱讀下去，僅供參考。

哈佛大學的醫學院收藏有一顆知名的頭顱骨，頭顱骨上有一個破洞，旁邊擺放着一根鐵棒。這頭骨外形雖不起眼，但它卻是人類在大腦研究上視為飛躍的大功臣。

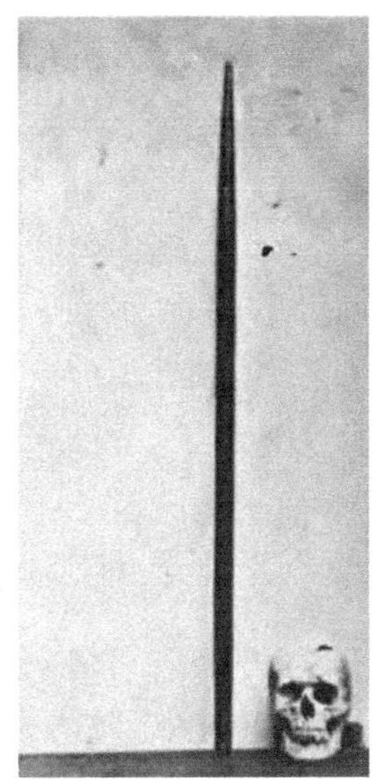

話說頭顱骨的主人費尼斯・蓋吉（Phineas Gage，1823-1860）原本是大西部鐵路公司的爆破工頭。1848 年 9 月 13 日，25 歲的他負責炸掉在鐵軌上擋着去路的大石頭。為了爆破岩石，他得先在石上鑽孔，然後將火藥與藥引塞進孔中。但他與工人們因為分心交談，在還未鋪上防炸的沙土時，就把一根長 1.1 米、直徑約 2.5 厘米的鐵棒插進鑽孔，使鐵棒與岩石磨擦，擦出火花，產生「轟」一聲爆炸巨響。因為缺少了防炸，導致他手持的鐵棒飛起，貫穿自己的左臉頰，通過其左眼後方，從頭頂飛出，掉落於 30 米外。

原本被以為會命喪當場的蓋吉，在兩分鐘後竟然意識清醒過來，立即被同事送去小鎮醫院，三週之後更可以自由行動，並奇蹟地逐漸康復，至 11 月 25 日已能夠返回他父母在新罕布夏州黎巴嫩鎮的家中。1849 年 4 月醫生檢查蓋吉時，記錄他左眼失去了視力而且眼瞼下垂，前額有一個大傷疤。

他意外受傷之後雖然康復得很快，但卻性情大變，從一個原本做事負責、人緣極好的人，變成粗魯不雅、不聽勸導、自以為是、虎頭蛇尾、經常行為不檢，完全不顧社會禁忌。

在 19 世紀，當時的醫學界只是隱約知道，大腦主控人類的各種行為、思想和態度，但至於哪一區負責哪一種功能，仍很模糊。難道要將人的腦袋剖開來研究？到時那人已一命嗚呼，但也觀察不到大腦的活動。然而，正正因為蓋吉的意外，飛來橫禍的一棒，以及得到照顧他十多年的哈洛醫生努力研究，醫學界慢慢發現，蓋吉受傷的額葉，是主管人類的個性的一個腦組織，這部分受損後，是會影響人的個性與情緒的，從此醫學界對大腦的研究才出現了一個大躍進。

系蘿：謝謝老師詳細解釋，非常感激！

小利：Thank you ！請問老師有何治療方案呢？

老師：目前對於失用症患者，尚未見有效的治療藥物，建議可試用針灸療法，取穴應以頭針為主、體針為輔。可取穴：百會、八神聰（自擬方，即四神聰旁開 1 寸加取四穴）、雙側運動區上 1/5、足運區、平衡區、雙側環跳、陽陵泉、足三里、風市、懸鐘、崑崙、衝陽、太衝。下肢部位每次選三數穴，平補平瀉法，十次為一療程。

萬容：早安，謝謝！感恩無私教導，感恩各位前輩師兄師姐。難得一群同學跟隨五德五美成長，謝謝老師和各位大德！

醫事討論二十二

暢談大腿麻痺

張平：男士，自述七年前跑馬拉松後，坐地下被人拉起來，即時感到左側股直肌痛，之後便開始感到麻痺。一直有做物理治療，但效果不佳。近期行山多，晚上平睡，股直肌麻痺難入眠。大腿左側 15cm、右側 14cm。左側抗阻力測試 3 度。現附上 MRI，請老師及各位同學給予意見 🙏

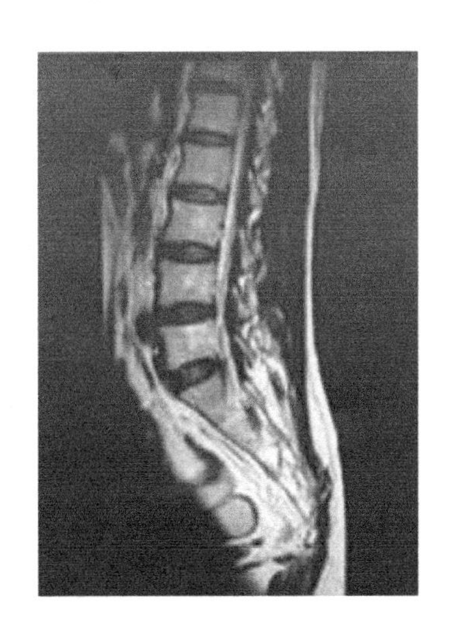

老師：請大家發表意見。

鴻偉：似是股外皮神經壓迫，引起股直肌痛，有機會是髂腰肌、或腹股溝韌帶、或髂前上棘損傷引起炎症，令股直肌痛感。也因物理治療只顧做四頭肌肌肉，所以治療效果不佳。建議做髂肌深層推拿，再在五樞、維道施針，可能有幫助，請老師及各位前輩賜教！

老師：鴻偉同學，你所說的股外皮神經，是否股外側皮神經？但股外側皮神經支配感覺範圍在大腿前外側，不是支配大腿前面感覺。感受到前面股直肌痛的，應是股神經前皮支。而股直肌起於髂前下棘，應與髂前上棘損傷無關。

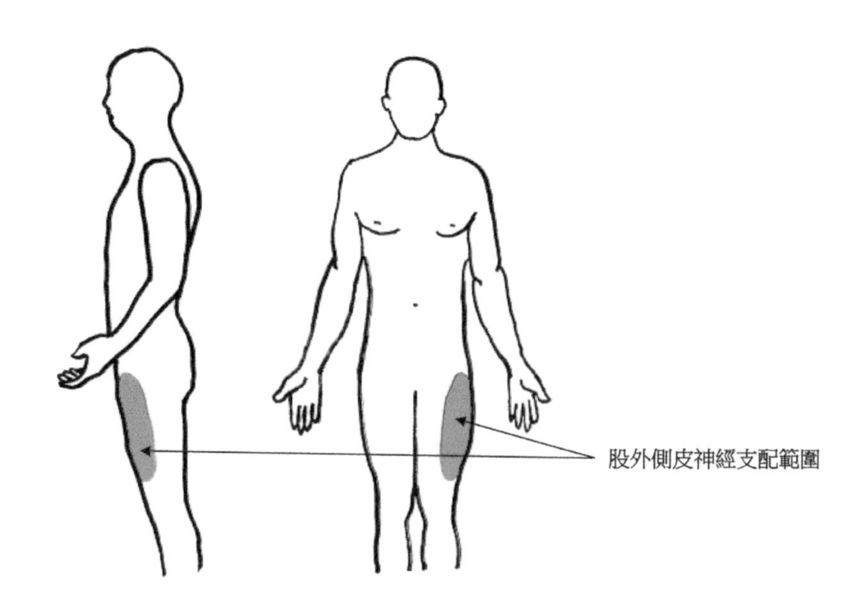

張平：評估過，腹股溝韌帶及髂前上棘均無異常，痛點在左 L-3-4-5 腰方肌。

鴻偉：那麼有無機會是第 12 浮肋被牽拉致骨裂？

張平：上面 MRI 見到第 12 浮肋有異常嗎？

鴻偉：影不到第 12 浮肋。

振強：請問腹股溝位置是否有瘀黑色？另腹部肌肉有無壓痛點？大腿後面肌肉有無壓痛點？請在腹部肌肉左右都要試下有無壓痛點。

張平：除了左側大腿肌力減弱，一切正常。

振強：髖關節有無旋前或旋後？有無長短腳？

張平：長短腳、髖關節旋移，會影響肌力減弱和麻痺嗎？

振強：有影響。

張平：願聽詳解。

振強：個人愚見，當髖關節旋前或旋後，會將大腿前面或後面肌肉拉緊、或放鬆。前面肌肉緊時後面會鬆，後面緊時前面放鬆，令到有長短腳。當有長短腳發生，患者自然會用短腳用力行路撐起身體，長腳會拖行。當短腳用力，會借用腹部肌肉發力行路，以致長時間肌肉不正常行路。短時間沒什麼問題，但患者有幾年時間長短腳行路，而拖行腳肌力依賴用力腳行路，所以令拖行腳肌力減少，或肌肉萎縮。如有不正確，請賜教🙇‍♂️

補充，髖關節旋前或旋後，會壓到經過關節的神經，所以會有腳麻痺。

鴻偉：MRI 中，腰 5 前縱韌帶是否有損傷？

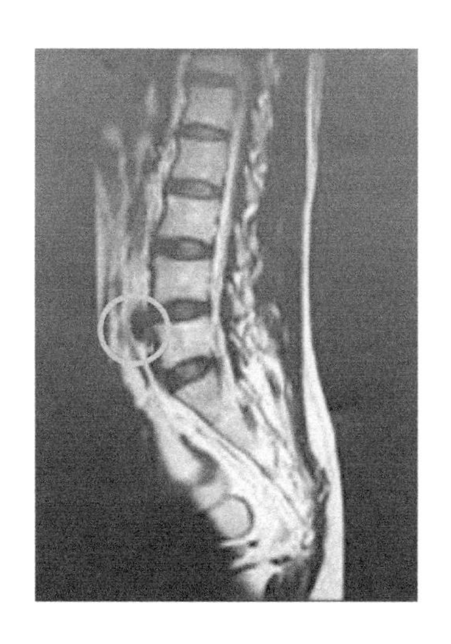

張平：是的。

鴻偉：斷症——因患者完成馬拉松賽，體能殆盡，在休息放鬆狀態時，被人拉起，致 L4、5 急性椎間盤向前突出，壓迫前縱韌帶，令左側股直肌有痛感，之後更有麻痺感。治療方法：先以手法推拿放鬆肌肉，再在 L4、5 華佗夾脊穴、八髎穴、五樞、維道、委中等穴施針，然後用背後懸吊法減壓。因長跑運動員身體會畏寒怕冷，可服用獨活寄生湯加減。康復後多做強化核心肌肉訓練。因我也是馬拉松運動員，所以比較細心思考這病例，請老師及各位前輩多多賜教🙏🙏

背後懸吊法

張平：謝謝指教 🙏

威威：如椎間盤前突壓迫前縱韌帶，不是應用抱缸法嗎？懸吊法只會加重前縱韌帶壓力。

老師：同意威威同學治療椎間盤前突的觀點，但這個病人不是椎間盤前突引致前縱韌帶損傷，容後我再闡釋一下。

威威：師姐，想問一下，患者是什麼年紀？股直肌是主要伸膝動作的肌肉，抗阻力 3 度，可以行山嗎？請問患者是否只是左大腿的股直肌有麻痺？可以問下患者被人拉起身時的細節，我估計患者當時左手被人拉起，在拉起與未拉起之間，可能坐返落地，引起壓縮性骨折。你檢查是腰方肌近 L3、4、5 椎骨處壓痛，而股直肌的皮神經分佈是 L2、3、4。

老師：威威同學，你說的是否腰椎壓縮性骨折？但 MRI 見不到有骨折。

再問張平同學，何謂大腿左側 15cm、右側 14cm ？如何量度？可否繪圖示意？另外你提及左側抗阻力測試 3 度，是什麼意思？ 3 度指的是否肌力 3 級？有何表現？股直肌除麻痺外，現在還有痛嗎？

張平：早晨老師！是的，應是抗阻力 3 級。他說股直肌不是痛，而是麻痺和無血到的感覺。我同時雙手在兩側股直股處觸摸時，左側有隔物感。

老師：事實上，3 級肌力是不能抗外來阻力的，所以不能說成抗阻力 3 級。如果病人能抗外來阻力，相信就應有 4 級肌力了。假若肌力只得 3 級，行山應有困難。可參考下列肌力分級表：

級別	標準	相當於正常肌力 %
0	無可測知的肌肉收縮	0
1	有輕微肌肉收縮，但無關節活動。	10
2	有關節活動，但不能抗地心吸力。	25
3	能抗地心吸力，但不能抗外來阻力。	50
4	能抗地心吸力及部分外來阻力	75
5	正常（能抗地心吸力及外來阻力）	100

所謂左側 15cm、右側 14cm，左側右側是否在說左腿、右腿的圓周？但如果是大腿部的圓周只得 14cm/15cm，就細到離譜，請闡述之。

張平：是左側 15 尺、右側 14 尺，抱歉沒分清楚數值的單位……

添丁師兄：咁又大到離譜啊！😄

蘇醫師：是否左大腿圓周 15 吋、右大腿 14 吋？

發哥：所以有說「丈八金剛，摸不着頭腦」。一般中國人的身高只有 5 至 6 尺，故此又有「昂藏七尺」一詞 😅

張平：寸、尺、cm 單位如何分？

發哥：吋、呎是英制單位，香港回歸祖國之前用；cm 是公制單位。現在全世界普遍都是用公制。

蘇醫師：1 寸 =3.333cm，1 英吋 =2.54cm；1 尺 =33.33cm，1 英呎 =30.48cm。

鴻偉：寸和英吋有什麼分別？？尺和英呎是什麼制式？請問師姐寫的英吋和寸、英呎和尺，量度為何不同呢？

發哥：這根本是兩個不同的長度單位，結果當然會不同。中國以前的長度單位是寸、尺、丈，而英制則是英吋、英呎和英哩。現今中國和世界上大多數國家和地區，都是用「公制」，其單位是：mm（毫米）、cm（厘米）、m（米）、km（公里）等。三個不同的量度體制，長度當然是不一樣。

鴻偉：明白了，中國尺寸、英國呎吋，及公制的不同。謝謝師兄！

發哥：😅

蘇醫師：英呎及英吋有口字邊，一望應知，不是中國的「尺寸」。

老師：非常高興有那麼多同學對這個病案熱烈討論，雖然有些觀點是錯誤的，但也有些是正確的。遺憾的是，大家都沒有將醫學及解剖名詞寫得正確，所以令到病案資料有點混淆不清，希望日後有所改進。

同學提及的腰方肌，是起於髂腰韌帶、髂嵴的後部，止於第12肋骨的下緣、上四個腰椎的横突，後方有豎脊肌遮擋，只有從側方可以觸及。但與L3-4-5痛點有何關聯？痛點在棘突／横突？說得清楚一點可以嗎？

至於第12浮肋骨折，與這病案的股直肌麻痺一點關係也沒有，況且七年前如有骨裂，理應癒合多時了；再者在這張MRI也看不到浮肋。今晚夜深了，討論到此為止，明晚繼續。

（翌晚）

張平：謝謝老師！在言語表達及醫學用詞方面，我確實有太多的不足夠。他的痛點是在左側L3-4-5横突及髂腰肌上，在他的左股直肌和股外側肌肌腹上摸到明顯的硬塊，按壓時會出現痠痛。

老師：如何觸診到髂腰肌？

威強：由於髂肌之附着點位於髂窩表面，是較難觸診的。可叫患者仰臥，膝窩放一墊令髖部屈曲，然後用指尖，慢慢沿髂前上棘髂嵴邊緣按壓到髂窩中，如有損傷會引致疼痛或麻痺。

髂腰肌的組成，除髂肌外還包含一條腰大肌，檢查時也是患者仰臥及曲膝，然後醫者用手指指腹，由肚臍與髂前上棘之中間位置，緩慢往腹部深壓（當患者呼氣時，手指指腹才往下移動）。可叫患者稍微屈髖來確定是否腰大肌 😜。如有疼痛，則有可能是腰大肌損傷。

張平：謝謝 🙏 學習了。

威強：也可側躺屈髖屈膝、患側在上而進行按壓測試。

老師：髂腰肌是由髂肌和腰大肌合併而成的肌肉，因為兩塊肌肉的走向、附着點及其功能基本一樣，所以合稱髂腰肌。

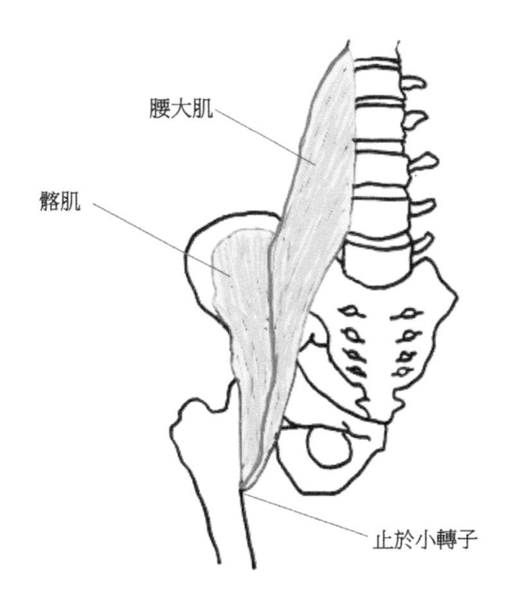

所提供的髂肌觸診法尚可，但上述腰大肌觸診法難度比較大，因為從這個位置由腹肌向下觸診，會先觸及腸臟，才可觸及腰大肌。除非技術及觸覺非常到家，要穩固按壓，慢慢按入腹部，以環形方式移動手指尖，將內臟推開，而被檢查者也要做屈髖動作來配合。大家看看解剖書就會明白。

要直接觸摸到髂腰肌的最佳位置，就是位於股三角（由腹股溝韌帶、縫匠肌及內收長肌圍成）的中央，靠近股動脈外側、股骨頭前方。

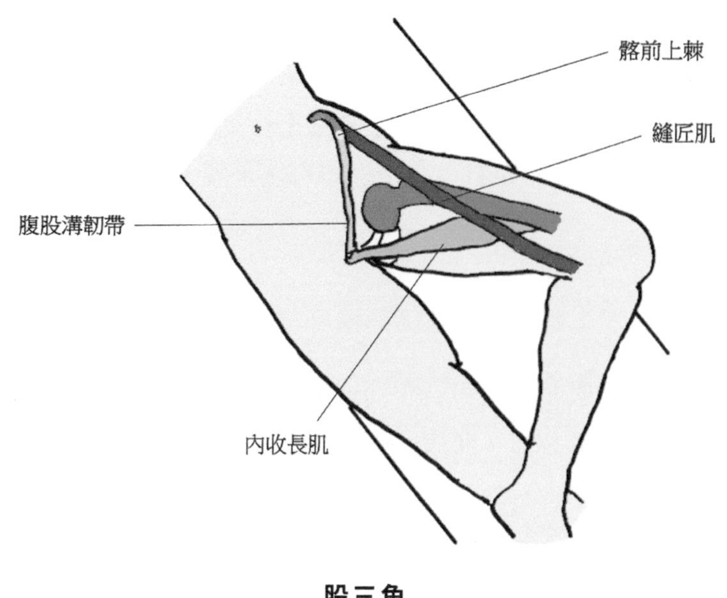

股三角

一邊移動手指，一邊觸摸，一旦觸摸到一個有如鵪鶉蛋般大小的隆起部分，我們即可針對此一隆起部分進行觸診。患者的髖關節作輕度屈曲運動，此一隆起便會消失；再為患者的髖關節進行伸展運動，就可以感受髂腰肌隆起感的差異之處。

威威：多謝老師 🙏

老師：請再看看鴻偉在 MRI 的標示：

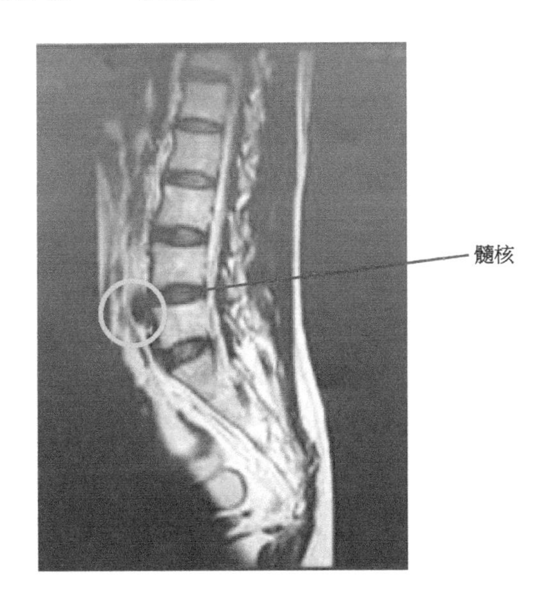

這不是前縱韌帶損傷，椎間盤亦無突出。且看椎間盤的髓核充滿水分，也沒有受到破壞。圖中見到的黑圈，實際是髂總動脈，是腹主動脈分叉處。

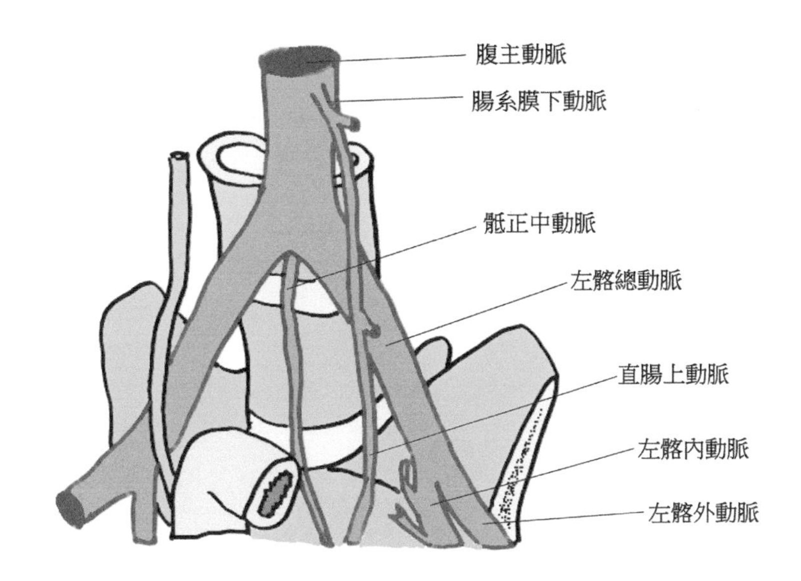

況且就算壓迫到前縱韌帶，也不會令到股直肌麻痺。

另外，測量兩側肢體應取相對應的同一水平，大腿圓周可在髕上 10cm 處測量，小腿則取最粗處。測量腫脹時，取最腫處；測量肌肉萎縮時，取肌腹部。現已是凌晨 2 時 37 分，要下課了，明天繼續。

（翌日）

張平：早晨老師，謝謝您詳細解釋。我是在兩側大腿同一水平線測量的。那麼他的股皮神經出現麻痺和異常感，是因何而起？

老師：股皮神經一詞，語焉不詳……你是說股外側皮神經、抑或是股後皮神經？我估計你心中想說的，兩者都不是，而是股神經前皮支，是嗎？請參考下圖：

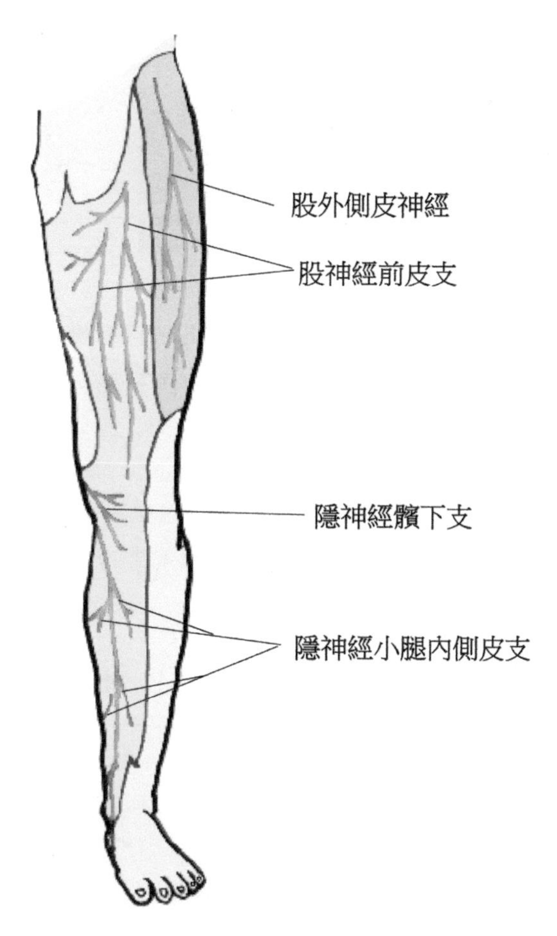

皮神經分佈區

威強：長跑後大腿肌肉僵緊開始無力，突然身體被人拉起，因自然保護機制，致屈髖肌（其中之髂肌＋腰大肌）受損，之後沒有認真處理及治療而勞損，壓迫股神經（股神經起自腰叢，由腰 2、3、4 神經前支後股組成。它由腰大肌外緣穿出，向下斜行於髂筋膜深面，在腰大肌與髂肌之間下行……）。可試行做髂脊肌檢查試驗。

老師：你說的髂脊肌檢查試驗，所謂髂脊肌是否髂腰肌之誤？如是……有何方式做檢查？請告之同學。

威強：謝謝老師指正！補充——運動員在地面休息中，在斜躺姿勢（是屈膝屈髖—髂腰肌縮短）被人強行拉起身（伸髖伸膝），在自身保護機制下，擢親條髂腰肌。😃

可用湯瑪氏的測試來了解髖屈肌或股直肌是否僵緊縮短。着患者坐在治療床的邊緣，健側腳屈曲，雙手將其往胸口上拉。然後身體慢慢的往後躺下床上，使骶髂關節正好位於床緣上，患側大腿與床面貼近同一水平，小腿在床邊自然垂直。

陽性結果：如果患腳大腿上抬高於床面，表示髂腰肌僵緊。如果患側大腿平貼床面水平，但小腿不能與地面垂直，表示股直肌僵緊。

張平：我得要再次好好看看湯瑪氏的這本書 🙈

鴻偉：髂肌和腰大肌止於股骨小轉子，如有損傷，觸診會出現明顯壓痛點；又髂肌損傷，沿髂脊觸診也會有壓痛。這位運動員如不是腰椎損傷，好大機會是這兩組肌肉損傷。

振強：精簡 👍👍

張平：謝謝！學習了。

老師：股神經支配髖關節屈曲和膝關節伸直，它支配的第一塊肌肉為腰大肌，第二塊肌肉為髂肌，這兩塊肌肉共同稱為髂腰肌，控制髖關節屈曲活動。叫患者坐於檢查床邊，小腿下垂，然後抬起大腿對抗阻力進行肌力檢查。

股神經進入股三角後，繼續發出分支支配恥骨肌、縫匠肌和股四頭肌。在股三角，股神經位於髂肌之上及股動脈外側，它在腹股溝韌帶遠端大約 4cm 分為前股和後股，前股立即分成肌支至縫匠肌，以及兩個前皮支（即股中間皮神經及股內側皮神經）；後股立即分成隱支和肌支，肌支呈噴霧狀起自母支，支配股直肌、股外側肌、股中間肌和股內側肌。

縫匠肌功能為外展、屈曲及外旋髖關節，讓患者將檢測足放於對側脛骨上，並沿胆骨向膝關節移動，此時可以觸及縫匠肌收縮。

股四頭肌主導伸膝，讓患者伸膝對抗阻力，以檢查股四頭肌功能。

另一方面，按感覺支配來說，股神經支配大腿前內側感覺，並通過隱神經，支配小腿及足部內側感覺。

當患者存在神經病變，累及髂腰肌時，說明是股神經近端損傷，即損傷在腹股溝韌帶之上，此時我們應注意同時檢查患者的內收肌力。因為股神經及閉孔神經皆由 L2-4 神經組成，而內收肌群是由閉孔神經支配的，如果內收肌肌力減弱，閉孔神經亦可能同時損傷，即說明病變在 L2-4 神經根處。

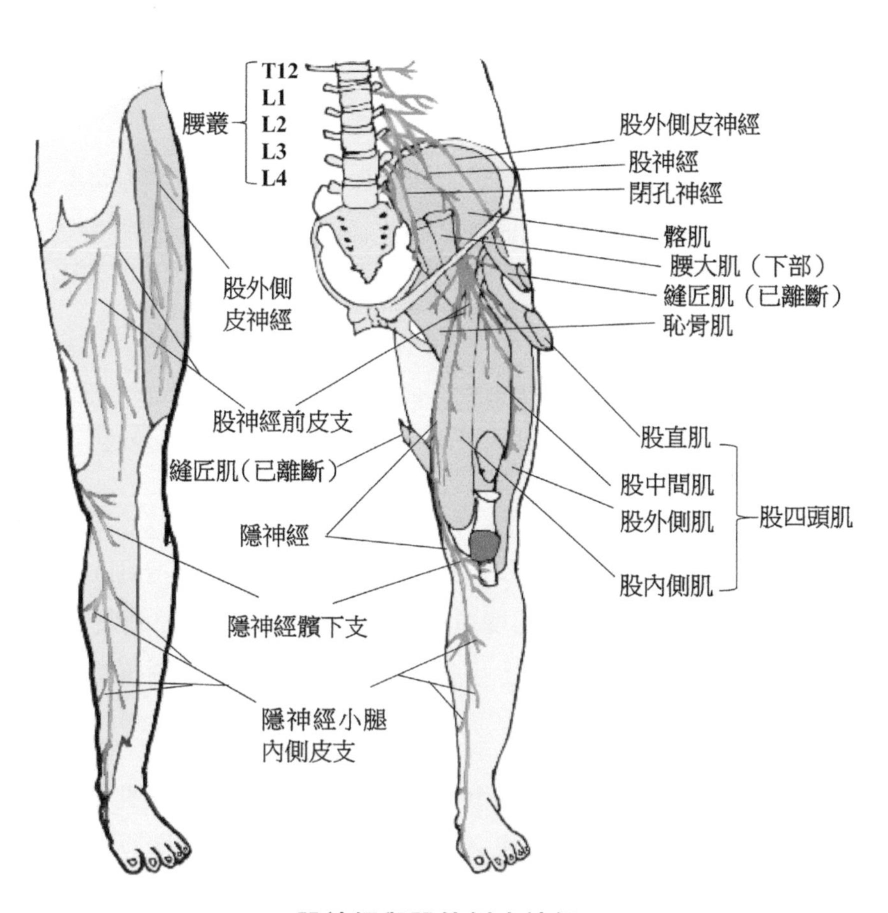

股神經與股外側皮神經

我們還應將股神經病變與 L4 神經根病變相區分。股神經病變與神經根病變均可導致股四頭肌肌力下降、膝腱反射消失或減弱、和小腿內側隱神經支配區麻木，但僅有 L4 神經根病變可以同時出現髖關節內收肌（L2-L4）、脛前肌（L4-S1）和脛後肌（L4 一 L5）肌力下降。

張平：謝謝老師詳細的分析 🙏 我會按此思路再次檢查。

添丁師兄：謝謝老師的長篇細解！無微不至，讚歎！！👍👍👍 但老師脛（胆）骨揀錯字 😄

老師：實因夜深兼老眼紛花，致有此錯誤，多謝指出……😅😅😅🙏

正確地說，應該老眼昏花，不是紛花。又搞錯，真係眼花，想唔認老都唔得……😅😅😅

金燕：老師你常常深夜講課教導我們，捱夜好傷肝傷眼啊！！😫

添丁師兄：老師客氣了，花在意中，黃昏矇矓眼，都有繽紛意。意足不須實相似也 👍 八面玲瓏的老師，或有通幽之別徑 🙏🙏🙏

張平：非常感謝老師深夜詳細的分析 🙏 近兩次的治療時，在他 L2-4 之間的胸腰筋膜、腰髂肋肌的兩側有明顯的痛，左側大腿仰臥做直膝抗阻力測試，股直肌和股外側肌肌力較弱、發抖。晚上睡覺時，麻痺痛點在股外側肌和股直肌下束、近膝關節上方位置。在靠近腹股溝的部位也有壓痛點，但平時不覺有異常。屈髖無法貼胸，腰大肌處無明顯的壓痛點。患者訴稱右髖髂脊頂處長期覺緊繃，無法做踢毽的動作。

威強：縫匠肌是屈大腿提膝，及盤腿動作，如果受傷是難以踢毽的 🤪 因起點在髂前上棘，故此髂前上棘難免有痛。

老師：但請留意，難以踢毽的是右腳，而患者主訴麻痺的是左腳，暫時還是集中討論患側（左腿）的病案較好。

張平：謝謝老師和各位同學的指導 🙏🙏🙏🙏🙏

老師：我個人覺得，雖然這個病人背部有很多痛點，但似乎與他的主症無關。

張平：嗯，是的，他整個背部肌肉都很僵硬。

老師：他主訴長跑之後在休息時，別人將他拉起，當時左大腿部曾經出現痛楚，現在則覺腿部麻痺無力，睡眠時更甚，這很明顯是股神經出現問題。如損傷股神經肌支，病位在腹股溝上方，則髂腰肌及股四頭肌均受累，表現為不能屈髖及伸膝，或力量減弱，抗力試驗可測知。但如在腹股溝以下損傷，則僅會表現出伸膝功能喪失或減弱，抗力測試可得知。請看下圖：

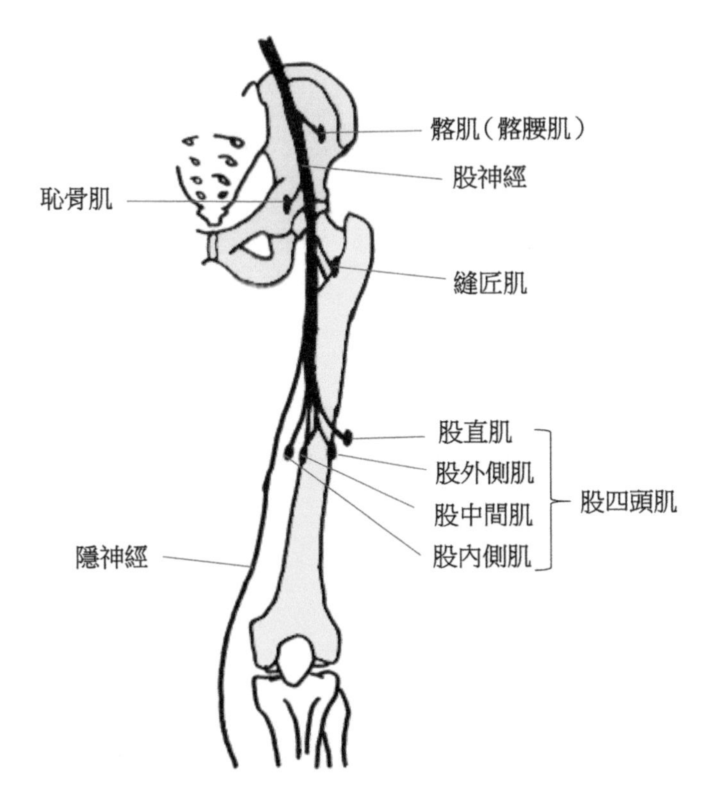

股神經（前面觀）及其支配肌肉示意圖

在感覺方面，如損傷在大腿高位，表現為大腿前內側及小腿內側感覺喪失或減弱；如損傷在大腿中下段，可能只有股神經前皮支支配區感覺障礙；如損傷在內側，就可能只有隱神經受累，表現為小腿內側感覺障礙。

一般來說，股四頭肌無力會引致股四頭肌萎縮，但在這個病例來說，患側竟然比健側更粗大，如不是量度出錯誤的話，就是患肢曾經受傷，當時肌肉纖維撕裂，出現瘢痕組織，所以較為粗大，所以張平同學可以觸摸到他的左股直肌、股外肌出現明顯的硬塊及按壓痛。

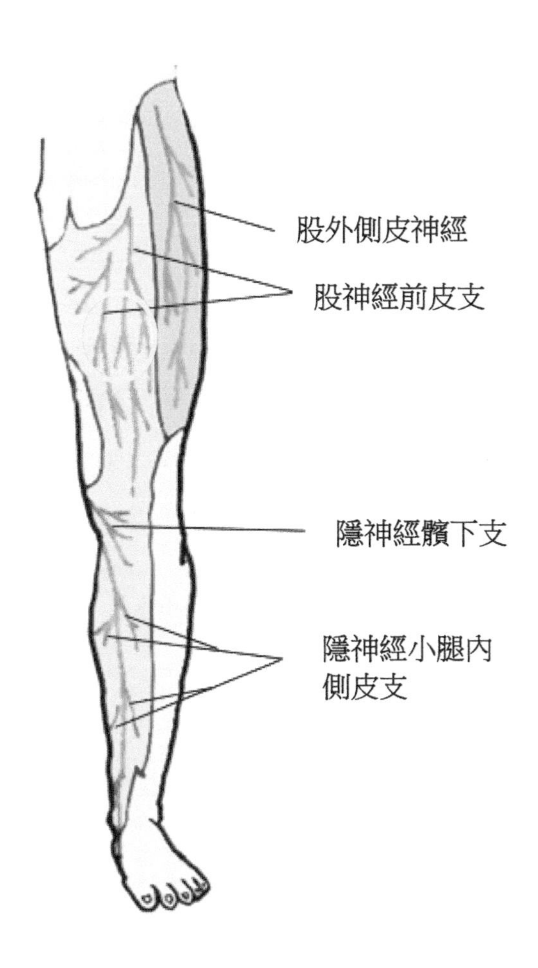

張平：對，他述說就是此區域麻痺痛。是否因為他當時拉傷肌肉，微細血管內出血，未及時處理好，出現疤痕黏連組織的增生，所以較健肢更粗呢？

老師：是的。可能經長跑後，他腿部已受傷，肌肉纖維撕裂，再經旁人強行拉起，在那時候他既疲累且肌肉又不協調，更加深傷患。事後並無詳細分析病情，又沒有適當的醫療，病況遷延。而瘢痕組織會壓迫神經，且睡眠時血循環較慢，所以病情更為加重，感覺麻痺不適。

張平：看來就是如此。辛苦您了，老師

老師：綜合各方面的資料，相信病人當日損傷大腿前中下緣（圖中黃圈範圍），出現瘢痕組織，壓迫股神經肌支及前皮支，所以出現肌肉無力及感覺異常。

張平：在老師面前，實感愧疚！因太粗心大意，忽略了很多的細節。

老師：現在可做的就是針刺療法，取穴：髀關、伏兔、陰市、風市、梁丘、血海、箕門、足五里、陽陵泉、足三里等，阿是穴則圍針及刺絡放血、深層按摩、撫平瘢痕、解除黏連、促進血液循環，還是有望治癒的。今晚早點放學了，請請！

張平：謝謝您老師！按您的指導下，近日替患者治療兩次，他已覺輕鬆多了，左側直膝抗阻力，也較之前有力。不過他拒針，只能用手法和抗阻力訓練的方法幫助他。老師，晚上不要飲太多咖啡，會亢奮失眠喔 😄 今晚要早些休息啦！晚安 😴💤

醫事討論二十三

系統性紅斑狼瘡——被狼咬？

陳醫師：老師，我最近收了一個女性病人，32歲。她因雙手手指關節反覆腫脹、疼痛及晨僵（要活動半小時才能緩解），時輕時重，曾就診西醫。醫生起初懷疑她患的是類風濕性關節炎，囑她驗血及照X光，得出結果：血沉 68mm/hr、類風濕因子陰性、X 光無異常（未見侵蝕性關節炎、關節半脫位、強直等），故此診斷她患的是一般的勞損性關節炎，處方消炎止痛藥。但服藥已一個月，療效不明顯，而胃部亦不適，故自行停藥並來診。

舌診時，見她口腔黏膜大面積破損潰瘍，但不大疼痛；指間關節稍為腫脹；前臂掌側近腕處有紅斑，但不痕癢。（見下圖）

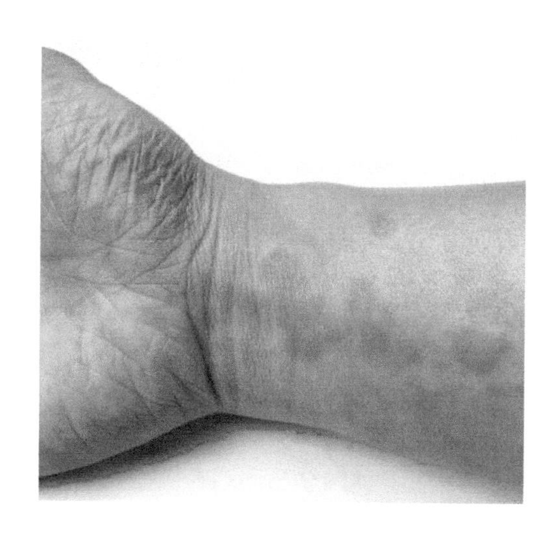

家人代訴，患者的手指時有蒼白、繼而發紫、再發紅的顏色變化，每次為時三十分鐘左右。未知患者所患何病，煩請老師及各師兄師姐提點。

何醫師：類風濕性因子在類風濕關節炎病人中，只有 70% 的陽性機率，所以檢測結果是陰性，也不代表不是類風濕性關節炎。診斷類風濕性關節炎，是需要參考臨床症狀的。根據此病人是年輕婦女、手部多關節痛和晨僵、關節腫脹和對稱性，推斷她患的極可能是類風濕性關節炎。

至於她口腔潰瘍，相信是她服食西藥太多，故有此症狀。如果加驗抗環瓜氨酸抗體，結果是陽性的話，更能傾向確診為類風濕性關節炎。關於手指蒼白，估計與近日天氣寒冷有關，令末端小動脈收窄，後因血液回流而發紅。手臂的紅斑可能是敏感所致，應與本症無關。所以，綜合以上所出現的症狀，我還是認為這個病人患的是類風濕性關節炎。

老師：然而在我看來，是紅斑性狼瘡居多。紅斑性狼瘡患者早期的多關節痛和多關節炎，常易誤診為類風濕性關節炎。類風濕性關節炎呈持續性，程度較重，晨僵時間長（≥ 1 小時），久之畸形多見，X 光檢查常顯示侵蝕性關節炎、關節脫位、強直等，但少見全身多系統的損害。此病人既然透過 X 光檢查，並無骨損害現象，就必須根據下列診斷標準達 6 分或以上，方能診斷為類風濕性關節炎。

類風濕性關節炎的診斷標準		
	分數表	分數
腫脹及疼痛的關節數量	1 個中／大關節 2-10 個中／大關節 1-3 個小關節 4-10 個小關節 10 個以上關節且至少包括 1 個小關節	0 1 2 3 5
血液檢查有免疫異常	類風濕因子、抗環瓜氨酸肽（CCP）抗體皆陰性 類風濕因子、抗 CCP 抗體，其中 1 項弱陽性（未超過正常值上限的 3 倍） 類風濕因子、抗 CCP 抗體，其中 1 項高值陽性（超過正常值上限的 3 倍）	0 2 3
血液檢查出現炎症反應	C- 反應蛋白（CRP）、紅細胞沉降率（ESR）都正常 CRP 或 ESR 其中 1 項異常高值	0 1
症狀的持續時間	未滿 6 週 6 週以上	0 1
＊中／大關節指肩、肘、膝、踝及髖關節 小關節指手指、足趾的關節及腕關節		

而根據該病人手指關節疼痛，腕部有不癢的紅斑，口腔出現不痛的潰瘍，手指出現雷諾氏現象等症狀，很大可能是患有紅斑性狼瘡。如隨着病情發展，病人更有可能會患上系統性紅斑狼瘡，引致腎衰竭而死亡。

何醫師：老師，患有紅斑性狼瘡的病人，不是應該在面部出現蝴蝶斑的嗎？

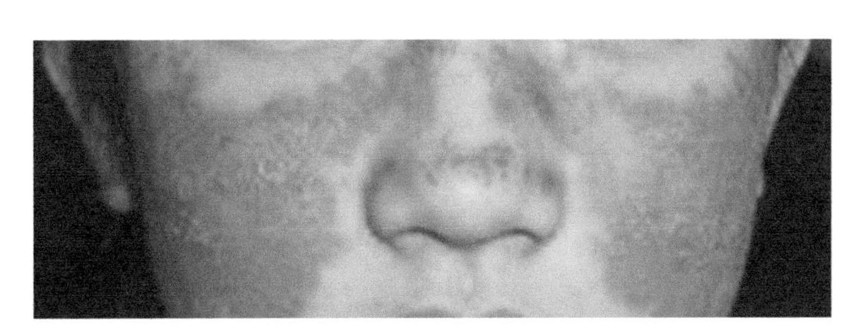

老師：患有紅斑狼瘡的病人，面部出現蝴蝶斑（就像一隻紅色的蝴蝶展翅站在鼻樑上）是典型症狀，但不是唯一及必然出現的診斷標準。如符合以下 11 項的其中 4 項或以上，更可確診為系統性紅斑狼瘡（SLE）：

（一）蝴蝶形狀的紅斑從鼻子延伸至臉頰（蝴蝶斑），但不癢；

（二）圓盤狀隆起的皮疹，但不癢，可出現在臉上、耳朵、頸部及手腳等部位；

（三）對陽光敏感，暴曬後皮膚會發紅、發熱，甚至長出水疱；

（四）口腔、鼻子黏膜破損潰瘍，不痛或僅有輕度疼痛；

（五）手指、手肘、膝蓋等兩處以上的關節發炎腫痛，但無骨骼侵蝕及變形現象；

（六）胸口如刀割般刺痛、心悸、喘不過氣，皆因心包膜或／及肋膜炎引起的症狀；

（七）不安、抑鬱等精神異常症狀（多出現在其他症狀之後）；

（八）血液異常——以下任何一項異常：

1）溶血性貧血

2）白血球數量減至 4000/mm³ 以下

3）淋巴球數量減至 1500/mm³ 以下

4）血小板數量減至 10 萬 /mm³ 以下

（九）尿蛋白量超過 0.5g/ 日，或存在各式圓柱體，而出現狼瘡腎炎症狀，還可能伴有血尿；

（十）血液檢驗中，抗核抗體陽性；

（十一）免疫系統異常：抗雙鏈 DNA 抗體陽性、抗 SM 抗體陽性、抗磷脂抗體陽性、狼瘡因子等。

其他可供參考的症狀及病徵計有：持續發燒、容易疲倦、體重減輕、毛髮變得稀疏或局部脫落、出現雷諾氏現象、手腳浮腫、尿頻、眼睛乾燥、視力減退、視野缺損、劇烈頭痛、腹痛、食慾不振、噁心、嘔吐、腹瀉等消化系統症狀。

陳醫師：多謝老師指點迷津！

小標：系統性紅斑狼瘡有什麼成因呢？為何叫做系統性紅斑狼瘡？是否即紅斑性狼瘡呢？

老師：紅斑狼瘡是僅指面部或肢體皮膚出現如被狼噬的紅斑，是一種自身免疫疾病。由於免疫系統失常，而產生過量不正常抗體，把自身的細胞誤當敵人，攻擊身體的正常皮膚組織，導致發炎。但實際上，這些抗體可以攻擊身體任何器官，除了攻擊皮膚之外，還影響身體多個不同系統。當紅斑性狼瘡同時影響身體多個部位和器官，便稱為「系統性紅斑狼瘡」（臨床上大多數紅斑性狼瘡患者都有系統性症狀）。系統性紅斑狼瘡是可以致命的，死因大多是由於狼瘡腎炎所引致的腎衰竭。

小雯：紅斑狼瘡患者為什麼要避免曬太陽呢？

老師：陽光中有紫外線，會侵害皮膚的角質細胞並令其死亡。在正常的情況下，身體會迅速清除這些死亡的細胞，所以因曬傷而導致的皮膚發炎及紅腫，通常都會很短暫；但因死亡的角質細胞核會在細胞死亡後被釋放

出來，免疫系統會錯誤地認為這些是外來物質，而產生抗核抗體（ANA）作出對抗。這些免疫反應，在大量死亡細胞的刺激下變得失常，並攻擊自身組織，導致皮膚嚴重發炎，並令病情變得活躍，進而侵犯其它器官。

小雲：什麼是雷諾氏現象呢？

老師：雷諾氏（Maurice Raynaud）為法國醫生，他在 1862 年發現此現象，因而以他命名。雷諾氏現象是指身體某些部位因血行不足，造成皮膚顏色改變及感覺不適之現象，最常發生的部位是手指及腳趾的末端，皮膚顏色會由於血管變窄而發白，繼而血行減慢，血液滯留，皮膚缺氧而變紫；之後因血管放鬆，血液再回流，皮膚顏色因而轉紅。血行變慢時，末端會有發冷發麻的感覺；血液回流時，會有腫脹、刺痛、發暖或搏動感，通常顏色分界清晰，界線明顯。

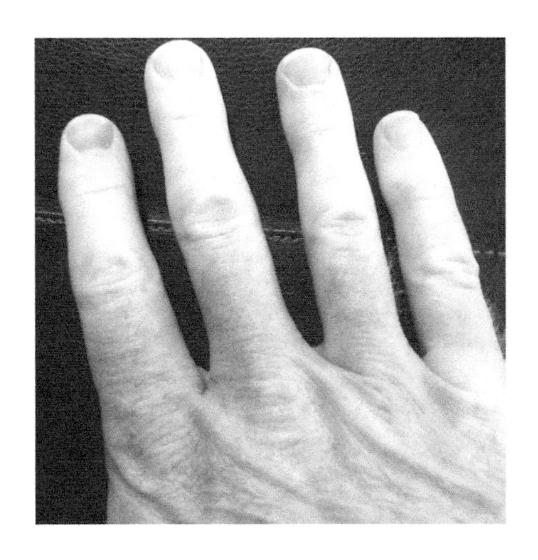

雷諾氏現象在一日中常會發作數次，每次發作時間約為二十分鐘。原發性雷諾氏現象常因遇冷或緊張興奮而發生，而繼發性雷諾氏現象有很多病因，其中包括多種免疫風濕疾病。有 1/3 系統性紅斑狼瘡患者都會出現雷諾氏現象。

小平：紅斑狼瘡女性患者能懷孕嗎？

老師：系統性紅斑狼瘡患者年齡多介乎 20 至 40 歲，男性與女性的比例為 1:9，70% 左右的患者正是處於育齡期的女性。因為患有系統性紅斑狼瘡（SLE）的孕婦，就算病情是處於非活躍期，仍有 10% 至 30% 的機會在懷孕中或產後數月內出現病情復發和惡化，而且較易引致早產、流產及胎死腹中等現象，加上醫治 SLE 的藥物大多會對胚胎有一定程度的影響，過去妊娠生育曾經被列為紅斑狼瘡的禁忌症。

如今大多數 SLE 患者在疾病受控制後，是可以安全地妊娠生育的，只要符合下列條件，可以考慮懷孕：

（一）懷孕前，一定要和主診醫生商量，才作決定；

（二）無嚴重心、腎損害；

（三）有過嚴重心腎損害，但治療後已大致恢復正常；

（四）病情穩定半年以上及只維持小劑量用藥情況下；而在妊娠後，需要婦產科和風濕科共同跟進。

這樣的話，患者想生育也不再是一個極大難題了。

Apple：老師，我朋友患有紅斑狼瘡症，她現在可用什麼方法去處理？中醫？西醫？食藥？針灸？哪樣比較好？

老師：紅斑性狼瘡應該結合中西醫治療，中醫則以中藥為主。針灸對治療紅斑性狼瘡的有效性缺乏有力的證據，而對紅斑狼瘡引起的腎炎、貧血、皮疹或者其他全身症狀的療效，亦都未見有權威的研究報告。但是如果利用針灸紓解該病引致的關節肌肉疼痛，就比較有效果。

蘇醫師：中醫對 SLE 有什麼認識？又如何分型及治療呢？

老師：中醫稱 SLE 為蝶瘡流注，曾將其歸屬於「痺症」、「溫毒發斑」、「蝴蝶斑」、「蝴蝶丹」、「陰陽毒」、「鬼臉瘡」、「日曬瘡」及「水腫」、「心悸」等範疇，多因風熱邪毒侵襲或日光暴曬，致蝶斑瘡毒流竄結注，侵及皮膚、關節筋骨、臟腑，並以腎臟損害為主的流注性疾病。

根據趙炳南老中醫前輩的分析，他認為機體機能的失調，其基本狀態主要是陰陽及氣血失和、氣滯血瘀、經絡阻隔，是為本。但由於外邪毒熱的作用和影響，在整個病程中，又會相繼或反覆出現整體或某臟腑的毒熱現象，是為標。

在治療法則上，以益氣陰、調氣血、活血化瘀通絡治其本，清熱解毒、補肝腎、養心安神治其標。他認為用《證治準繩》中的秦艽丸方加減進行治療，還是比較有效的，是治療本病的基本方，但是還要根據不同階段的具體情況，辨證施治。他分證型為：

（一）毒熱熾盛
（二）陰血虛虧
（三）毒邪攻心
（四）腎陰虧損
（五）邪熱傷肝

不過他認為，中醫對本病並無特殊療法。因為系統性紅斑狼瘡病情重、發展快、預後差，有時會出現危急症候，所以西藥的搶救措施或激素的使用，還是起到積極作用的。但如加上採用中醫辨證施治的法則，從調整整體機能為主，配合激素進行治療，臨床所見，不但病者自覺症狀普遍有所好轉，精神體力增強，而且化驗結果亦有好轉，同時病情延緩，死亡病例減少。

雖然趙老醫師在中醫辨證施治的過程中，也治療了一些危重患者，但他卻仍認為，自己在掌握本病的特殊規律方面，還差很遠。所以我極之期望各位同學能繼往開來，秉承前賢所托，以期能抓住本症，造福人群。

蘇醫師：多謝老師詳加分析，晚安！

醫事討論二十四

手震＝柏金遜症？

小平：老師，近日我外婆在取物時，往往手部顫抖，不知是否患了柏金遜症呢？

老師：在意向性動作中而出現的手部顫抖，大多為小腦病灶。柏金遜症的手部顫抖是在休息中才出現，病灶多半位於基底神經節。測試柏金遜症，可叫病人將雙手放在桌上，幾秒後手便會震顫起來。震顫常自一隻手開始，隨着病情的發展，可波及到同側的下肢及對側上、下肢、下頷舌肌和頭部。

話說回來，手部顫抖只是一種症狀或現象，主要表現為手部不隨意的有節律性的顫動。手抖原因有很多，有時人緊張時也會發生，只要放鬆心情，症狀就會消失。

如果患者是在如端碗拿筷、寫字及扣鈕時，出現手部抖動的情況，稱為姿勢型手部顫抖，多為原發性顫抖症，患者通常是年輕人，有一半罹患此症者有家族遺傳病史。

有些患者在做動作時，像拿東西、開汽水蓋、取物、想關門窗而出現手抖，稱為動作型手部顫抖，多為小腦病變，因為小腦是精細動作的最後調校者。除小腦萎縮症外，這還有可能與腦梗塞、威爾森氏症及多發性硬化症等有關。

但如手部在完全不施力、呈鬆弛狀態下而出現手抖情況，稱靜止型手部顫抖，多為柏金遜症、甲狀腺機能亢進及血糖過低等。

還有其他原因也會引起手部顫抖，如飲酒過度、藥物副作用、重金屬中毒等等。

總體而言，手部顫抖原因甚多，實不能一概而論，總認為是柏金遜症，我們應該詳加分析，而作出鑑別診斷。

小平：老師，如患有柏金遜症，會有什麼病徵呢？

老師：患者會出現手腳間歇或持續不受控的震顫，靜止時更為明顯。其手指屈伸均有節律性，尤其是大拇指及食指，如搓泥丸狀，速度大約每秒四至六次，稱為「捲煙震顫」。病人動作遲緩，如長時間呆坐而不變動姿勢，起步走路時困難，轉變方向時更為明顯。肌肉張力增強，狀如僵直，手腳肌肉僵硬。當他活動其關節時，就像轉動齒輪般困難，一下子鬆，一下子緊，名為齒輪式僵直。步行時雙手缺乏擺動及無法大步，只以碎步行走，以致容易失去平衡，越走越快，叫「慌張步態」。面部麻木，缺乏表情，雙目凝視，眨眼減少，有如戴上假面具一般，俗稱「面具臉」。語音單調細小，寫字字體越來越細。

患病早期，病人身體的姿勢有如猿猴，兩肩下垂前傾。走路時，兩手的協同性擺動減慢，甚至消失。轉身時，頭部不能先扭轉，只能靠身體慢慢的轉動。而病情一定會進一步惡化至失去行動能力、說話不清、吞嚥困難、便秘、失去自我照顧能力，出現認知功能障礙、幻覺、妄想、抑鬱及精神錯亂症狀。

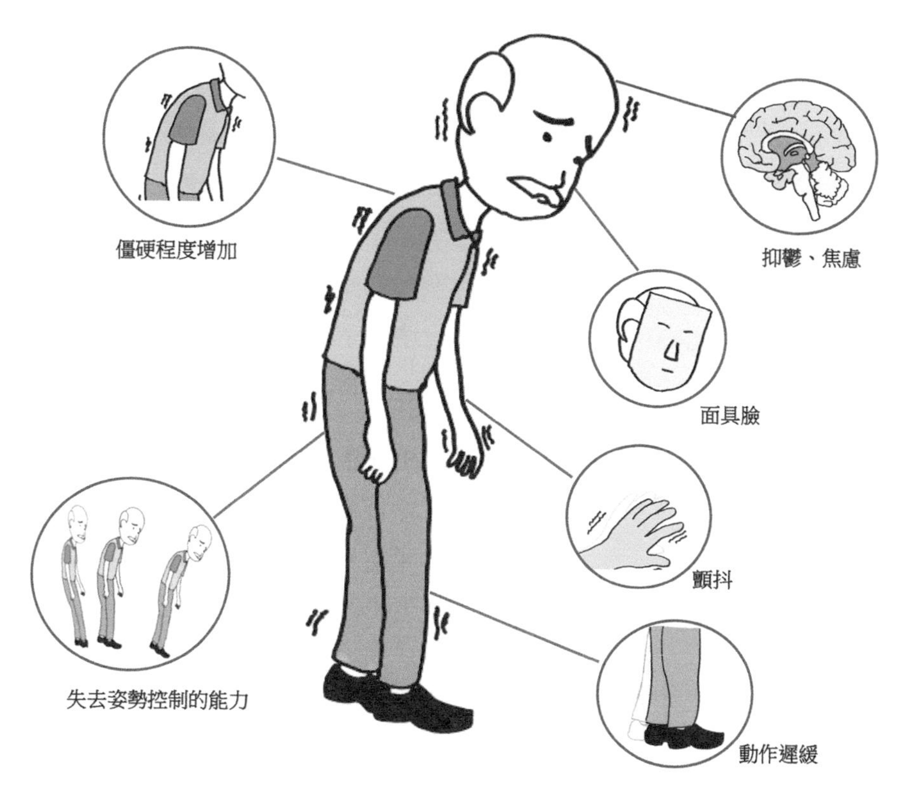

柏金遜症典型臨床特徵

小玲：如何診斷柏金遜症呢？

老師：診斷柏金遜症主要依靠臨床的評估，可根據四項主證（靜止性震顫、肌強直、運動遲緩、步態姿勢異常）中，必備運動遲緩一項，其餘三項至少具備其中一項，可以作初步確診依據。因為黑質範圍非常細小，就算用腦掃描造影或磁力共振，也未必照得出來，所以結果大多數都顯示正常，反而不太可靠。

陳成：點解患上以上症狀叫做柏金遜症呢？是否意味着這個病由柏金遜醫生發現及記載，並且提供醫療的方案，後世人為了紀念他，而將此病以他命名呢？

老師：故事由這裏開始：1755 年，柏金遜醫生出生於倫敦哈克斯頓廣場的一個藥劑師兼外科醫生家庭，自少便擁有非常優秀的觀察能力。他最主要的功績，就是在 1817 年發表的《探討震顫麻痺的小論文》（*An Essay on the Shaking Palsy*）。

震顫麻痺是指會顫抖、但感覺正常卻很遲鈍的症狀。在這篇小論文中，他詳細觀察並記錄了六個病案。論文中提到，病人在沒有活動的時候也會自發性顫抖，稱作安靜時震顫；病人想要開始走路時，會無法控制自己，突然暴衝，稱為步行障礙。病情惡化後，會變得連字都沒有辦法寫，也沒辦法進食，容易流口水，連說話也不能。他寫得非常詳細，就像是曾跟每個病人一同生活，目睹每個人的動作一樣；但他並無提供任何的治療方案。這篇小論文之後被歷史塵封了七十年。

1887 年，法國神經學者——讓・馬汀・沙可（Jean-Martin Charcot）在巴黎沙佩提爾（Salpetriere）醫院內的週二課程中，為震顫麻痺提出了一個明確的定義如下：「在肌肉完全沒有用力，處於安靜狀態時，手仍會不由自主地開始顫抖。患者的雙手有彎曲傾向，走路時還會有跑起來的傾向。不過患者的感覺功能與智力仍維持正常。」

沙可是第一個用「柏金遜症」這個詞來描述患有這種疾病的人。他在課堂上說，Parkinson 這個字是在一個很珍貴的文獻上看到的，那是一本在曼徹斯特大學圖書館中看到的手寫書。

19 世紀的醫療，大多數醫學家都專注在感染症與營養不良的問題上，像柏金遜症這種神經類的疾病，長久以來都不被人注目。雖然希特勒也曾出現上述症狀，但並未確診，也沒有用過任何方法治療。直到 20 世紀後半期，在神經科學發展之下，柏金遜症成為了第一個有辦法被治療（不是治癒）的神經變異性疾病，社會才認識柏金遜這個名字。

曾紅：柏金遜症的病理為何？

老師：柏金遜症是一種運動障礙性疾病，主要病變在黑質和紋狀體。大腦會把生活中通過各個器官收集到的信息，匯聚到腦部一個叫紋狀體的區域，紋狀體再與腦的其他部位（包括中腦的黑質）共同協作，發出平衡和協調身體運動的指令。指令由大腦傳至脊髓，經周圍神經傳至肌肉，身體便能運動自如或靜止。但這些訊息的傳遞，是需要神經遞質來進行的，神經遞質就像速遞員，帶着的貨物就是大腦發出的訊號指令。

神經遞質種類很多，多巴胺與柏金遜病關係最為密切，大腦的指令通過它「速遞」給紋狀體（尾核和被殼），再將指令傳達下去，控制肌肉運動或保持平衡靜止。多巴胺由中腦黑質部位的神經元製造；另一個調節身體運動的神經遞質是乙酰膽鹼，它與多巴胺互相制衡。

在靜止狀態下，多巴胺和乙酰膽鹼保持平衡。當我們開始運動時，大腦將根據運動的需要，調節這兩種神經遞質，以使身體運動自然流暢。如多巴胺嚴重減少，基底節與其他神經細胞及肌肉的聯繫也會隨之減少，人的運動能力因而發生障礙，就會出現柏金遜症。因為神經遞質多巴胺是在黑質中產生，所以黑質變性為此症主要的病理變化，這個時候，乙酰膽鹼系統功能相對亢進，就會產生震顫、肌強直等臨床症狀。

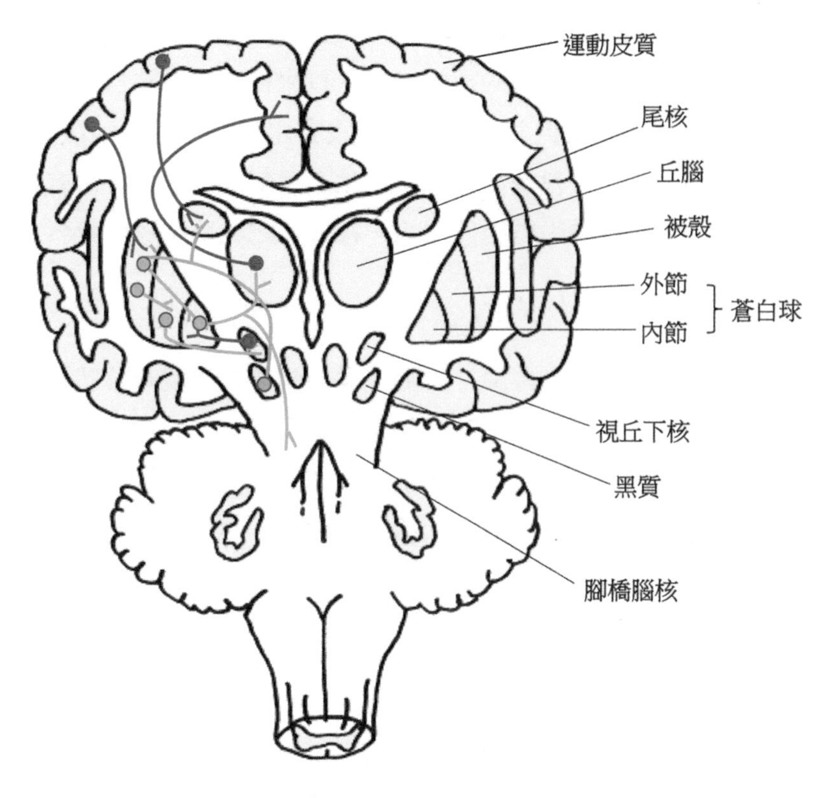

紋狀體的神經聯繫

紅色：以麩胺酸為傳導物質的神經徑

藍色：以γ－胺基丁酸為傳導物質的神經徑

綠色：以多巴胺為傳導物質的神經徑

絕大多數的柏金遜症都是原發性，成因不明，不會傳染。不過，有三成的柏金遜症徵狀是由其他疾病引起的，在醫學診斷上，它們不屬於柏金遜症，可稱為「繼發性柏金遜病」，其成因包括：

（一）中風及腦血管病

（二）腦炎

（三）腦創傷

（四）一氧化碳或其他重金屬物品中毒

（五）藥物副作用

（六）腦瘤

（七）腦室積水

陳凡：柏金遜症是否等於老人癡呆症呢？

老師：柏金遜症不是老人癡呆症，柏金遜症患者的智力一般並不會受到影響。但有部分患者於患病後期，認知能力亦會減退，甚至達到癡呆的程度，年紀越大的患者，出現癡呆的機會越大。

陳醫師：柏金遜症是遺傳病嗎？

老師：絕大多數的柏金遜症患者都不是因遺傳而得病，如之前所述，其真正病因並不明確，致病的因素和過程十分複雜，可由多個遺傳因子及環境因素相互影響而引發，由單一遺傳因子突變而引發者十分罕見。

何醫師：那麼有根治的方法嗎？

老師：現時仍沒有根治此病的方法，但西醫透過藥物（主要為左旋多巴），可以舒緩病徵，令患者生活質素得以改善。當藥物日漸失效時，可考慮深腦刺激法手術治療。此外必須兼顧患者身心的發展，鼓勵其多做體育活動，如八段錦、五禽戲、精簡太極，多注意均衡飲食等，都有助改善患者的活動及自我照顧能力。

蘇醫師：中醫可參與治療此症嗎？

老師：柏金遜症屬於中醫學的「顫證」和「振掉」，主要病因是年老精血肝腎虧虛。本症屬本虛標實，辨症分型有：

（一）陰血虧虛、筋失濡養
（二）陰血虧虛、肝風內動
（三）氣血兩虛、肝風內動
（四）陰損及陽、陰陽兩虛

治療可按上述分型而施以不同方劑。

針刺可取：頭針——運動區、感覺區、足運感區、言語二區、血管舒縮區；體針——百會、風池、肩三針、手五里、曲池、手三里、內關、合谷、血海、陽陵泉、豐隆、三陰交、太衝、太溪、中脘、關元、氣海、足三里。每次取五至七穴，十次為一療程。

因為至今並無根治此病的藥物，幾乎所有的病例都須終身治療，以控制病情。但透過中、西醫結合的方法，確可使症狀惡化情況緩慢進行，改善生活質素。還望各位同學努力研究此症的治療方案，盡力濟世活人，實功德無量！

蘇醫師：多謝老師指點迷津！

醫事討論二十五
前／後十字韌帶損傷的鑑別

系蘿：請問各位，有無人知道怎樣檢查膝頭前十字韌帶或後十字韌帶損傷？謝謝！

兵哥：黃師姐，妳可用屈髖、屈膝位作抽屜推拉試驗。

系蘿：兵哥，請問怎分是前或後受損？

君君：當前交叉韌帶斷裂或撕裂鬆弛時，患膝向前移動度明顯增大；當後交叉韌帶斷裂或撕裂鬆弛時，患膝向後移動度明顯增大。

兵哥：準盧醫師，讓學弟補充一句，結果要和健側對比。

君君：多謝師公教導！

兵哥：面紅了……

系蘿：兵哥，可否解釋多一點呢？

兵哥：檢查時可用抽屜試驗，又稱為推拉試驗：患者仰臥，屈髖 45°，屈膝 90°，足平放在檢查床上。醫師以臀部或膝部壓住患者足背作固定，兩手掌環抱小腿上段，拇指放於膝關節間隙前方，食指用於觸摸膕繩肌肌腱，確保其處於放鬆狀態，然後作向前拉及後推動作。

正常情況下，脛骨平台只可作 0.5 厘米以內之前後滑動。向前移動度明顯增大超過 0.5 厘米為陽性，可能為前交叉韌帶斷裂；患膝向後移動明顯增大超過 0.5 厘米，可能為後交叉韌帶斷裂。當移位幅度非常明顯，如前移大於 1.5 厘米，則前十字韌帶幾乎可確定已經斷裂，而且可能伴隨內側半月板撕裂及／或內側副韌帶斷裂。

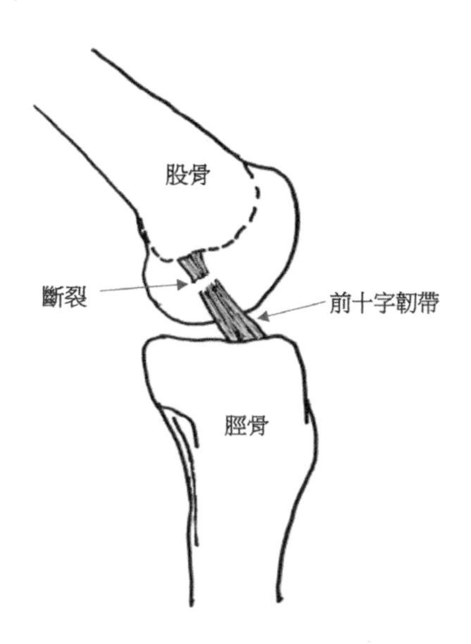

前十字韌帶完全斷裂

老師：兵哥說法正確，但須注意先要鑑別脛骨是否因後十字韌帶斷裂，向後移位，以免誤診。因為在這個情況下作前抽屜試驗，脛骨向前拉時，活動度會明顯增大，但實際上是後十字韌帶斷裂使然。

在大部分後十字韌帶斷裂病例中，當膝部屈曲時，如從側面看，膝部輪廓可能有顯著改變，脛骨會向後陷，因此前抽屜試驗往往得到假陽性的結果。較為可靠的檢測方法，可用股四頭肌主動抽屜試驗：患者仰臥位，屈膝 90°。囑其放鬆肌四頭肌，如見脛骨向後移，可囑患者作股四頭肌收縮，因髕韌帶止於脛骨結節，如收縮時見脛骨向前移位，則為後十字韌帶斷裂陽性。

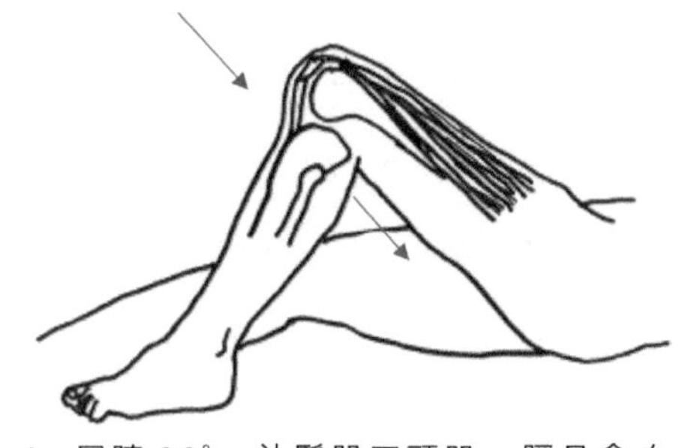

A. 屈膝 90°，放鬆股四頭肌，脛骨會向後移

B. 股四頭肌收縮使脛骨向前移

股四頭肌主動抽屜試驗

（可測試後十字韌帶斷裂）

小平：其實什麼是膝部十字韌帶呢？

老師：膝部交叉韌帶，交叉如十字，故又名十字韌帶。交叉韌帶位於膝關節之中。前交叉韌帶起於股骨髁間窩的外後部，向前止於脛骨髁間隆突的前部，能限制脛骨向前移位；後交叉韌帶起於股骨髁間窩的內前部，向後外止於脛骨髁間隆突的後部，能限制脛骨向後移位，交叉（十字）韌帶對膝關節有穩定作用。

十字韌帶是堅韌的纖維組織，前十字韌帶的長度平均為 3.7-4.1 厘米（稍長於 1 吋），寬為 0.8-1.0 厘米（像手指般粗）。前十字韌帶由兩束纖維組成，包括前內側束及後外側束。前內側束控制前後動作，後外側束控制小腿內旋動作，它們既可防止脛骨前移，在膝關節伸展時拉緊，防止膝關節過伸，還有控制脛骨近端不發生過度旋轉的作用，從而加固膝關節的穩定性。後十字韌帶在人體中算是極強壯的一條韌帶，在膝關節中又是最強大的韌帶，約為前十字韌帶的兩倍，並由前外束、後內束及半月板股骨韌帶組成，在膝彎曲時拉緊，主要作用為防止脛骨後移。

請記着，交叉（十字）韌帶行走方向如雙手中、示指交叉，中指代表前交叉（十字）韌帶，示指代表後交叉（十字）韌帶。

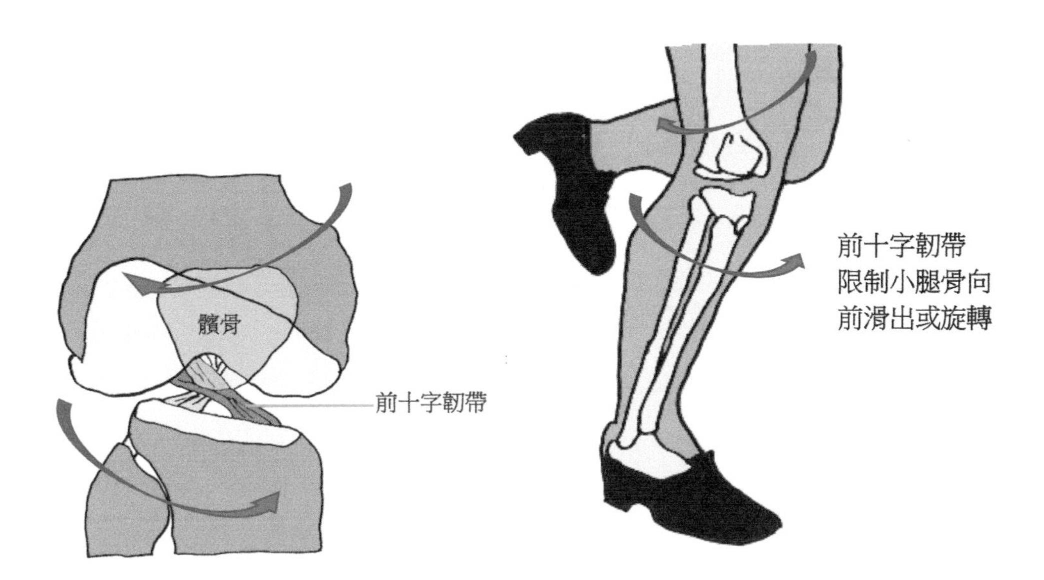

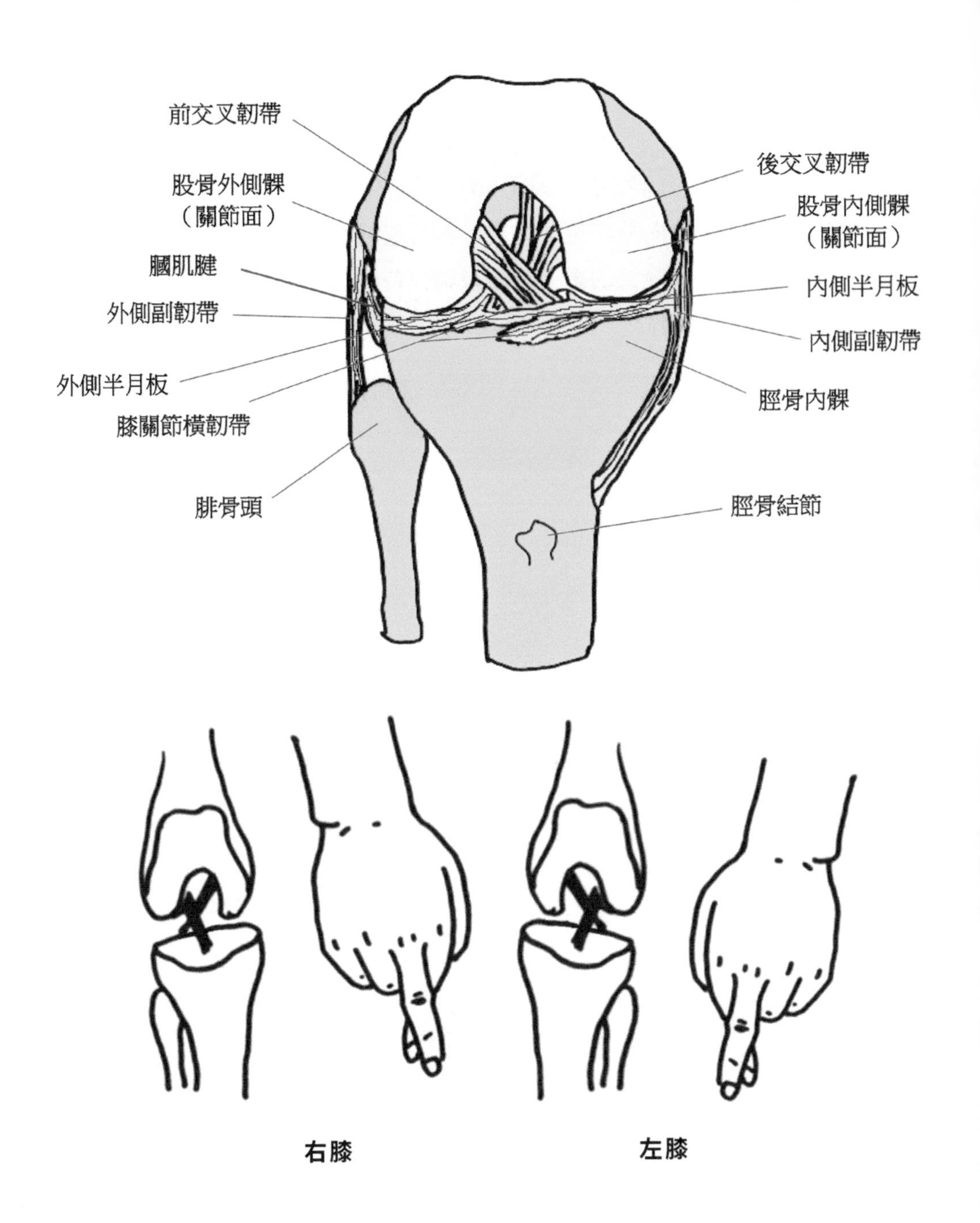

小王：老師，既然十字韌帶如此粗壯及堅固，又如何會令其撕裂呢？

老師：只要致傷因素大到可以使膝關節作超生理範圍的運動，就會牽拉前十字韌帶，使其過度緊張而受傷。如膝部轉幅太大或轉向太快，都可能令前十字韌帶撕裂。一般來說，撕裂是需要較大暴力的，但有時有些女士在籃球活動時，一次簡單的跳躍後着地不當、旋轉及急速停步，也會導致

前十字韌帶撕裂，甚至斷裂。前十字韌帶斷裂多為膝關節過伸或強力外翻所致，但單純前十字韌帶損傷少見，多與內側副韌帶及內側半月板同時損傷，是為三聯徵。

而後十字韌帶損傷多發生於膝關節屈曲位，外力加於脛骨上端的前方，如駕車時急剎車而被儀表板猛烈碰撞，或電單車翻車的車禍，使脛骨向後移位，導致後十字韌帶斷裂。但後十字韌帶比前十字韌帶更為強壯，故損傷較少見，又因其位於關節內、滑膜外，受傷時血液多不會流入關節內，因此其受傷症狀有時未必明顯。

小陳：十字韌帶撕裂對日常生活有什麼影響呢？

老師：十字韌帶撕裂，關節就會鬆動不穩定，容易引致半月板撕裂，軟骨磨損，增加患上退化性關節炎的速度。

小花：那麼十字韌帶撕裂是否一定要做手術呢？

老師：如果患者願意改變他們的活動方式——儘量減少旋轉及切入動作的運動，那麼即使沒有完整的十字韌帶，他們仍可如常地生活，所以並非所有十字韌帶撕裂的患者都需要手術治療，部分患者在受傷後，經過一段時間，情況會好轉，多能夠應付日常步行和緩步跑等活動。但如要作出急停、轉向、跳躍、扭動膝關節等球類運動時，便可能有關節不穩定的感覺。

一般來說，對於受傷情況輕微，或日常較少體育活動的患者，可配合一雙手、一根針、一把草及病人練功等方法，亦能重新拾回膝關節的穩定性和活動能力。但若病人的十字韌帶完全斷裂，並影響日常生活，或者是運動員或較年輕患者，則可能需要接受手術。如一經確診及決定，手術越早越好，以免延誤病情。否則十字韌帶的兩斷端，在膝關節的血腫積液中飄蕩，牛郎找不到織女，相聚便遙遙無期，所以手術縫合對上述患者應有一定的好處：

（一）舒緩膝關節不穩定引起的不適
（二）回復膝關節的穩定性
（三）恢復膝部的活動能力
（四）可恢復往日的運動習慣

（五）減少半月板和關節損傷的機會

但我個人總覺得，只要韌帶沒有全斷，只是撕裂，裂痕旁邊還連着健康的韌帶，手術就可免則免，利用一雙手、一根針、一把草的治療方針，患膝功能恢復還是有希望的。請記着，韌帶撕裂，並不等於運動生涯從此結束。

現僅提供一些練功方法，以作大家考量，無論有沒有受傷，受傷後做不做手術，或手術前後都可練習，既能防病，又能治病及復健。每天早晚練習一次，每個動作姿勢保持五秒，每次十回，但也不要練習過度而引起不必要的損傷。

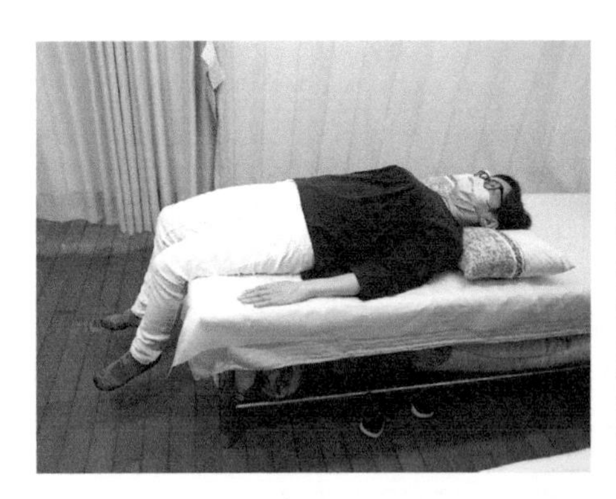
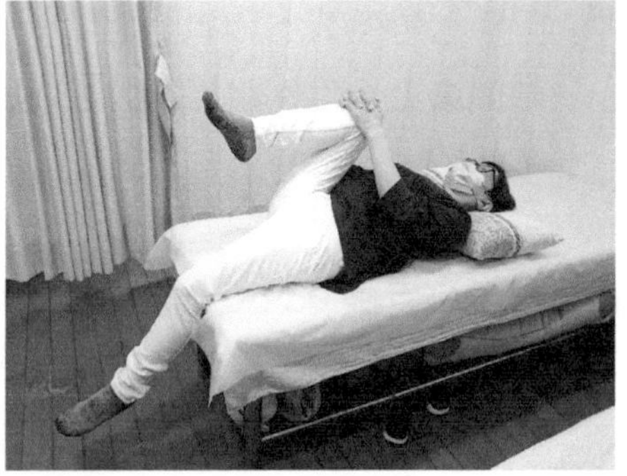

練功 1. 仰臥床上，雙膝位於床邊，以雙手交叉抱着一側膝部並屈向胸前，另一側的膝部彎曲，垂於床邊，做完一腿，再做另一腿。

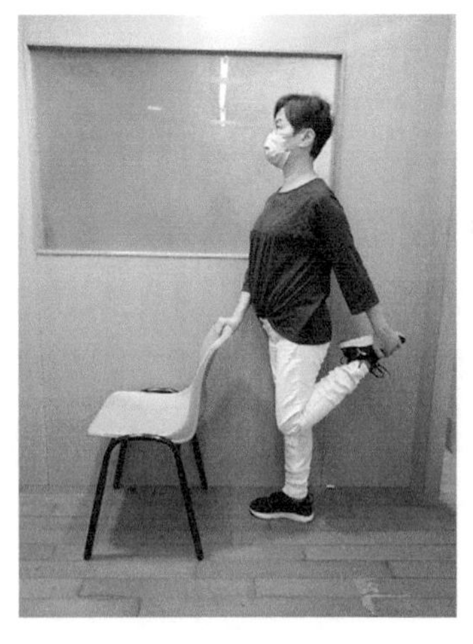
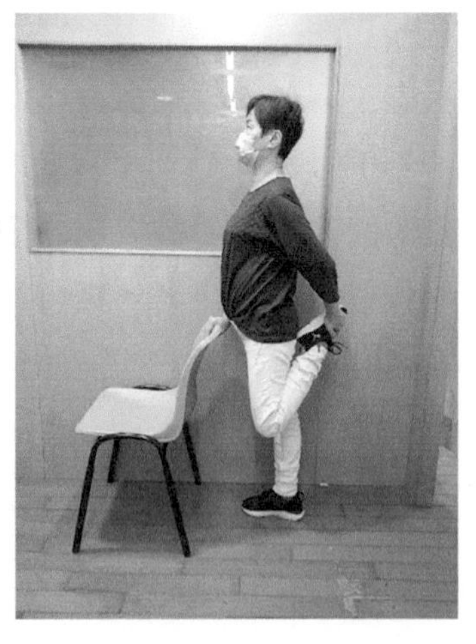

練功 2. 練者站立，扶着桌邊或櫈背以保持平衡，以手握住一腿的足部，將足跟拉近臀部，注意骨盆不要前傾。做完一腿，就做另一腿。

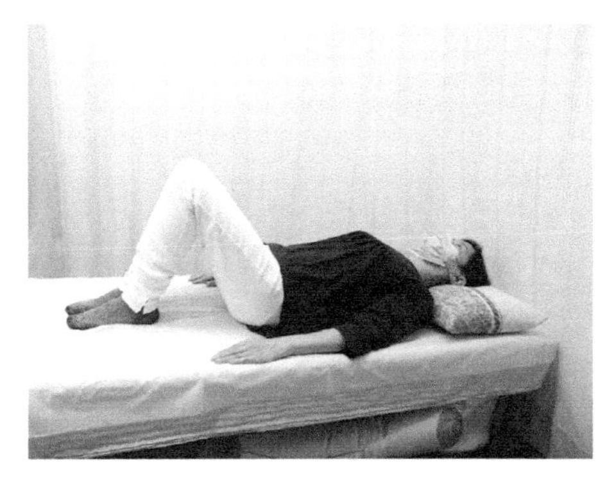
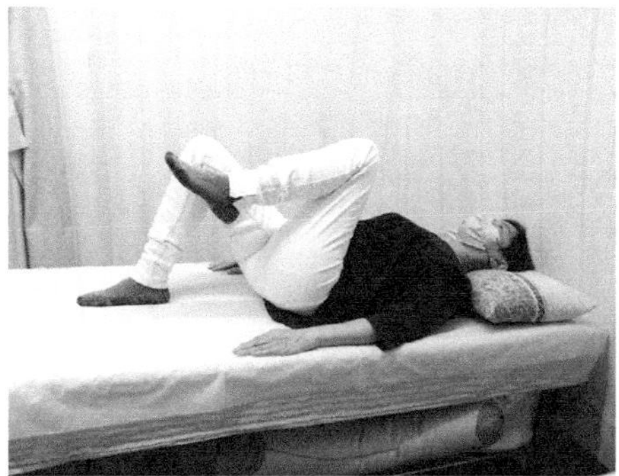
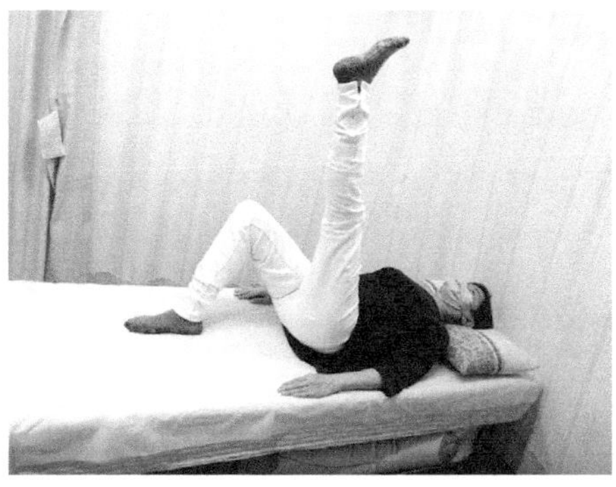

練習 3. 仰臥，雙手放在身旁。屈膝，雙足底平放在床面，然後將一膝伸直，維持五秒放下，雙腿交替運作。

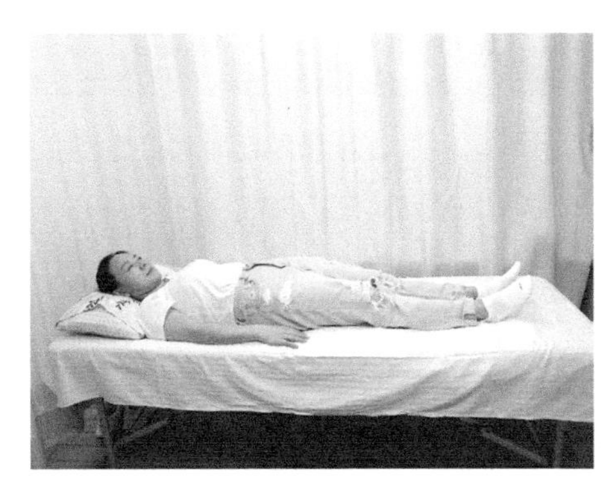
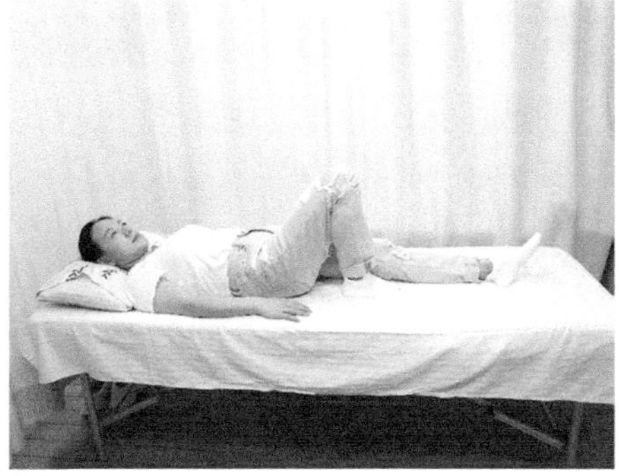

練功 4. 仰臥，將膝部儘量伸到最直，以及彎到最大角度，整個過程中腳跟不可離開床面。

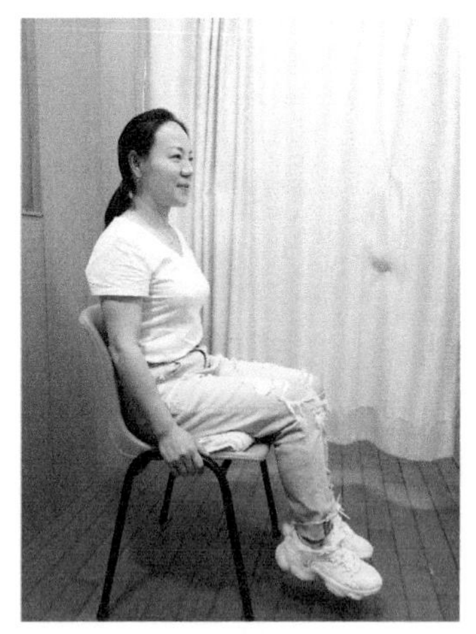
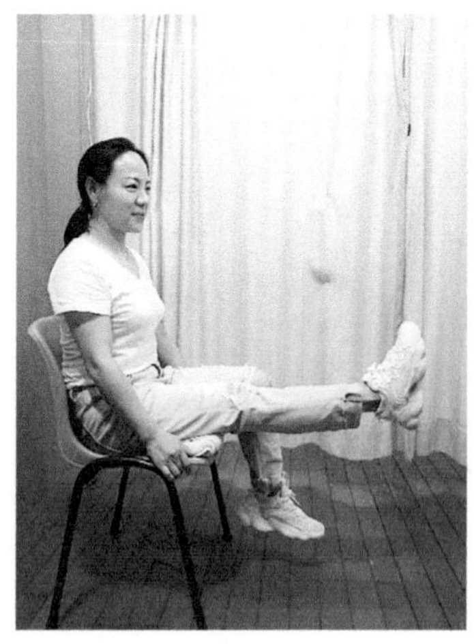

練功 5. 坐於靠背椅上，雙腳自然下垂，在大腿下方墊毛巾卷，並交替性將腳伸直。

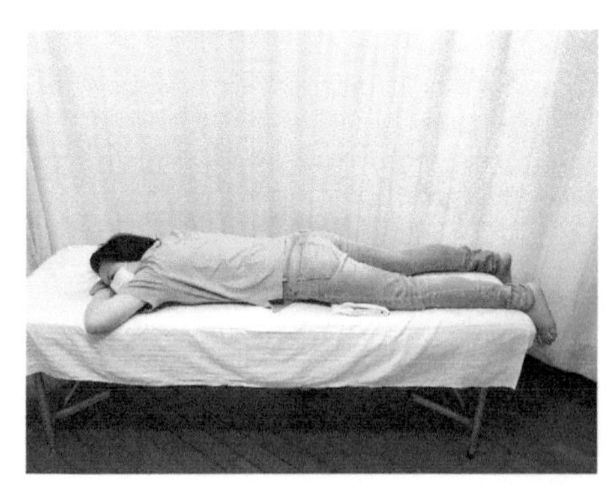
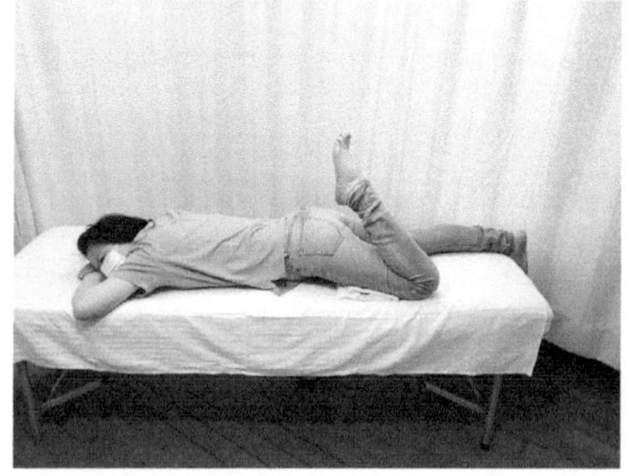

練功 6. 俯臥，將足部垂於床邊，在大腿前側放毛巾卷，儘量將腿伸直，然後屈膝令足跟儘量接近臀部，雙腳交替及反覆來回。

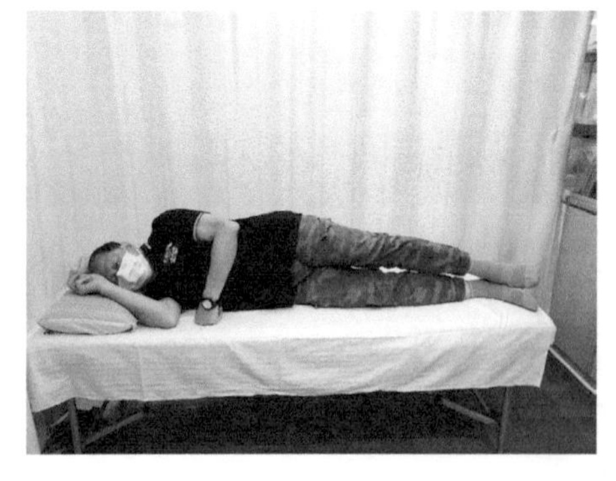
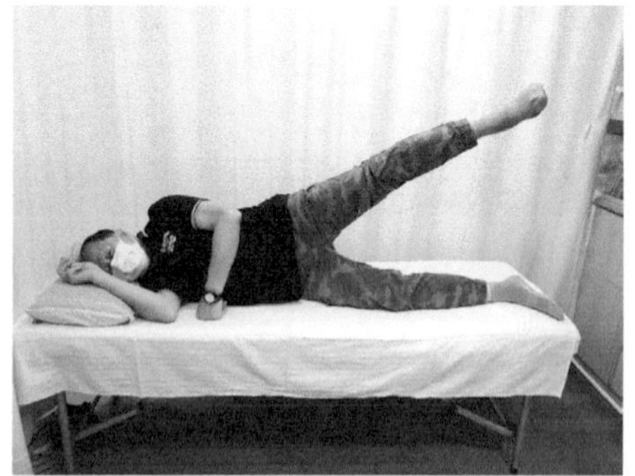

練功 7. 側臥，健側在下，患膝伸直，與身軀成一直線，並往上抬。

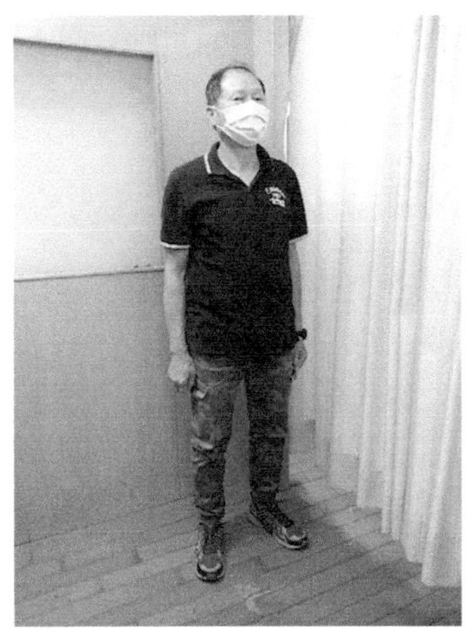
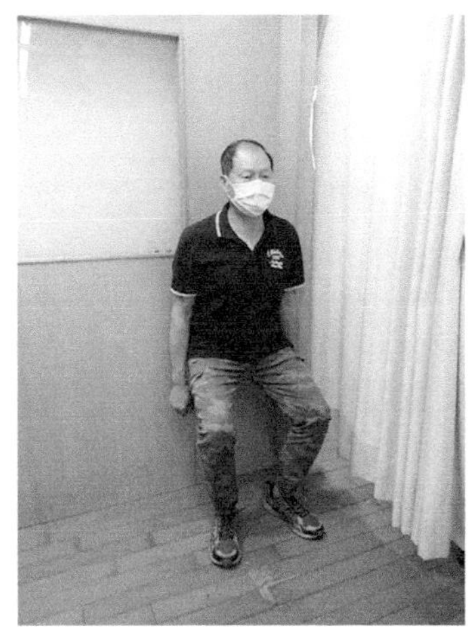

練功 8. 背靠在牆，兩腳與肩同寬、並與牆壁間隔為大腿長度的距離，然後沿牆壁慢慢滑下，儘量將雙膝彎至 90° ，後再回復至起始點。

練功 9. 找一個高 15-25 厘米高的台階，作上下階梯動作。如自覺膝部無力，則握持扶手上落較為安全。

練功 10. 單腳站穩後，微屈膝部至膝蓋前緣不超過腳尖為度。

王醫師：老師，在我診症經驗中，病人多為籃球運動愛好者，一旦膝部受傷，都腫痛非常，實難以使用抽屜試驗，我都是輕度按摩一下，敷藥就算了，這樣處理不知對不對？

老師：在發生損傷之後，膝部會出現急劇腫脹，大量積液通常會持續數天，而且大多數患者，是在受傷後一至兩天才來求診，其時膝部會十分疼痛，致使醫師難以將患者膝部屈曲 90° 作抽屜試驗。其時，可將膝部屈曲 15°-20°，作 Lachman 氏檢查，該法操作較便利及靈敏度較高。

Lachman 氏檢查法如下：患者仰臥，醫者用單手握住患者髕骨上方的大腿遠端作固定，另一手握住其脛骨近端向前拉動（見下圖）：

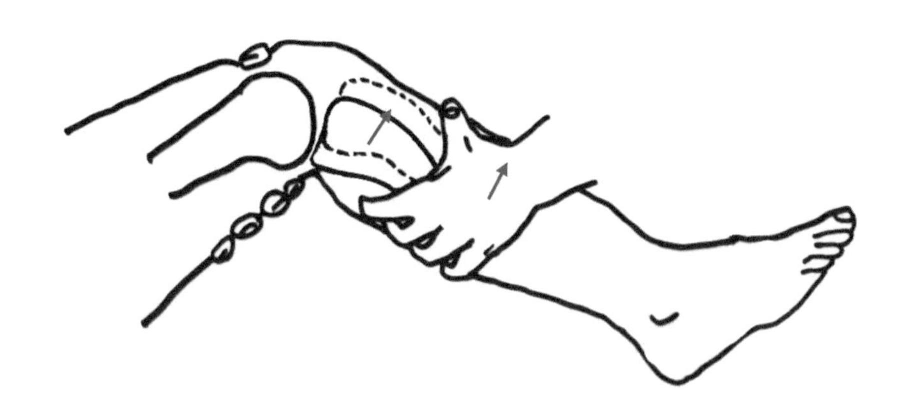

鑑於前十字韌帶有兩束纖維，一為前內側纖維，一為後外側纖維，通過前抽屜試驗（如當時可行此試驗的話）及 Lachman 氏試驗，可測定前交叉韌帶不同纖維束的完整性。前抽屜試驗陽性而 Lachman 氏試驗陰性，提示前內側纖維束損傷；Lachman 氏試驗陽性而前抽屜試驗陰性，提示後外側纖維束損傷；兩試驗皆為陽性，則為前交叉韌帶完全斷裂。另請緊記，前十字韌帶單獨斷裂很少見，尤其是在前抽屜試驗時有顯著滑脫者，多伴有內側副韌帶及／或內側半月板的撕裂。

不過就算當時診斷不到有否十字韌帶損傷，為免加重膝部傷患病情，受傷後兩三天，實不宜進行下列活動。為增強記憶，可用 HARM（傷害）一字概括如下：

（一）H（Heat）——（熱）——熱水淋浴患處或極熱外敷膝部（微溫外敷藥尚可）

（二）A（Alcohol）——（酒）——飲酒會加劇患處腫痛

（三）R（Running）——（跑）——跑步及其他下肢體育活動會加劇膝部不穩定性

（四）M（Massage）——（按摩）——不當按摩手法會加劇腫脹及出血

小燕：老師，你曾說女性容易出現前十字韌帶損傷，輕微的外力也足以令其撕裂，何解呢？

老師：女性出現前十字韌帶撕裂的發生率的確高於男性，皆因女性在生理解剖上有以下特點：

（一）女性骨盆較寬，會增加大腿與小腿的夾角，壓力自然會落在膝關節內側，致使前十字韌帶受到牽扯而損傷。

（二）女性較易出現膝過度後伸，致使小腿在關節上出現移位，增加十字韌帶拉扯的壓力。

（三）女性的十字韌帶相對男性而言是較細較弱，加上女性荷爾蒙的因素，也容易增加受傷的風險。

小燕：多謝老師解惑。

醫事討論二十六

腰椎小關節滑膜嵌頓

添丁師兄：58歲，女，旅行下車後覺右邊腰疼痛，休息一夜後左邊腰痠痛無力，不能彎腰，後仰（伸後）困難。不能蹲下，坐後起立無力；站立或行走向右側傾斜。有腰部勞累、腰椎骨質增生及受傷舊患。現附上X光片，請老師及師兄師姐指導，提供診療方法。

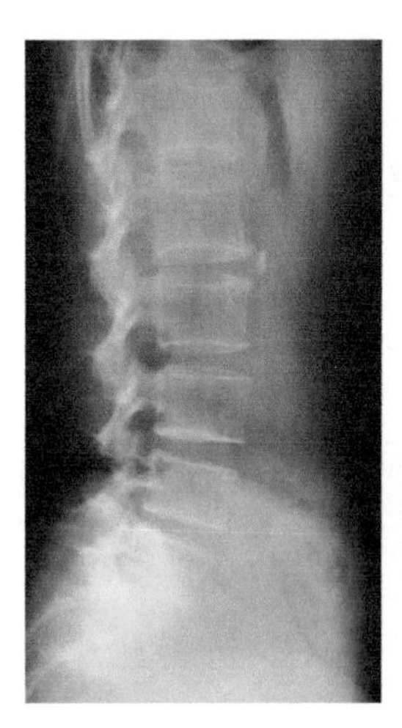

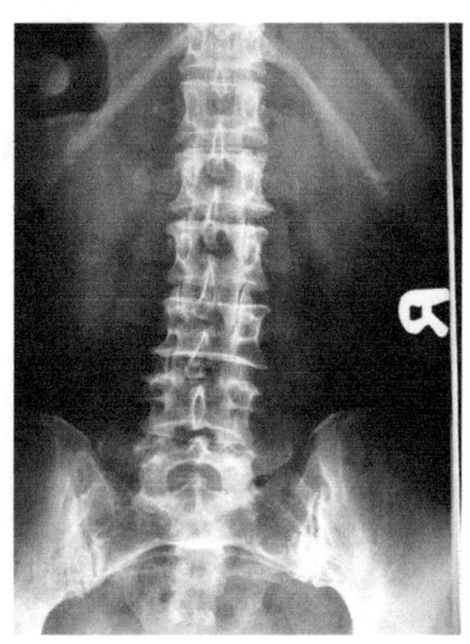

錦松：學弟愚見，X光片所見，第1、2、3腰椎棘突偏左，第3椎比較嚴重；脊柱側彎，應該是日積月累勞損；加上腰部受到風寒，肌肉突然受到牽拉而發病，估計是「腰三橫突綜合徵」。老師曾提及可看看腎俞位置是否有腫脹，觸診腰部位置是否比身體其它體表寒涼。

治療方面，可以先用推拿或針刺將肌肉放鬆（如果腰有寒加艾灸），解除痙攣後，以手法糾正脊椎錯位。病者之後應加強腰背部肌肉鍛鍊，自由式的游泳對改善脊椎側彎有幫助。以上是學弟的粗淺提供，希望老師及各前輩、師兄師姐指導及糾正 🙏😅

添丁師兄：師兄觀察很仔細，她是勞損性腰椎肥大更伴顛簸頓挫，致L4-5插杆式向右側傾斜……

錦松：L4、5的情況，可考慮手法調整，請師兄參考。

小成：松師兄，可否闡述一下「腰三橫突綜合徵」，以饗後學呢？

錦松：「腰三橫突綜合徵」，原屬於腰肌勞損疾患，但臨床上由於第 3 腰椎橫突解剖的特點，所以很多醫師都將本病作為一個獨立病症來處理。因為第 3 腰椎橫突最長，位於腰椎活動的中心，又是腰椎生理最前凸的位置，在前屈、後伸、側彎和旋轉時，其兩側橫突端承受牽拉的應力及槓桿力最大，所以其致傷機會較多，勞損力度較重。平日臨床症狀不明顯，活動基本正常；急性發作時，腰部肌張力增高，活動功能障礙，第 3 腰椎橫突的頂端壓痛，並呈結節或條索狀。

小標：請問這張正位 X 光片是否左右反轉了？

老師：這張片的確是反轉了，但要明白骨傷科醫師檢查病人脊柱時，是站在其背後的，所以將 X 光片反轉來看，進行觸診時作對照，就不致弄錯方向，對病情更容易瞭解。

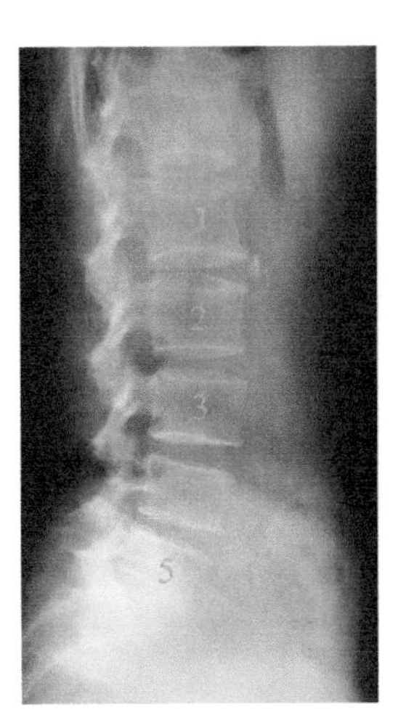

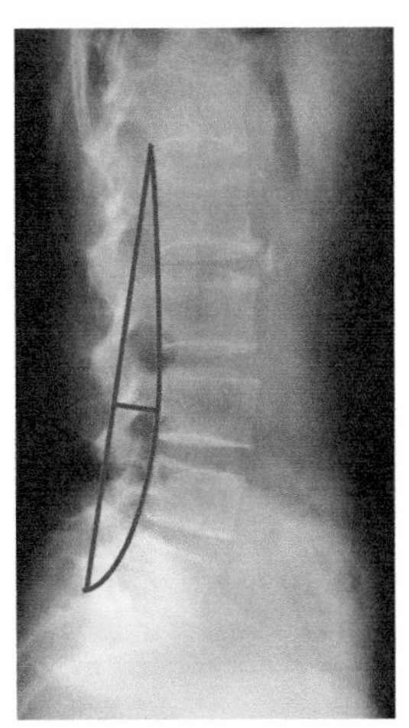

蘇醫師：正常的腰椎，自胸 12 椎體後下角至骶 1 後上角作連線，與腰椎各椎體後緣弧線形成一弓，弓頂點應在腰 3；弓頂至連線垂直距離為弓頂距離，應為 18 至 22 毫米。我從 X 光片所見，弓頂距離縮短，腰椎過直，顯示腰肌緊張。

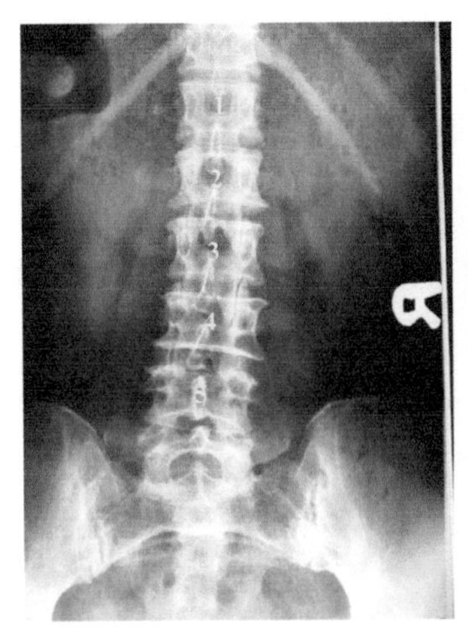

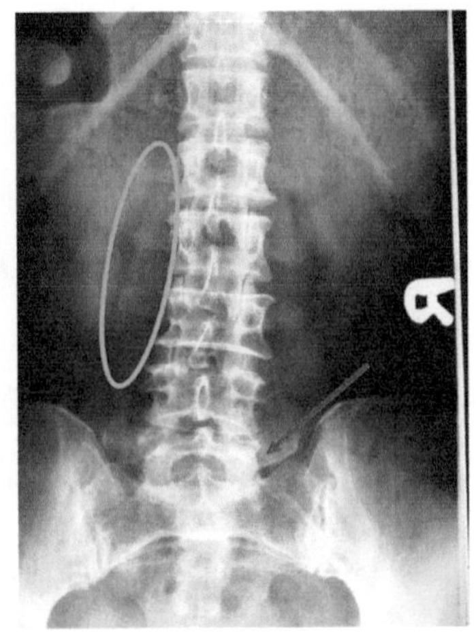

左側腰大肌在X光片中可見投影，顯示腰大肌緊張；右側腰骶關節發白，表示有炎症。

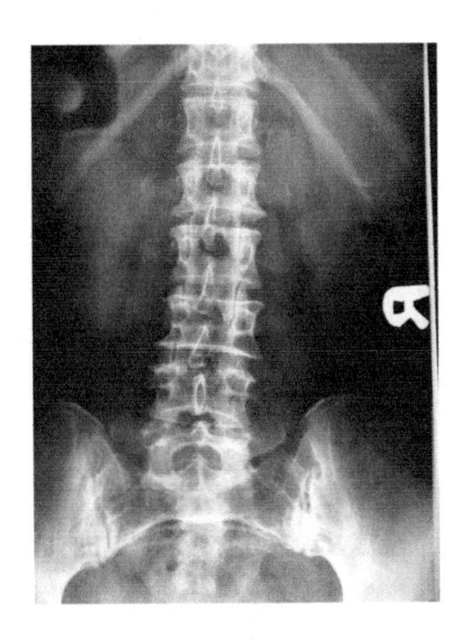

依據 Cobb 氏方法（彩圖示量度方法），側彎 <10° 是正常，未屬於脊柱側彎症。X 光正位片所見，患者脊柱輕度側彎，估計是肌肉緊張牽拉脊椎所致，並非真正的脊柱側彎症。

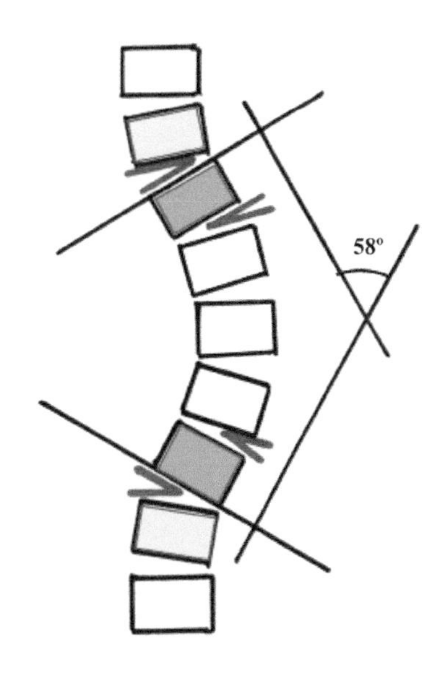

從 X 光片中判讀脊柱側彎，最簡單易行的就是科布氏角（Cobb's angle）。

首先在正位片中找出彎弧的上、下終椎。如找到某個椎體的上、下最大傾斜度剛好相反（紅色箭嘴表示），則此彎弧上、下兩個錐體就是終椎。再於上終椎之上緣和下終椎之下緣畫兩條線，其交角即是科布氏角。由於交角常延伸於 X 光片外，所以可從這兩線各畫一垂直線，其交角之銳角即是科布氏角。上圖的科布氏角為 58°。

程度分級	側彎的角度	治療方式
正常	<10°	無須特別處理
輕度	<20°	患者僅須接受適當的運動治療及姿勢的矯正
中度	25°～40° -50°	患者須穿背架及進行運動治療
重度	>40° -50°	須考慮接受手術矯正及治療

小平：在正位片中，我看到病者似乎有六節腰椎，不知是腰椎骶化，還是骶椎腰化？這個是否移行椎，我就弄不清楚，還望蘇師姐提點！

蘇醫師：……

老師：當頸、胸、腰、骶、尾椎各段在相鄰的椎骨具有另一段的特徵時，我們就稱之為移行椎。移行椎在腰骶段最常見，主要表現為腰椎骶化和骶椎

腰化兩種。腰椎骶化是第5腰椎的一側或兩側橫突過長，或肥大呈翼狀，與骶骨形成假關節或相融合。骶椎腰化為第1骶椎外側部游離，與骶椎椎板不聯合，形成腰椎樣的形態。這兩種畸形均可為單側或雙側，以單側常見。

現回頭再看看如何在閱片時準確判斷腰椎骶化、還是骶椎腰化。首先，一定要留意腰椎的橫突：腰3橫突最長，腰4橫突最翹，腰5橫突最粗寬，口訣就是「三長四翹五粗寬」；加上雙側髂脊最高點連線，約對第4-5腰椎棘突間隙等解剖特點為依據，可確定是腰椎骶化或骶椎腰化。如根據以上特點，則此患者既不是腰椎骶化，也不是骶椎腰化，而是胸椎腰化。胸椎腰化是指第12胸椎失去肋骨，而形成腰椎樣形態；與此同時，第5腰椎不伴有骶椎化，仍具有腰椎的功能。

參閱X光片，側位片見腰椎過直，顯示腰肌緊張、痙攣；腰4-5有輕度斯莫氏結節，椎間盤可能曾有損傷，但應不是今次腰痛的病因，因為未見放射痛。正位片見左側腰大肌緊張、右側腰骶關節發炎。綜合所述，病人的病情可能因在旅途車上顛簸及坐車過久，觸動陳傷，致使到平日的腰肌勞損症狀急性發作。但其最主要體徵表現（後伸困難），可能是小關節紊亂症，因下車時動作過急或不協調，導致關節滑膜嵌頓，事後未及時治療，令腰骶關節發炎；或原有的腰骶關節炎症，令痛勢加劇。

小張：老師，何謂小關節紊亂症？

老師：腰椎小關節紊亂，確切來說，應是腰椎後關節紊亂症，也可稱為腰椎關節滑膜嵌頓。腰椎的後關節面，是由上一個椎骨的下關節突，及下一個椎骨的上關節突構成，關節面有關節腔，腔有關節囊包繞。關節囊外層為纖維層，內層為滑膜層，滑膜能分泌滑液，以營養關節及利於關節活動。小關節面的排列為半額狀位及半矢狀位，其橫切面近於弧形，至腰骶關節時則呈額狀面。腰部能夠伸屈、側屈及旋轉。

椎間小關節的功能是維持脊柱的穩定，和起一定範圍的導向作用，而不起負重作用。腰椎小關節囊在腰前屈時緊張，腰後伸時鬆弛，因此，後伸腰椎時容易引起小關節的滑膜嵌頓。在正常情況下，由於多裂肌有纖

維附着於關節囊，在腰後伸時，多裂肌收縮而拉緊關節囊，所以關節滑膜不至於嵌頓入關節裏面。但當後關節因退變致不光滑，或肌肉疲勞，或運動過快，動作不協調，小關節間隙張開，關節內負壓增大，關節滑膜就可能夾於關節間隙，做成小關節滑膜嵌頓。

關節囊（含纖維層和滑膜層）上有很多小孔，供血管及神經進入，當中包含痛覺神經纖維，其末梢接受痛覺信息，對痛覺十分敏感，一旦被夾着時，會產生劇烈疼痛和反射性肌肉痙攣，病人往往屈身側臥，腰不能挺直。由於疼痛，腰肌呈保護性肌痙攣，腰椎生理曲度變直。在腰過伸時疼痛會加重；彎腰時拉緊滑膜，刺激減輕，疼痛也稍為減輕。由於腰骶部小關節呈額狀面，如兩側關節不對稱，而活動度又較大，產生嵌頓的機會較多。

本病以腰痛為主，很少出現神經根刺激的症狀，故此直腿抬高試驗正常；但當突然放下腿部時，可出現一過性下腰部疼痛，此可與椎間盤突出鑑別。壓痛點多局限在 L4-L5-S1 小關節處，但無下肢放射痛。

添丁師兄：那麼如何治療較佳呢？

老師： 手法治療是對這個病人的最佳方法，施行後可得到立竿見影的效果。可用內側推拉式矯正法，但手法不宜過重和粗暴，也不要強求響聲。一般手法治療後，疼痛便會大為減輕，但也是會遺留一些殘餘痛和僵硬感的，所以應採取「一雙手、一根針、一把草」之治療原則，就能收事半功倍之效。使用內側推拉式矯正法前，可用輕手法推鬆骶棘肌，針刺可取穴腎俞、大腸俞、關元俞、小腸俞、腰陽關、十七椎、秩邊、跗陽及手部腰痛點，以利矯正法之進行。另加外敷藥物，內服桃紅四物湯合獨活寄生湯，以增強療效。

以此病案右側腰骶關節滑膜嵌頓，致關節發炎為例：

（一）患者躺在床上，患側向上，面向醫師；右腿彎曲，腳掌放在左膝膕窩上；

（二）醫師的右手握患者的左臂上拉，使其身體產生旋轉，直至感到有緊張的肌肉到達患處即停止旋轉；

（三）醫師的右前臂經過患者的右腋下，右肘壓在患者的右肩上，並把右手拇指頂在 L5 右側棘突旁；

（四）左手的中、食指勾住患者左側骶骨正中嵴，左前臂壓在其右臀，使其盆骨向醫師方向旋轉到極限；

（五）囑患者深吸氣，然後慢慢呼出，當呼氣將盡時，醫師的右肘向前下推，右手拇指向下頂，左手中、食指同時向上拉，左臂向已旋轉的盆骨下壓，即可聽到「卡」的一聲，完成矯正。

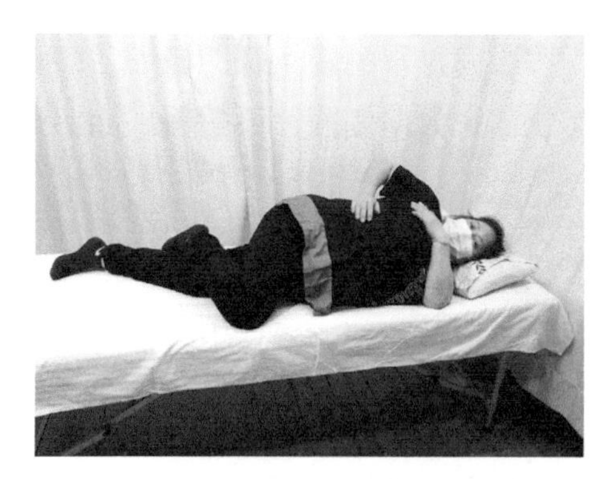

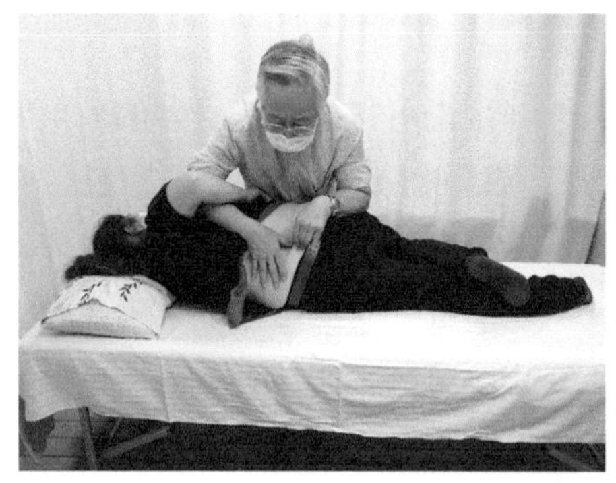

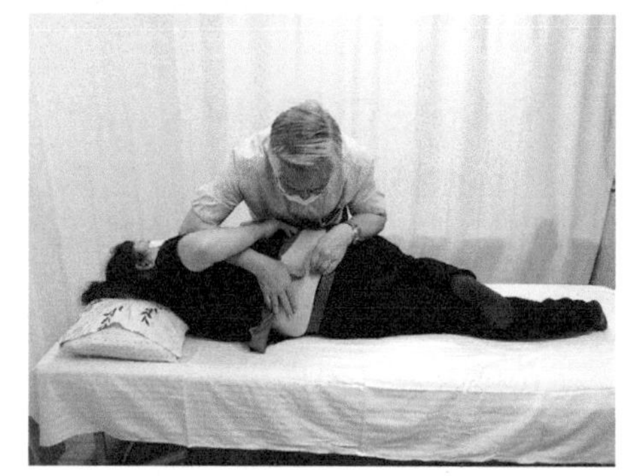

內側推拉式矯正手法

添丁師兄：老師早晨！謝謝您提供的治療方案，知生莫若師；多謝蘇醫師的明析學識，為我加強學術記憶。

威強：多謝老師無時無刻無私的指教，感恩老師及蘇醫師！

醫事討論二十七

阿爾茨海默氏症與老人痴呆症

小芬：老師，我的獨居母親今年 65 歲，近年記性愈來愈差，近月經常煲下湯未熄火，就跑下街和我們茶敘，差不多每次都要提醒她，她才猛然醒起未曾熄火，又要跑回家中處理，令我們擔心不已。幸好酒樓較近她的家居，否則跑來跑去既危險，又費時失事。不知她是否患了老人癡呆症呢？

老師：人類的記憶力在 20 多歲到達巔峰，之後便隨着歲月逐漸走下坡，而變得健忘。以妳母親的行為表現為例，有提示（如提問她有否熄火）她就猛然醒起，知道自己忘記了，這是老化現象的一種，所以不需要特別擔心。但患有失智症的健忘，就是經歷過的事情她整部分都忘記了，例如就算提示，她也想不起來究竟有沒有煲下湯，亦不知道自己忘記了，甚至指責他人記錯，這點和老年性健忘是有很大的不同。如果你還不放心，你可在網上下載「蒙特利爾認知評估香港版——使用及計分指引」，作為快速篩選輕度認知障礙人士的量表，取得 22 分或以上為之正常。如初步測試不及格，就找醫生詳細檢查。

所謂老人癡呆症，現稱腦退化症或認知障礙症，患者多為 65 歲以上的長者，而且年齡愈大，發病的機會愈高。

腦細胞與身體其他細胞一樣，均會死亡（人腦的大腦皮質約有一百四十億個神經細胞，成年後每日死亡約十萬個，年齡越大，腦細胞死亡速度越快，至衰老時可減少 10-20%，導致腦皮質萎縮，重量減輕。），而認知障礙症患者的大腦皮質細胞，則較正常人死亡得更快，數量／重量會減少／減輕 40-50%，並且會出現腦部萎縮，因而影響腦部功能運作，早期常見症狀為記憶問題，其後認知功能（如學習、理解、言語運用、方向感及判斷力等）也漸趨退化，產生其他問題如溝通困難、情緒大變，甚至失去自理能力，回到嬰兒期，需要別人照顧。

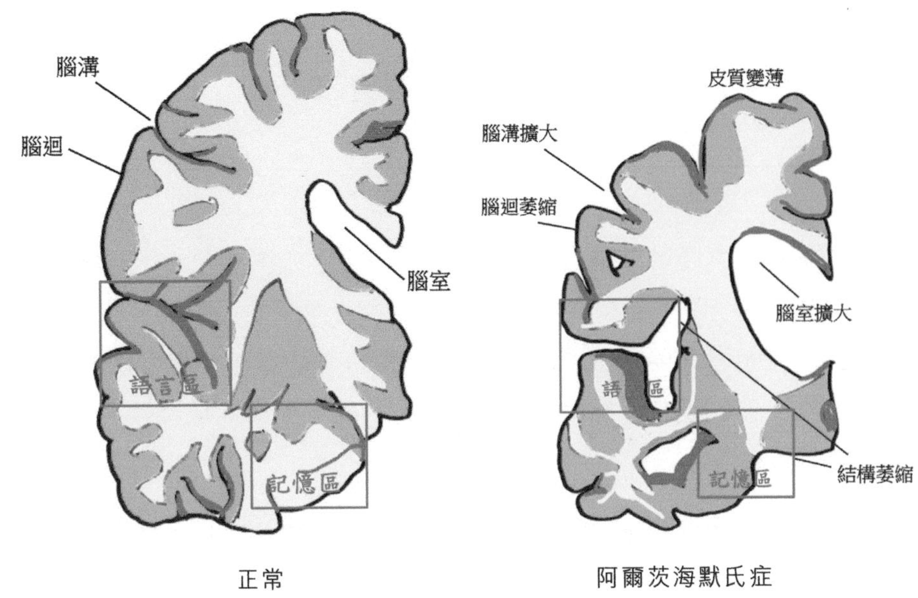

大腦橫截面圖

小黃：老師，是什麼導致認知障礙症呢？

老師：很多原因可導致認知障礙症，其中有五個是比較重要的：

（一）阿爾茨海默氏症（Alzheimer's Disease）——阿爾茨海默氏症是痴呆症最常見的類別，約佔所有病例50-70%。它是一種病因不明的慢性、進行性中樞神經系統的變性疾病，隨着患者腦細胞病變，產生異常物質，有害的沉積物聚積在腦內，進而導致周圍的腦細胞死亡。

阿爾茨海默氏症也會影響負責在腦細胞之間傳遞訊息的化學物質，尤其是「乙酰膽鹼」，所以不只是記憶力，其他大腦功能如說話能力、判斷力，以及計算能力都會受到影響。這病症通常在幾年間慢慢地發展。值得留意的是，部分患者的家族成員也會患有此症。

（二）血管性癡呆——常見的情況是供血到大腦的動脈出現阻塞。癡呆可發生於多次輕微中風（腦部的部分細胞因缺氧而壞死）之後，個別患者也可能曾經發生一次嚴重的中風。患者退化的速度很難預測，它可在數月或數年內都十分穩定，但在一次大中風後會出現突然的退化。

血管性癡呆導致的問題，很視乎腦部哪些位置受到影響。症狀可能包括記憶力變差、集中力弱、說話困難、情緒變化或抑鬱，有部分人還會出現幻覺。

（三）路易體癡呆症——患者的腦部神經裏出現令腦細胞死亡的球狀組織「路易士體」，可能令他們的神志出現間歇性混亂，或會出現視像的幻覺（如看到不存在的人或動物）。他們可能會有顫抖、肌肉僵硬、跌倒或走動困難等問題。部分症狀與「阿爾茨海默氏症」和「柏金遜症」相似。

（四）額顳葉痴呆症（Fronto-temporal dementia）——約佔病例少於一成。患者大腦的額葉受損程度較其他區域大，所以最明顯病徵是性格及行為上的轉變，例如忽然變得暴躁或有不雅的舉動；語言方面的退化也較記憶問題明顯及嚴重。家人可能誤以為患者是有心作對，其實他是受病情影響。

（五）亨廷頓舞蹈症（Huntington's Disease）——亨廷頓舞蹈症是經由遺傳引致，會導致腦細胞死亡。患者的腦部功能退化，以致思考力及身體協調受到影響，逐漸惡化到運動困難，無法說話，心智衰退到癡呆症程度。發病年齡多為 30 至 50 歲。患者的特點為智力退化，及手足和面上的肌肉會不規則、不由自主地抽動。隨着疾病的進展，身體的不協調變得很明顯，其典型體徵與「柏金遜症」很相似，並且出現認知障礙症的病徵。

其他成因包括腦部創傷、腦部良性腫瘤或腦積水、病毒感染、缺乏維生素、精神問題如焦慮及抑鬱、藥物中毒、酗酒、腎臟、肝臟或甲狀腺問題、新陳代謝異常等。

雖然腦退化的成因很多，但以下幾點均可增加患上認知障礙症的風險：

（一）年紀漸大；

（二）家族遺傳：直系親屬患有認知障礙症；

（三）因為女性一般較長壽，所以患病機會較大；

（四）患有高血壓、高膽固醇、糖尿病而未有好好處理者；

（五）因患有某類疾病而導致認知能力受損，例如柏金遜症、甲狀腺分泌失調、腦部良性腫瘤、腦積水，甚至是感染病毒等。

小張：我知老人癡呆症是有分階段的，但如何分法，我就不甚搞得清楚。老師，可否幫忙一下？

老師：認知障礙症一般會分為三個階段，分別為初期、中期及後期。患者於不同階段除有不同病徵外，在照顧上亦有不同的事項須要注意。一般來說，認知障礙症患者去到愈後期，自理能力就會愈差，照顧者及家人所面對的壓力亦會愈大。有需要時，應尋求專業人士的支援和協助。

	先兆／症狀
初期，又稱為健忘期 （一至三年）	1. 患者記憶力開始衰退，說完就忘記，或針對同一問題反覆提問，糾纏不清。在處理往日熟悉不過的事情時，也會感到陌生，例如忘記回家的路； 2. 經常忘記熄火、拔門匙或關水喉； 3. 難以用言語或文字來表達自己的思想／感受； 4. 情緒變得低落，不願與家人相處； 5. 睡眠習慣出現轉變； 6. 思考問題時感到困難； 7. 學習能力下降； 8. 生活可以自理或部分自理。
中期，又稱混亂期 （二至十年）	1. 失去方向感，開始不能認出家中廚房或睡房的位置； 2. 變得被動，日常生活習慣，例如個人梳洗，均需家人提醒或從旁協助才可進行； 3. 開始失去時間觀念，日夜顛倒、半夜起床、到處亂摸、搬東西等； 4. 情緒會變得暴躁激動及疑心重，甚至會出現精神病症狀，例如幻覺或妄想被迫害等； 5. 智能和人格改變日益明顯； 6. 日常自理活動須別人協助。

晚期，如同「嬰兒期」（八至十二年）	1. 連親人也無法認出； 2. 出現吞嚥困難，不能自己吃飯； 3. 不能自己穿衣服、洗澡等； 4. 因行動不穩，有明顯肌強直／震顫和強握，故必須長期臥床； 5. 失去了解言語的能力，發出別人難以理解的聲音； 6. 變得呆滯、冷漠、嗜睡； 7. 生活完全不能自理。

若然家人患有認知障礙症，對照顧者來說也是一種折磨，所以應儘早安排患者及照顧者的生活模式，對大家來說也有減輕負擔的好處。

（一）以初期來說，家屬或照顧者須為患者的個人財務做好安排，並為患者建立有規律的生活模式。為防患者走失，亦須為他安排好聯繫方法（如手提電話位置追蹤裝置、平安手機），及隨身的身份證明／聯絡資料標識，以供他人識別。

（二）到中期階段，患者已不能應付日常的生活，極需他人照顧，家屬可聘請家傭協助。

（三）晚期時，患者已經需要人長期照顧，所以最好安排院舍服務。

小燕：我祖母剛診斷患上認知障礙症（阿爾茨海默氏型），醫生說不用太悲觀，只要透過藥物及合適訓練，均可延緩病情惡化，改善我祖母的情緒及行為問題。我想問問老師，針灸可幫到她嗎？

老師：患上這個病，確是會令患者家人困擾不已，但現時暫無根治方法，一切醫療手段也只是延緩病情進展，並無必效之方，但針灸療法實在也有其獨特之處，不妨試行施針，中西醫結合，對改善病情應有幫助！

中醫認為本病乃本虛標實，以腦虛髓乏、竅絡阻滯、神機不用為主要病理基礎，但病因源於臟腑陰陽氣血的虛損和失調。辨證在於明確臟腑的病變所在，氣血陰陽的虛實，以及疾病的性質與標本。解鬱散結、補虛益損為其大法。辨證可分：

（一）腎精虛衰
（二）氣血兩虛
（三）氣滯血瘀
（四）痰濁阻竅
（五）肝腎虧損
（六）瘀阻腦絡
（七）髓海不足
等證候。

針刺穴位可取：四神聰、百會、風府、風池、曲差、本神、神庭、豐隆、心俞、內關、神門、三陰交、公孫、太衝、俠溪、太溪、膈俞、肝俞、脾俞、腎俞、膻中、足三里、中脘、曲池、懸鐘、陰陵泉、血海、復溜、大椎、次髎、湧泉等，每次取八至十穴，交替施行。

神門乃心之原穴，可通經活絡、清心安神，治癡呆。懸鐘為髓之會，腦為髓海，取之可開竅醒神。足三里、公孫、中脘、脾俞健運脾胃，三陰交、關元、大椎通調經脈氣血，腎俞、太溪、次髎、湧泉可補益腎精。其餘穴位我不一一詳解了，可自行思考，心領神會，定有裨益。

針灸治療本症，可以改善腦部血液循環，激活腦代謝，維持殘存的腦功能，減輕其他臨床兼症，對治療血管性痴呆療效較好，但對阿爾茨海默氏症療效則不顯著。目前任何療法都未能有效遏制其進展，病情仍會逐漸惡化，通常病程五至十年，患者多死於併發症，如肺部感染、褥瘡及深層靜脈血栓等。運用針灸療法，可舒緩病情，及改善患者生活質素。

小燕：多謝老師指導！有個興趣性問題，阿爾茨海默氏症這個病名，是否源於首先發現或報告這個疾病的醫生呢？

老師：其病名緣由確是這樣。愛羅斯・阿爾茨海默（Alois Alzheimer 1864-1915）是德國的精神病學家，1901 年當時 37 歲的他，在任職的精神療養院觀察一位僅是 51 歲的女病人，她並不算老，但行為古怪，並喪失了短期記憶。在療養初期的八個月中，她的記憶力、社交生活及日常自我照顧的能力都變得越來越差，對時間、地點經常混淆，性情又大變，並有妄想傾向，還經常喃喃自語：「我已經迷失了自我……我已經迷失了自我……」後來，她連自己的名字也記不起、說不到、寫不出來，並

且經常處於漠然無語的狀態。阿爾茨海默對這病例非常感興趣，不斷對其病情追蹤並深入研究。

五年後（1906 年）病人因敗血症去世，阿爾茨海默獲授權取得她的腦袋做切片檢查，發現一些從來未被其他醫生描述的病理變化，其中包括顯著的神經元喪失、類澱粉斑塊及神經纖維糾結。在同年舉辦的德國精神病學會上，他立即報告了這個病例，但在場的聽眾反應冷淡，只等着要聽下一場演講「強迫性自慰」。

他之後又陸續發現一些類似病例，並將其寫成文章發表，可是仍得不到醫學界的重視，只有他亦師亦友亦同事的埃米爾·克雷佩林教授（Emil Kraepelin 1856-1926）慧眼識英雄，在其 1910 年新著的教科書《精神科手冊》當中提到這個疾病，並將它命名為「阿爾茨海默氏症」，不過仍然未受到當時醫學界的青睞。

阿爾茨海默於 1915 年逝世，數十年之後，醫學界才漸漸發現，很多失智症患者，其大腦的病理變化，正如阿爾茨海默當年所發表的報告幾乎一模一樣。目前全球五千萬名失智患者中，竟然超過三千萬名病人患的是阿爾茨海默氏症，成為當今世界老年失智症最常見的類別。現今醫藥學界爭相研究阿爾茨海默氏症的治療藥物與方案，當日備受忽視的阿爾茨海默，如今卻成為神經醫學中的經典人物，是廣被推崇的對象。

雖然很多疾病令病人自身痛苦，但阿爾茨海默氏症卻只會令旁人痛心，而愛莫能助。因為記憶是人生不可或缺的重要部分，失智症患者卻會忘記自己過往的成敗，忘記親戚朋友的名字及臉孔，甚至忘記一切，過着一個沒有記憶的人生。這種疾病把患者的人格和獨立性一點點偷走，最後讓病人的心靈退回至嬰兒狀態，餘下的人生都要別人照顧，不禁令人唏噓不已！

小燕：老師請保重，不要太多感慨啦！

醫事討論二十八

解讀頸椎 X 光片雜談

小玲：老師，以下 X 光片——女、50+ 歲、文職，主訴頸痛及手痛，報告說頸的生理弧度變直，C5/C6、C6/C7 椎間盤變窄。但我不明白 C3/C4 在 X 光片上看不清楚棘突，是不是旋了？

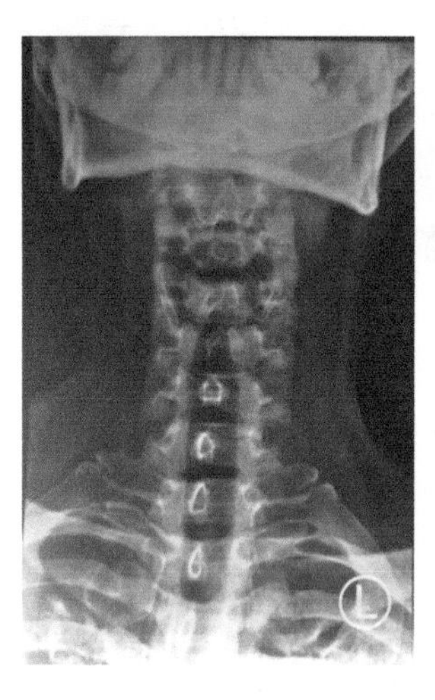
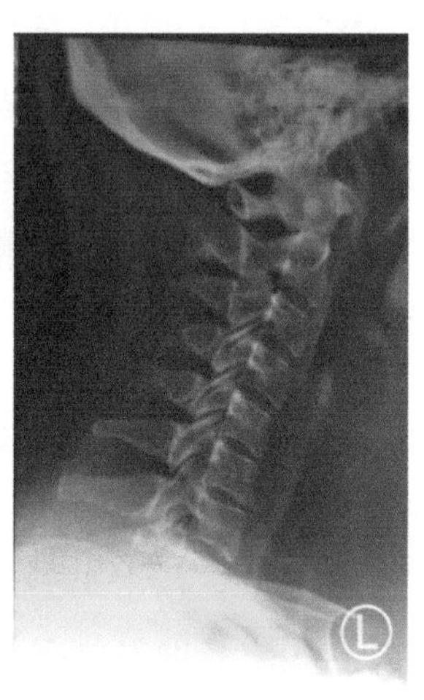

老師：同學有何高見？

麗芬：會否生了腫瘤壓住神經線？因若頸骨有紊亂都應看到棘突。

老師：側位片所見，所有棘突都存在，不是不見了。而且腫瘤通常會侵蝕椎弓根，形成貓頭鷹眨眼徵。請看右上圖：

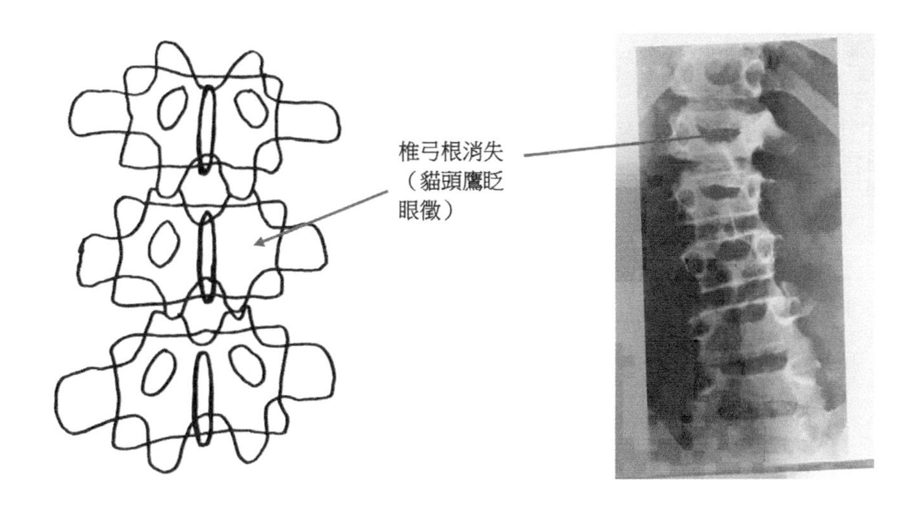

Apple：是否柏金遜症？是慢性中樞神經系統疾病？令頸椎退化？

老師：柏金遜症主要的神經性病理變化，是因存在於中腦黑質中、含有黑色素的多巴胺神經元的缺失，並不是在頸部脊髓；而且有沒有柏金遜症，頸椎一樣會退化，所以柏金遜症與頸部退化不能絕對掛鈎，雖然可能有影響，但並無必然性。

Apple：得！收到！

金蓮：老師，請問 C3 及 C4 是否有問題？

老師：請圈出 C3 及 C4 位置。

金蓮：老師，請問是否這個位置？

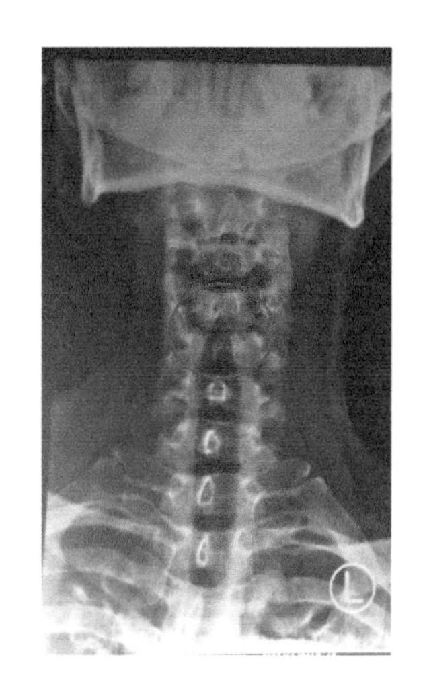

老師：這位置不是 C3 及 C4，而是 C4 及 C5。

請參考下圖（請留意第一肋骨連接的椎體就是第一胸椎，而在棘突的縱行黑影是氣管）：

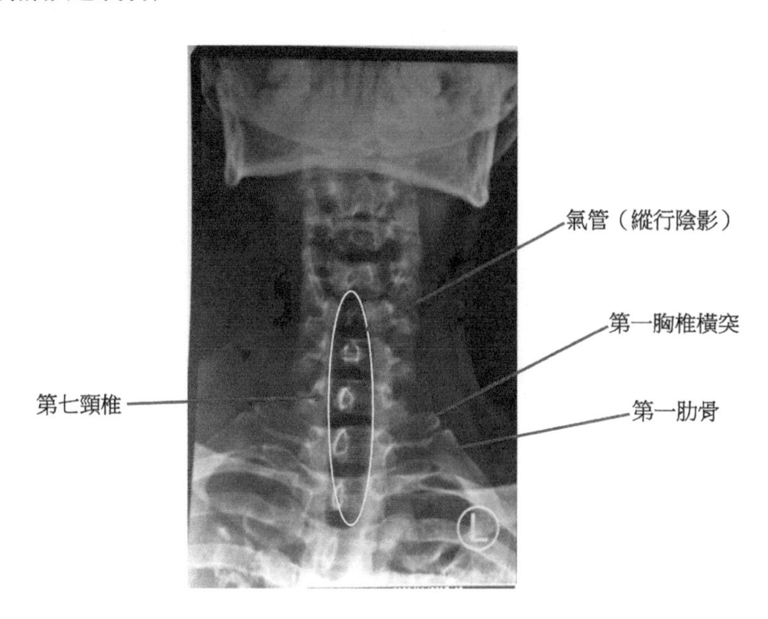

除 C7 棘突外，C2 至 C6 棘突都有分叉（是項韌帶附着處），而且大細、長短都不一，請看下圖：

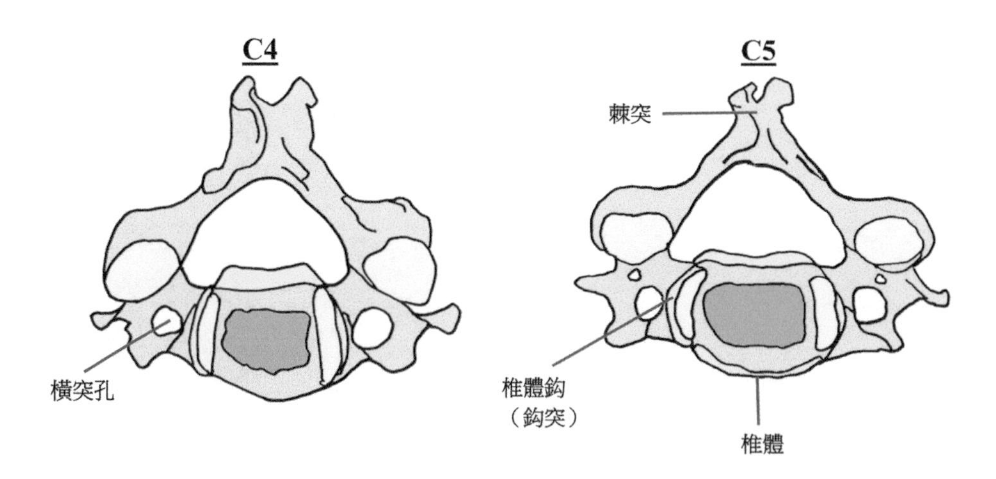

X 光正位片上，棘突分叉加上氣管陰影，就似乎不見了棘突，其實它是存在的，請細心觀察。再看下圖：

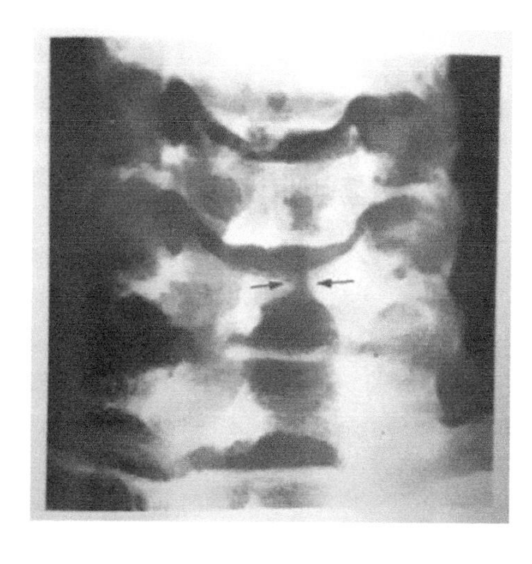

在正位片上，有時聲門裂（箭嘴→）內氣體呈裂隙狀透亮影，與頸椎椎體（通常為 C4）重疊，類似脊椎裂，其實不然。所以同學應細心觀察，方為上策。而且同一椎骨，棘突的分叉也會兩邊大細不一，有長有短，及上下不同水平，所以要多方面評估為要。

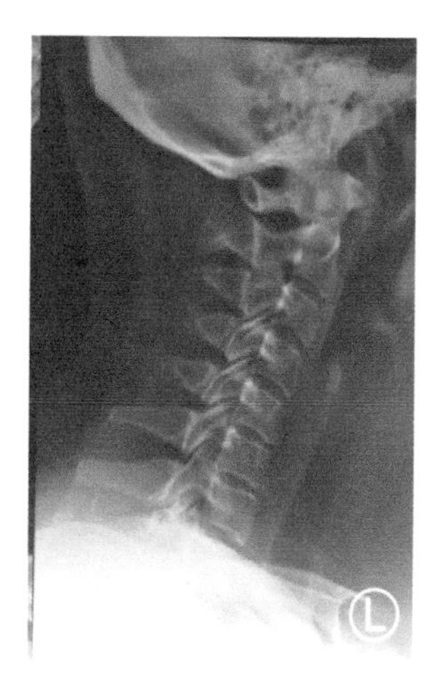

X 光側位片見頸椎生理弧度反弓及椎弓有雙影，請細心觀察以評估病情。

小英：請問在解讀頸部 X 光片時，還要注意什麼呢？

老師：正常 50-60 歲以上人士，約有 90% 都存在頸椎椎體的骨質增生（俗稱骨刺），及有椎間盤變窄等退行性改變，但有 X 光片影像之改變，不一定有臨床症狀。X 光片只有緊密結合臨床，才能作出正確的診斷。

現將正／異常 X 光片所見分述如後。

（一）正位：

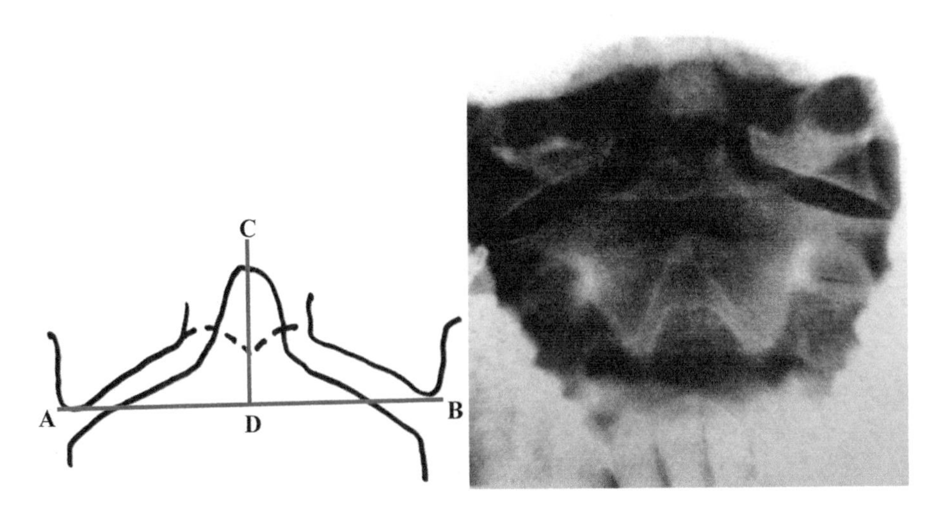

頸椎正位（張口位）示意圖

AB 線為環底線，CD 線為環椎軸線，齒狀突軸線是從齒狀突尖端與基底部中心的連線（張口位片），該線通常與 CD 線相重合。如未見重合，則有環樞椎錯位的可能。

觀察有無環樞關節脫臼、齒狀突骨折或缺失（必須張口照），第七頸椎橫突有無過長，有無頸肋，鈎椎關節及椎間隙有無增寬或變窄。

（二）側位：

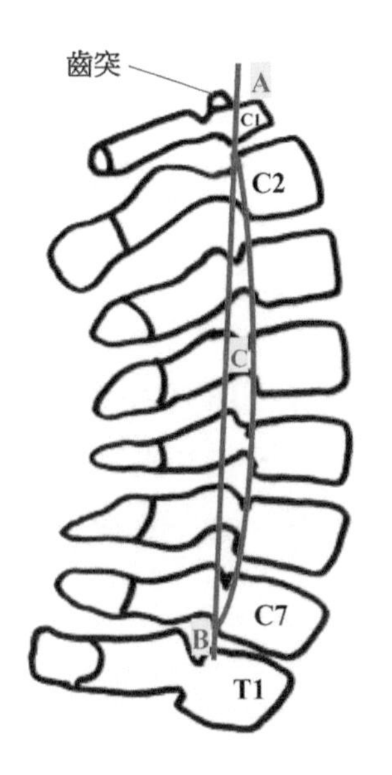

生理曲度

1) 齒突後緣最上點 A，向下與 C7 後下緣點 B 連一直線；
2) 椎體後緣連成一弧線；
3) 弧弓與直線距離最寬處 C 為生理曲度數值。
*正常為 12 毫米 ±5 毫米

（1）如曲度有改變：頸椎發直，生理前凸消失或反弓，除投照時病人的位置、投照角度等技術因素以外，其可能原因有三：

① 頸部軟組織發生急性扭傷或纖維組織炎，疼痛劇烈或有肌肉緊張時，可以影響頸部的正常姿勢及活動。

② 頸椎椎間盤突出或頸椎病之有神經根刺激症狀者，往往病變節段的脊椎固定不動，或椎間隙有前窄後寬而出現後凸現象。

③ 由於頸椎椎間盤變性部位不同，程度不一，也可發生

a）曲度的改變

b）局部旋轉

c）偏歪現象

而表現為

a）局部棘突偏歪

b）關節突、椎根切迹及椎體後緣呈現雙影現象

（2）以下三種情況具有臨床意義：

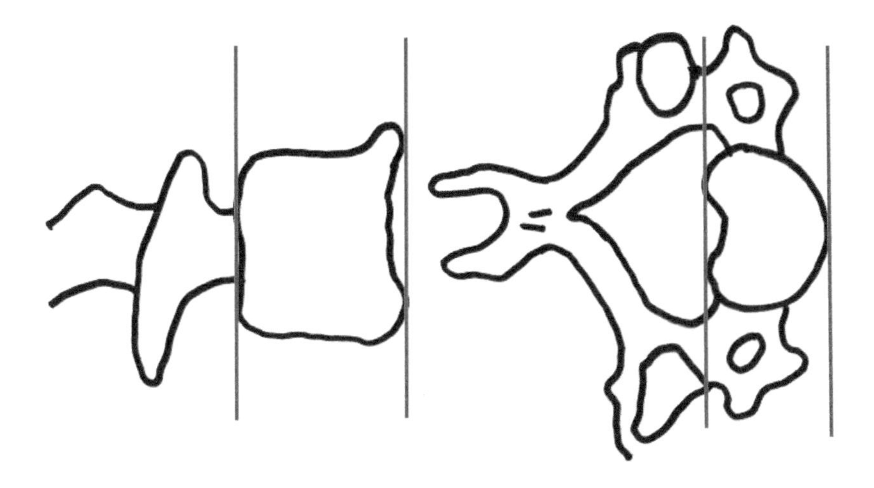

正常情況下脊椎未發生錯位時，則無雙邊雙突徵。

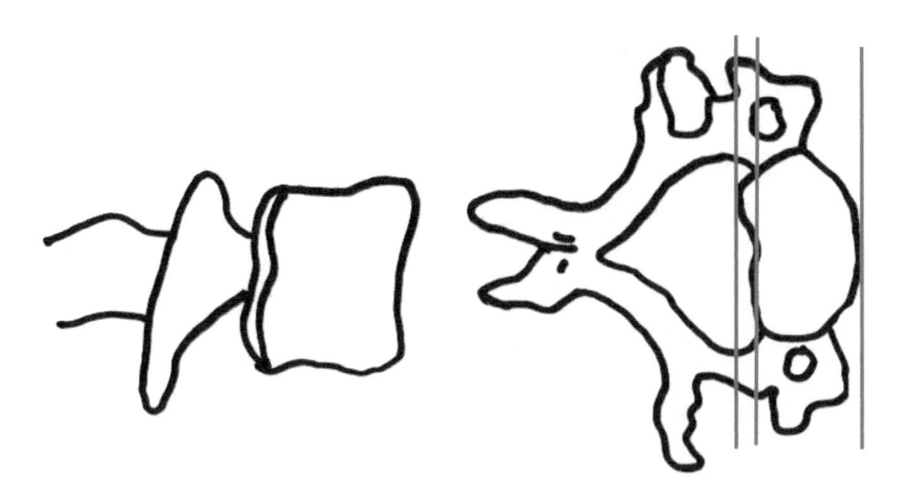

脊椎發生旋轉移位後，椎體後緣出現雙邊徵。

① 一個或兩個頸椎椎間小關節突呈現有雙影，稱為雙凸現象；椎根切迹呈現有雙影，稱為雙凹現象；椎體後緣呈現有雙影，稱為雙邊現象，而其上下頸椎顯影正常，表示該部頸椎有旋轉現象。

② 上部頸椎顯影正常，而下部頸椎呈現雙凸、雙邊、雙凹現象；或下部正常而上部有類似的改變，這表示其交界部出現旋轉。

③ 一個或兩個頸椎顯影正常，其餘部分有雙凸、雙凹、雙邊現象，表示顯影正常的頸椎有旋轉現象。而全部頸椎的後部均呈現雙凸、雙凹、雙邊現象，則是投照位置不正之故，無臨床意義。

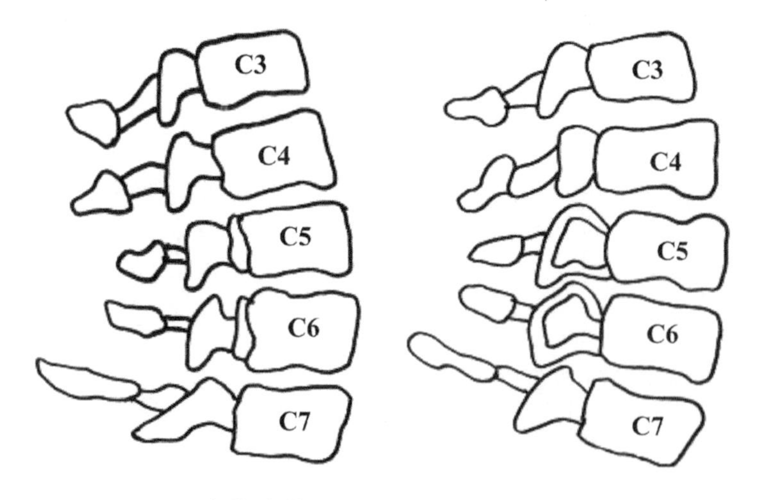

雙邊、雙突圖

(3) 異常活動度：在頸椎過伸、過屈側位 X 光片中，可以見到椎間盤的彈性有改變。彈性好者，相對穩定，其活動度小而與上下椎間盤相似；彈性差者，相對不穩定，其活動度較大而與上下椎間盤不同；嚴重者尚可見到有滑椎現象，表現為各頸椎前後緣順列不齊。

(4) 骨贅：椎體前後接近椎間盤的部位均可產生骨贅及韌帶鈣化，後方骨贅容易產生症狀。

(5) 椎間隙變窄：椎間盤可以因為髓核突出、椎間盤含水量減少而發生纖維變性變薄，表現在 X 光片上為椎間隙變窄。

(6) 半脫位及椎間孔變小：椎間盤變性後，椎體間的穩定性低下，椎體往往發生半脫位，稱之為滑椎，這情況可以導致椎間孔橫徑和椎管前後徑變小，常是產生臨床症狀的原因。

(7) 項韌帶鈣化：這是由於椎間盤變性之後，相應節段的項韌帶負荷較多的緣故。項韌帶骨化之前，局部韌帶組織要經歷退變及軟骨化的階段，臨床上可以觸及病變局部有硬化，而 X 光片卻未能顯示出來。

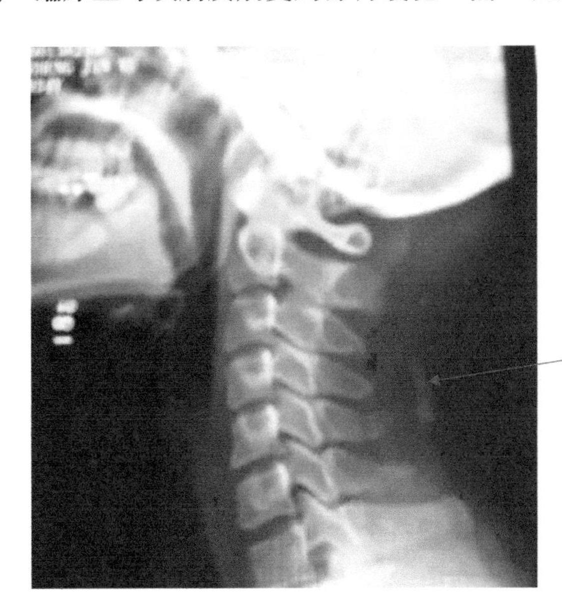

（三）斜位：

主要用來觀察椎間孔的大小，以及鈎椎關節骨質增生的情況。鈎椎關節增生之後，椎間孔變小，這常常是產生神經根刺激及 / 或椎動脈供血不全症狀的一個原因。

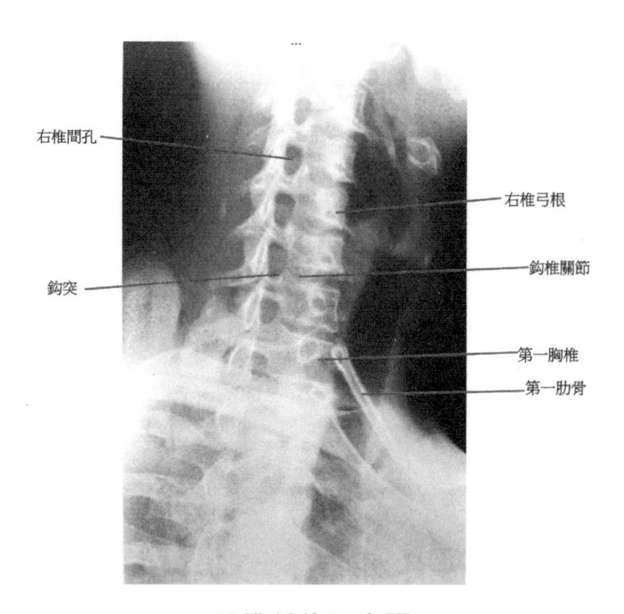

頸椎斜位示意圖

新的一年又到了，祝大家新年快樂、萬事勝意、學業極其進步！

金蓮：多謝老師！請問如頸椎錯位，要怎樣治療比較好呢？

老師：頸椎錯位可使用復位手法，能收立竿見影之效。手法可用頸椎定點旋轉復位法（以患椎棘突向右側偏歪為例）：

（一）病人端坐於矮凳上，醫師站於病人背後；

（二）醫師首先用拇指診法確定偏歪的棘突，然後用左手拇指指端頂住偏歪棘突的右側，使病人頸部前屈 35°，再向左側偏 45°；

（三）醫師右手拇指與其餘四指分開托夾病人下頷角部，向上用力使病人頭頸沿矢狀軸上旋約 45°；

（四）當旋轉力達到患椎時，左拇指協調地向左側推動，可聽到響聲或偏歪棘突復位的移動感。

對於頸椎較僵，或頸部肌肉結實、頸部短粗的病人，做手法時較為費力，醫師可改用肘窩部托夾病人的下頜部，並使病人後頭部貼近醫師前胸，這樣力量較大，而且穩妥。

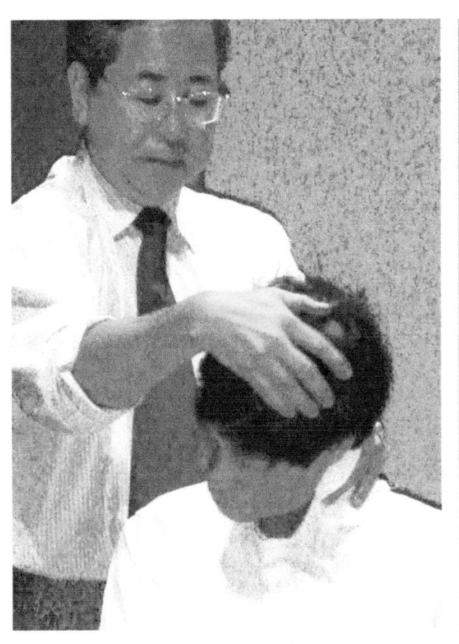

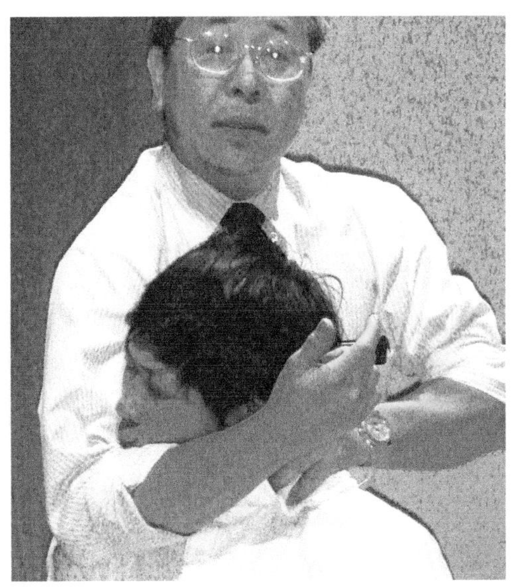

復位要領：

1）觸診確切

2）三力（提、拉、推）配合

3）頓挫巧力

即功成矣！

小玲：感謝黃永浩教授！

編著：黃永浩中醫師

設計：4res

出版：紅出版（青森文化）
地址：香港灣仔道133號卓凌中心11樓
出版計劃查詢電話：(852) 2540 7517
電郵：editor@red-publish.com
網址：http://www.red-publish.com

香港總經銷：聯合新零售（香港）有限公司

台灣總經銷：貿騰發賣股份有限公司
地址：新北市中和區立德街136號6樓
電話：(886) 2-8227-5988
網址：http://www.namode.com

出版日期：2022年7月11日

上架建議：中醫／醫學

ISBN：978-988-8743-96-4

定價：港幣250元正／新台幣1000圓正